新工科**电子信息类**
新形态教材精品系列

数字电子技术基础

微○课○版

附Multisim仿真演示视频

刘辉 黄灿◎编著

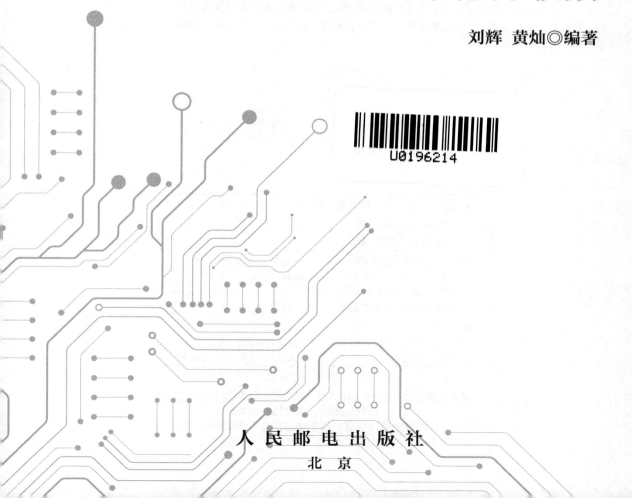

人民邮电出版社
北京

图书在版编目（CIP）数据

数字电子技术基础：微课版：附Multisim仿真演示视频 / 刘辉，黄灿编著. -- 北京：人民邮电出版社，2024.3

新工科电子信息类新形态教材精品系列

ISBN 978-7-115-63305-7

Ⅰ. ①数… Ⅱ. ①刘… ②黄… Ⅲ. ①数字电路－电子技术－高等学校－教材 Ⅳ. ①TN79

中国国家版本馆CIP数据核字（2023）第237972号

内 容 提 要

本书是将纸质内容、视频讲解、功能模拟、应用仿真、电子文档等紧密结合的新形态教材，可以支撑高校开展线上线下混合式教学。

本书以理实一体的方式，结合 Multisim 仿真手段阐述逻辑代数基础、组合逻辑电路、时序逻辑电路等数字电路内容。本书共 10 章，分别为绪论、数制和码制、逻辑代数、门电路、组合逻辑电路、触发器、时序逻辑电路、计数器、存储器、矩形脉冲。本书既注重理论知识的深入讨论，又突出课程的实践性与新颖性，可以满足学生理论学习、实践锻炼、应用设计等不同维度的学习需求。

本书既可作为数字电子技术课程的主修教材，又可作为数字电子技术课程理论学习、课程设计、项目实践、工程实训的一体化综合教材，还可供相关专业的教学、科研和工程技术人员参考使用。

◆ 编　著　刘　辉　黄　灿

责任编辑　王　宣

责任印制　陈　犇

◆ 人民邮电出版社出版发行　　北京市丰台区成寿寺路 11 号

邮编　100164　　电子邮件　315@ptpress.com.cn

网址　https://www.ptpress.com.cn

固安县铭成印刷有限公司印刷

◆ 开本：787×1092　1/16

印张：20　　　　　　　　　　　2024 年 3 月第 1 版

字数：498 千字　　　　　　　　2025 年 1 月河北第 2 次印刷

定价：69.80 元

读者服务热线：(010)81055256　印装质量热线：(010)81055316

反盗版热线：(010)81055315

广告经营许可证：京东市监广登字 20170147 号

前　言

写作初衷

在国家发展战略中，数字化、网络化、智能化、高质量发展成为高频词，它们有一个共同特点，就是都需要以数字电子技术为基础。数字电子技术作为"电子时代"的支撑技术，在全球电子信息化的进程中起着巨大的推动作用，在"智能信息时代"依旧起着重要作用，其已逐渐占据全球信息处理的主导地位。因此，工程技术人员具备一定的数字电子技术的基础知识和技能是很有必要的，在校大学生掌握一定的数字电子技术也是必需的。

为适应新工科人才培养的要求和满足高等院校线上线下混合式教学的需求，编者秉承"合理构建数字电子技术理实一体化协同发展知识体系，融入新形态教学元素，建设立体化教辅资源"这一理念，编成本书。

本书内容

本书内容"以能力培养为本位、以理实一体为基础"，强调知识学习与实践训练的联系，在全面系统介绍数字电子技术知识的基础上，增强课程内容与职业技能要求的相关性，强化知识学习的针对性和应用性；为学生解决数字电路、器件、芯片"是什么—怎么用—如何用好它"的问题寻求方法，让学生在"学中练，练中学"的过程中夯实基础，力求通过"思而学，学而优，优而创"引导创新。

本书共10章，各章的学时建议如表1所示。

表1　学时建议

章序	章名	学时建议一（48学时）	学时建议二（64学时）
0	绪论	0	2
1	数制和码制	3	3
2	逻辑代数	8	10
3	门电路	4	6
4	组合逻辑电路	10	12
5	触发器	7	9
6	时序逻辑电路	4	5
7	计数器	6	9

续表

章序	章名	学时建议一（48学时）	学时建议二（64学时）
8	存储器	3	4
9	矩形脉冲	3	4

本书特色

本书特色如下。

1　合理构建知识体系，统筹布局教学内容

本书以数字电子技术为载体，为学生搭建数字电路知识体系，内容涵盖数字电子技术基础、信息编码、逻辑代数、门电路、组合逻辑电路、触发器、时序逻辑电路、计数器、存储器、矩形脉冲等。不同院校的教师可以根据学生专业、知识水平等实际情况选用相关知识内容开展教学。

2　精选典型例题习题，夯实理论知识讲解

数字电子技术不断发展，相关理论、技术不断推陈出新。本书在众多知识中只选取基础理论知识、关键方法、经典应用等重要内容，同时精选理论知识的重点和难点，精编丰富且典型的例题和习题，帮助学生及时巩固所学知识，掌握知识的内涵、变形、变化、变异，打牢理论基础。

3　强化理论知识应用，培养创新设计能力

本书内容以"理论知识学习—芯片功能模拟—经典应用设计"为主线，由浅入深、先易后难、循序渐进、阶梯式地培养学生的创新设计能力。学生首先学习理论知识，掌握器件芯片有哪些功能和注意事项；然后利用仿真程序模拟（验证）芯片功能，深刻体会怎么使用器件芯片；最后根据实际应用需求设计电路仿真模型，并为其改进、增加功能。学生在学习过程中可以先学习理论知识并演练教材中的验证模拟、设计仿真示例，深刻领会知识内涵（知识原理）；然后在示例电路的基础上思考如何改进、增加功能，并进行知识迁移，拓展认知边界；最后综合所学理论知识进行独立创新设计。在这一过程中，学生可以提升自身设计能力，加深对理论知识的理解，同时增强工程实践能力。

4　录制仿真演示视频，助力打造新形态教材

编者在合理构建知识体系、精心编排本书内容的基础上，为本书录制了仿真演示视频，并通过打造新形态教材，助力院校更加高效地开展教学工作。本书所配新形态元素介绍如下。

➢ 理论知识学习视频：重点和难点知识剖析、特色例题深入讲解、典型习题解答辅导。

➢ 芯片功能模拟视频：提供Multisim仿真程序，搭建芯片功能模拟电路，录制芯片功能模拟视频，助力读者高效理解。

➢ 经典应用设计Multisim仿真演示视频：对书中讲解的经典应用设计配套Multisim仿真演示视频。

5　配套立体化教辅资源，支持开展混合式教学

编者为本书配套了丰富的教辅资源，罗列如下。

➤ 文本类：课程PPT、教学大纲、教学日历、习题答案等。

➤ 视频类：微课视频、Multisim仿真演示视频等。

➤ 手册类：学习指导、实验指导、习题解析等。

➤ 社群类：共享共建题库系统、教师交流与服务群等（用书教师可以通过"教师交流与服务群"免费申请样书、获取教辅资源、咨询教学问题、与编者及同行教师交流教学心得等）。

教师可以通过"人邮教育社区"（www.ryjiaoyu.com）直接下载本书文本类、手册类等资源，同时可以获知其他类型资源的获取方式。

编写团队与致谢

本书由昆明理工大学的刘辉和云南财经大学的黄灿合作编写，刘辉负责全书的统稿工作。

衷心感谢昆明理工大学特色精品教材项目的资助，衷心感谢人民邮电出版社的支持，同时衷心感谢在编写本书过程中给编者提供支持和帮助的同事与家人，是大家的辛勤付出才使得本书能够顺利出版。最后，编者在编写本书过程中参考了许多同行的著作，引用了他们的一些观点、方法与结论，在此一并表示感谢。

由于编者学识有限，书中难免存在不妥之处，敬请读者朋友批评指正。

编　者
2023年8月于昆明

目　录

第 **0** 章
绪　　论

本章内容概要

　　本章介绍数字技术基础知识，包括计算机的结构和工作原理、嵌入式系统、集成电路、数字技术发展历程等。

　　读者思考：想要实现一个数字系统该如何做？

⟳ 本章重点难点

数字系统工作原理，以及集成电路与数字技术发展历程。

⟳ 本章学习目标

（1）理解冯·诺依曼原理；

（2）理解微处理器的基本结构和工作过程；

（3）理解指令以及硬件和软件之间的关系；

（4）理解CPU的两种主要架构的联系与区别；

（5）理解数据存储和读取的原理与过程；

（6）理解嵌入式系统的发展历程和特点；

（7）掌握集成电路及发展历史，铭记典型重大事件。

计算机、智能手机、微处理器、软件、硬件、存储器、CPU架构、嵌入式系统、集成电路等词我们耳熟能详。电子数码产品、卫星导航、线上购物、移动支付等充斥于我们生活的每个角落。自然语言处理、人工智能、自动驾驶、机器人等智能技术方兴未艾。它们的产生和发展都离不开数字电子技术的支撑。数字电子技术的每一次进步和发展都是全世界无数科学家和企业家在理论、硬件、软件、应用方面不断奋斗和努力的结果。

让我们一起领略前辈们的思想，共同学习数字电子技术的相关知识，携手踏入数字电子技术的"圣殿"吧！

数字技术（digital technology）是处理二进制数据的技术，是信息技术和智能技术的基础。它首先将原始信息（图、文、声、像等）转换为数字系统能识别的二进制数据，然后对数据进行处理、加工。处理、加工的技术不仅包括存储、计算、传输、还原、编码、译码、压缩、安全等基础技术，也包括对大数据进行分析、统计、过滤获得决策支持和智能推荐的技术，如自然语言处理、人工智能、自动驾驶、机器人等技术。

数字系统（digital system）是一种能按照事先编制并存储的程序，自动、高速地进行大量数值计算和信息处理的电子装置。数字系统一般都是硬件和软件相结合的综合系统。计算机、智能手机是数字系统的典型代表，自动驾驶、机器人技术是数字系统的深化。

您知道吗？

我们对智能手机、计算机早已司空见惯。但您知道它们是怎样工作的吗？计算机硬件和软件有什么区别和联系？它们是怎么做到能存储大量的信息的？

0.1　计算机的结构和工作原理

您知道吗？

计算机的原理是什么？计算机由哪些基本部件组成？

0.1.1　冯·诺依曼原理

"计算机之父"——冯·诺依曼（Von Neumann）总结前人经验并根据自己实际工作于1950年提出二进制运算和存储程序的思想，形成了现代计算机的体系结构，确立了现代计算机的基本组成和工作方式。图0.1.1所示为冯·诺依曼原理。

（1）计算机硬件系统由运算器、控制器、存储器、输入设备及输出设备5个基本部件组成。

（2）计算机内部使用二进制表示程序和数据。

（3）计算机先将程序和数据存放在存储器中，然后自动、高速地通过指令方式分步骤、按规则、依流程执行。

计算机的5个基本部件分别完成特定的功能并在控制器的控制下协调统一工作。首先，计算机把原始信息由输入设备转换成用二进制表示的程序或数据，并将其保存在存储器中。然后，把程序指令逐条送入控制器依次执行。控制器先对指令进行译码（明确做什么操作），并根据指令的操作要求向存储器发出保存、读取等命令，再向运算器发出运算命令，经过运算器运算后又把结果存放到存储器的其他单元。最后，在控制器的读取和输出命令作用下，通过输出设备输出处理结果。

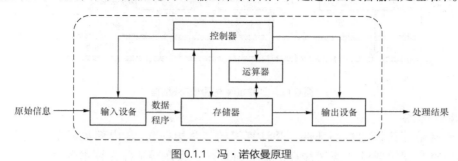

图 0.1.1　冯·诺依曼原理

> **您想知道吗？**
>
> 您想知道为什么可以用二进制表示数据吗？怎样表示？您可以参阅第1章相关内容。
>
> 您想知道数据是怎样存储的吗？您可以参阅第8章相关内容。
>
> 输入设备属于编码范畴，输出设备属于译码范畴。您可以参阅第4章了解相关内容。
>
> 您想知道程序是怎样分步骤、按规则、依流程执行的吗？您可以参阅第7章相关内容。

0.1.2　典型的计算机硬件系统

> **您知道吗？**
>
> 您已经知道了现代计算机采用冯·诺依曼原理工作，那您知道计算机的各大部件之间是怎样互联的吗？什么是微处理器？总线是1根线吗？您知道微处理器和CPU之间的联系吗？

计算机的运算器、控制器、存储器、输入设备和输出设备构成了计算机的硬件系统，人们常常**把运算器、控制器合称为中央处理器**（central processing unit，CPU），同时利用集成电路技术把CPU集成在一块芯片上并封装起来形成一个不可分割的整体，这就是市场上售卖的微处理器（microprocessor）。

计算机硬件系统的各个部件之间是通过总线互联的。图0.1.2所示为典型的计算机硬件系统总线结构。该结构以**微处理器为核心，利用微处理器的控制信号，通过总线连接存储器和输入/输出**（input/output，I/O）接口。

微处理器是计算机的"大脑"，控制、分配计算机的一切工作。存储器是用来存放程序和数据的；I/O接口是计算机和外部设备（简称外设）数据传送的"桥梁"，利用接口可将数据传送到外设，也可将外设中的数据传送到计算机中。最重要的是，硬件系统中地址信号、控制信号及数据信号都是通过总线传送的。

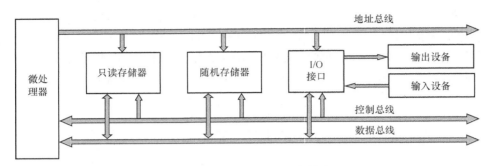

图 0.1.2　计算机硬件系统总线结构

1．微处理器

微处理器是计算机的核心部件，是计算机的"总指挥"。其内部集成了控制器、运算器和若干个由寄存器组成的高速缓冲存储器（cache）。运算器又称为算术逻辑单元（arithmetic logic unit，ALU）。运算器的功能是完成算术运算和逻辑运算。算术运算是指加、减、乘、除等运算，而逻辑运算则是指与、或、非等操作。**在计算机中任何复杂运算都被转换为算术运算或逻辑运算，最后在运算器中完成。**控制器（controller）是计算机的指挥系统，它由指令寄存器、指令译码器、时序电路和控制电路等组成，完成从存储器取指令并执行指令的功能。控制器首先通过地址访问存储器、逐条取出选中单元的指令，并分析指令、译码指令；然后根据指令产生的控制信号让其他部件完成指令要求的任务。这样周而复始地执行，使得计算机自动、连续地工作。

> **您想知道吗？**
>
> 您想知道加法运算怎么用机器实现吗？您可以参阅第 4 章相关内容。
>
> 您想知道与、或、非逻辑运算吗？您认为"1+1=1"可能吗？您可以在第2章找到答案。
>
> 您想知道存储器的工作原理及其怎么实现吗？您可以参阅第8章相关内容。
>
> 您想知道如何让一个系统周而复始执行任务吗？您可以在第7章找到答案。

2．存储器

存储器（memory）分为内存储器（简称内存）和外存储器（简称外存）。内存最大的作用是暂时存放指令和数据，供CPU直接随机存取。外存是指除计算机内存及CPU缓存以外的存储器，其最大的特点是断电后仍能保存数据。常见的外存有硬盘、光盘、U盘等。按照读写方式，存储器可分为只读存储器（read only memory，ROM）和随机存储器（random access memory，RAM）两种类型。

3．输入设备

输入设备（input device）是将计算机外部信息输入计算机的装置。其功能是将信息从人们熟知的形式转换为数字系统能接收、识别的二进制形式，在计算机内部形成数据和程序。常见的输入设备有键盘、鼠标、光笔、摄像头、录音笔、扫描仪、条形码阅读器等。

4．输出设备

输出设备（output device）是将计算机的处理结果传送到计算机外部供用户使用的装置。其功能是将二进制形式的数据转换成人们习惯的或是其他设备能接收并识别的信息形式。常见的输出设备有显示器、打印机、绘图仪等。

输入设备和输出设备统称为I/O设备，归属为外设。

5．I/O接口

一般情况下，由于I/O设备工作速度比CPU慢，导致处理的信息从数据格式到逻辑状态、时序控制都不能与计算机直接兼容，CPU不可能与I/O设备直接进行信息交换。解决办法是通过I/O接口建立起信息传送的通道。

> **您知道吗?**
>
> 计算机采用总线来实现数据传送，总线是1根线吗？总线分为哪几种类型？

6．总线

在计算机系统中常常利用总线（bus）实现连接与通信。芯片内部、印制电路板部件之间、机箱内插件之间、主机与外设之间、系统与系统之间等都存在总线。**总线连接计算机的各个部件，实现部件间信息的有序交换。它由一组导线和相关控制、驱动电路组成，每一路信号线可以传送一位二进制数。总线按传送信息的类别不同分为地址总线、数据总线和控制总线。**

地址总线（address bus，AB）用于单向传送CPU要访问的地址。所谓地址是为了指明与CPU交换信息的具体内存单元或I/O设备。

数据总线（data bus，DB）用于双向传送数据。在CPU进行读取操作时，内存或外设的数据通过数据总线送往CPU；在CPU进行保存操作时，CPU中的数据通过数据总线送往内存或外设。**数据总线的宽度一般要与微处理器处理数据的字长相同。** 对于16位微处理器，数据总线宽度就是16位（如Intel 8086）；现在的微处理器数据总线已经是64位。

控制总线（control bus，CB）用于双向传送控制信号、时序信号和状态等。

总线结构是计算机系统的突出特色，正是由于采用了总线结构，才使得计算机系统具有组态灵活、扩展方便的特点。

> **您想知道吗?**
>
> 您想知道存储器的结构和工作原理吗？您想知道地址和数据的区别吗？您可以在第8章找到答案。
>
> 总线结构是以三态门为基础的，您想知道三态门的结构和工作原理吗？您可以在第3章找到答案。

> **您知道吗?**
>
> 微处理器作为计算机的核心部件，其内部都有哪些部件？各起到什么作用？

0.1.3 微处理器的基本结构

微处理器由运算器、控制器、寄存器三大部分组成。图0.1.3所示为微处理器简化模型示意。

简单来讲，运算器负责运算，控制器负责发出每条指令所需要的信息，寄存器负责暂时存储运算或者指令执行所需的临时文件，这样可以保证微处理器拥有更快的处理速度。

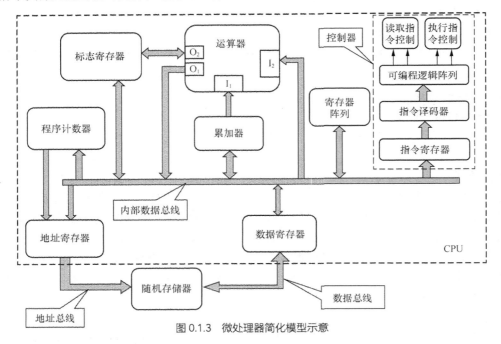

图 0.1.3 微处理器简化模型示意

1．运算器

运算器主要负责算术运算、逻辑运算及移位等操作。运算器有两个输入端、两个输出端。运算器的两个输出端，一个是将处理结果送到内部数据总线或送到累加器中暂时存储，另一个是将运算器的输出送到标志寄存器（flag register，FR）作为特征标志信息。运算器的两个输入端，一个是累加器（accumulator，A），另一个是内部数据总线。内部数据总线上的内容既可以来自数据寄存器（data register，DR），也可以来自寄存器阵列（register array，RA）。

2．控制器

控制器是使整个系统按时序协调运行的功能部件，包括指令寄存器、指令译码器、可编程逻辑阵列。

指令寄存器（instruction register，IR）用于暂时存储从存储器取来的将要执行的指令。

指令译码器（instruction decoder，ID）用于将指令寄存器中的指令进行译码，并确定指令的具体操作内容（确定执行什么样的操作）。

可编程逻辑阵列（programmable logic array，PLA）也称定时和控制电路，产生读取指令和执行指令所需的微操作及控制信号。

每条指令都是一系列微操作和控制信号的组合，执行指令就是执行对应微操作序列的过程。

3．寄存器

寄存器主要用于暂时存放地址和数据。寄存器位数一般和处理器内部数据总线的宽度保持一致。常用的寄存器有寄存器阵列、累加器、数据寄存器、程序计数器、标志寄存器等。

寄存器阵列是微处理器的重要组成部分，它通常包括多个移位寄存器或专用寄存器。

累加器是最繁忙的寄存器之一，它与运算器一起完成计算机的所有运算。

数据寄存器用来暂时存储数据或指令。从存储器读出时，若是指令就通过内部数据总线送到指令寄存器；若是数据就通过内部数据总线送到寄存器或运算器。如果是向存储器写入数据，那么数据先经数据寄存器，再经数据总线写入对应的存储器单元。

程序计数器（program counter，PC）是一个指令地址寄存器，它存放的是将要读取指令的地址。当程序计数器从存储器中取出指令后，其内容会自动加1。**任何时刻，程序计数器都指向下一个指令或下一个字节所在的地址。**

地址寄存器（address register，AR）用于存放将要读取的指令地址或操作数地址。

标志寄存器用于保存异常信息。如当运算器进行计算时，可能会发生进位、溢出、符号及奇偶性等状态的变化。

> **您想知道吗？**
>
> 计算机中存在大量的寄存器和计数器，您想知道寄存器和计数器的工作原理及结构吗？您可以在第8章学习。

> **您知道吗？**
>
> 知道了微处理器的内部结构，但您了解微处理器的工作过程吗？
>
> 都听过写指令、编程序，那它们又是怎么一回事呢？微处理器又是如何完成"7+8=?"的运算的呢？

0.1.4 微处理器的工作过程与原理

1．指令和程序

指令（instruction）是计算机硬件可执行的、能完成某种操作的命令。指令用计算机可辨别的形式描述人们要求计算机执行的操作。我们经常听到的诸如取数、相加、存储、移位等都是计算机的一些指令操作。通常一条指令对应一种基本操作。表0.1.1所示为常用的指令类型。

表 0.1.1　常用的指令类型

序号	类　别	功能说明
1	算术运算类	执行加、减、乘、除等算术运算的指令
2	逻辑运算类	执行与、或、非、移位、比较等逻辑运算的指令
3	传送类	执行取数、存数、传送等操作的指令
4	程序控制类	执行无条件转移、条件转移、调用程序、返回等操作的指令
5	输入/输出类	执行输入、输出等实现内存和外设之间信息传输的指令
6	其他类	执行停机、空操作等的指令

一条指令通常由操作码（operation code）和操作数（operand）两部分组成，其格式如下：

操作码　操作数

其中，操作码是让计算机执行的具体操作（如加、减、乘、除、传送等），操作数是操作对象或操作数所在的存储单元地址或寄存器的编号（地址码）。

程序是人们根据某一问题确定解决步骤而编制出的相应的指令序列。所以说程序是由指令序列组成的。

> **您知道吗？**
>
> 一条指令就是告诉计算机"做什么"和"怎么做"的。

2．微处理器的工作过程简述

微处理器的工作过程就是执行程序的过程，执行程序的过程就是逐条地执行指令序列的过程。

每一条指令都按取指令、分析指令（指令译码）与执行指令这 3 个步骤运行。因此，微处理器的工作过程也就是不断地取指令、分析指令并执行指令的过程，而且这个过程将循环进行直至程序结束。图0.1.4所示为程序指令执行过程示意。

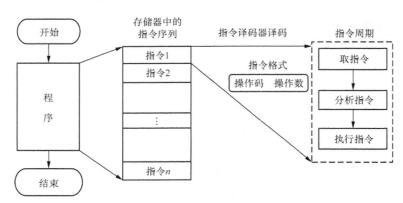

图 0.1.4　程序指令执行过程示意

指令的执行过程如下。

① 将第一条指令从内存中取出。

② 将取出的指令送到指令译码器译码并确定具体的操作和功能。

③ 读取指令的操作数，明确执行对象。

④ 执行指令。

⑤ 存放执行结果。

一条指令执行完后就转入下一条指令的取指令阶段，周而复始地循环，直至程序结束。

0.1.5　程序执行过程的实践

例0.1.1 用实例说明程序执行过程。

（1）编写一个程序实现计算7+8。

（2）画出程序存储表。（这里假设微处理器和存储器均采用8位字长存放和处理信息，指令开始地址设为00H。）

（3）写出第一条指令的执行过程。

解： 指令表是某种微处理器所能执行的全部操作的汇总。一般用特定的二进制和十六进制两种形式表示某一条指令，这种形式被称为机器码。人们给每条指令规定了一个缩写词，称为助记符。**不同系列的微处理器具有不同的指令表。** 所以，编写程序时首先要查阅所使用的微处理器的指令表。表0.1.2所示为某系列微处理器的部分指令。

表 0.1.2　某系列微处理器的部分指令

名称	助记符	机器码	说明
传送指令	MOV A, *n*	10110000	将立即数*n*放入累加器中
加法指令	ADD A, *n*	00000100	将累加器中的数据与立即数*n*相加，结果放在累加器中
暂停指令	HLT	11110100	停止所有操作

因此，实现计算7+8的助记符程序如下。

助记符	**说明**
MOV A , 7	将第一个操作数（7）送到累加器A中
ADD A , 8	将第二个操作数（8）和第一个操作数（7）相加，并把结果（15）送到累加器A中
HLT	暂停，等待下一条指令

助记符其实就是汇编语言。汇编语言通过编译就可以转换为机器语言。表0.1.3所示为实现计算7+8的机器码和助记符的对应关系。

表 0.1.3　实现计算 7+8 的机器码和助记符的对应关系

指令序号	机器码	助记符	指令说明
1	10110000 00000111	MOV A , 7	操作码（MOV A, *n*），操作数（7）
2	00000100 00001000	ADD A , 8	操作码（ADD A, *n*），操作数（8）
3	11110100	HLT	操作码（HLT），无操作数

现在我们知道整个程序有3条指令。假设微处理器和存储器字长均为8位，那么数据存放和信息处理都是按8位进行的，即1字节。因此，把这段程序存入存储器需占用5个存储单元，共5字节。图0.1.5所示为程序存入存储器示意。

地址：十六进制数	地址：二进制数	指令的内容	助记符内容
00	0000 0000	1011 0000	MOV A,*n*
01	0000 0001	0000 0111	07
02	0000 0010	0000 0100	ADD A,*n*
03	0000 0011	0000 1000	08
04	0000 0100	1111 0100	HLT
⋮	⋮	⋮	
FF	1111 1111		

图 0.1.5　程序存入存储器示意

图0.1.6所示为第一条指令（MOV A, *n*）执行过程示意，具体执行过程分析如下。

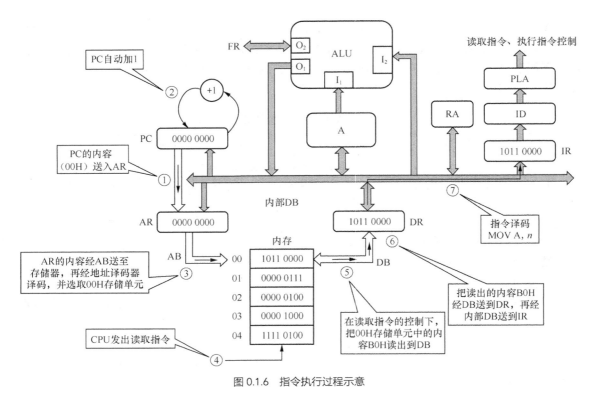

图 0.1.6　指令执行过程示意

① 把指令的地址（00H）赋给PC，并送到AR。

② PC自动加1（由00H变为01H），AR的内容不变。

③ 将AR中的地址（00H）经AB送至存储器中，再经地址译码器译码，并选取00H存储单元。

您知道吗？

在计算机中为了记忆、书写方便，常常把地址和存储内容按每4位二进制用1位十六进制表示，8位二进制对应2位十六进制。因此，二进制数0000 0110对应十六进制数06H。

④ CPU发出读取指令。

⑤ 在读取指令的控制下，把00H存储单元中的内容（第一条指令的操作码B0H）读出到DB。

⑥ 把读出的内容B0H经DB送到DR，再经内部DB送到IR。

⑦ 将IR中的指令送到ID进行译码，经PLA产生操作码（传送指令）所需的微操作和控制信号。

这样就完成了第一条指令的读取、执行过程。在这里的传送、取数、相加、存储等都是计算机的基本操作，对应一条指令。

同理，通过地址01H取得操作数07H，在ALU中进行运算。最后把标志信息送入FR，同时把计算结果送到A中。

您知道吗?

一条指令通过编译可以转换为机器码然后由计算机去执行。

程序是为解决特定问题而编制的指令序列。

我们都听过计算机程序设计语言，那么高级语言是人类的某种具体语言吗？机器语言是低级语言，它是不是比高级语言差？汇编语言是一种程序设计语言，那它到底是机器语言还是高级语言？

0.1.6 计算机的程序设计语言

当人们可以通过确定的步骤解决问题时，往往会编制特定的指令，让计算机去高效地执行，这就是程序设计。编制程序就必须用到计算机可以识别并运行的程序设计语言。程序设计语言是专门为计算机编程所设置的语言，按形式与功能的不同可分为机器语言、汇编语言、高级语言这3种。

汇编语言和机器语言本质上是相通的，最终都是直接对硬件进行操作，只不过汇编语言采用了英文缩写的标识符，更容易识别和记忆。

1．机器语言

严格来讲，机器语言（machine language）是一种指令集的体系。计算机只能识别二进制代码，机器语言就是用二进制代码编写、存储指令和数据的。如某系列微处理器用0000 0100表示加法运算。

机器语言的优点是能被计算机直接识别与执行，而且可以省去程序的编译和汇编过程，节约内存容量，其缺点是难认、难记、难编、易错。不熟悉指令机器码的人很难弄懂指令的含义，更不用说实现什么功能、解决什么问题了。

2．汇编语言

为了减轻编程负担，人们设计了汇编语言（assembly language）。**汇编语言是面向机器的程序设计语言。**汇编语言把机器语言中的操作码改写成英文单词，采用助记符来代替机器码，如用ADD表示加法运算。

汇编语言的优点是易读、易写、易记，缺点是不能被计算机直接识别、执行。必须先把汇编语言的源程序编译成机器语言的目标程序才能执行。

汇编语言很依赖于机器硬件，可移植性不好，但执行效率高。针对特定硬件而编制的汇编程序，能准确发挥硬件的功能和特长，程序精练而质量高。计算机大部分外设硬件的驱动程序都是采用汇编语言编写的。因此，时至今日汇编语言仍是一种常用而强有力的程序设计语言。

3．高级语言

高级语言（high-level language）不是人类的某种具体语言，而是以英语为蓝本的一种计算机程序设计语言。它不依赖于特定的计算机结构和指令系统，是独立于机器的通用程序设计语言。用高级语言编写的程序，可以在不同机器上运行并获得相同的结果。

高级语言的源程序必须经过编译程序或解释程序的协助生成机器语言的目标程序才能运行。它的优点是易读、易编，缺点是编译程序或解释程序复杂且占用大量的内存空间，产生的目标程序执行时间也比较长，同时用高级语言实现接口计数和中断比较困难。

　　从机器语言到汇编语言，再从汇编语言到高级语言，逐步牺牲了计算机的识别能力，同时增强了人对计算机语言的学习能力。目前开发程序所使用的语言多是高级语言，常用的高级语言有Java、Python、C、C++、C#、Pascal、SQL、Delphi、Fortran、BASIC等。

> **您知道吗？**
>
> 　　计算机硬件是物质基础，软件是协调硬件工作的。
>
> 　　有人说"计算机的软件和硬件是等效的。硬件能完成的功能软件也能完成。"您觉得对吗？
>
> 　　也有人说"硬件是软件赖以工作的物质基础，软件是硬件正常工作的唯一途径。"您觉得对吗？

0.1.7　计算机的软件和硬件

1．软件

　　软件是用于完成某一项特定工作的程序。任何软件都由可运行的程序组成，程序是软件的必要元素。软件是程序的有机集合体。软件可以分为系统软件和应用软件。如Windows操作系统是系统软件，其主要用来控制计算机硬件协同工作；如Office、MATLAB、Photoshop等是应用软件，其为用户提供某种特定应用服务功能。

2．硬件

　　硬件是计算机系统中的各种物理装置，如CPU、内存、I/O设备以及外存等。硬件是构成计算机系统的物质基础。

　　大多数用户都是在计算机硬件上安装系统软件和应用软件并操控这些软件来完成所需要的工作的。因此，**计算机系统的底层是硬件，基础也是硬件，硬件之上是系统软件，系统软件之上才是应用软件，应用软件的上一层是用户。**

3．软件与硬件的关系

　　计算机的工作就是运行程序，通过逐条地从内存中取出程序中的指令并执行指令规定的操作从而实现某种特定的功能。对于普通用户而言，软件是为了管理、维护以及完成某种任务而编制的程序和必要的数据形成的文件集合。**软件是相对于硬件而言的。没有硬件，谈不上应用计算机。**但是，光有硬件而没有软件，普通用户也用不了计算机。硬件和软件是一个完整的计算机系统互相依存的两大部分，缺一不可。

　　（1）硬件和软件互相依存

　　硬件是软件赖以工作的物质基础，软件是硬件正常工作的唯一途径。计算机系统必须配备相应的软件才能正常工作，才能充分实现硬件的各种功能。

　　（2）硬件和软件没有严格的界线

　　在许多情况下，**计算机的某些功能既可以用硬件实现，也可以用软件实现。因此，硬件和软件没有绝对严格的界线。**

　　（3）硬件和软件协同发展

　　软件随着硬件的迅速发展而发展，而软件的不断发展、完善又促进硬件的更新，两者密切交互发展，缺一不可。

0.1.8　CPU 的架构

CPU是"大脑"，是控制中心，但它并不完全智能。CPU 的工作是在不断地执行指令，仅在给定了非常具体的指令时才能完成工作。指令要明确告诉CPU怎么处理相应的数据和执行特定的任务。因此，要让CPU工作必须提供特定的指令集。

指令集是计算机最低层的机器指令集合，也就是CPU能够直接识别的指令的统称。指令集分为复杂指令集（complex instruction set computer，CISC）和精简指令集（reduced instruction set computer，RISC）两类。计算机普遍采用CISC，而手机则采用RISC。

早期的计算机部件比较昂贵，主频低，运算速度慢。为了提高运算速度，人们不得不将越来越多的复杂指令加入指令系统，这就逐步形成CISC体系。微处理器厂商一直在走CISC的发展道路，包括Intel（英特尔）、AMD（超威半导体），还有其他一些现在已经更名的厂商，如TI（德州仪器）、Cyrix（赛瑞克斯）以及VIA（威盛）等。Intel公司的x86系列CPU采用典型的CISC体系结构，从最初的8086到Core i系列，每推出一代新的CPU，都会有自己新的指令。而为了兼容以前CPU平台上的软件，旧的CPU指令集又必须保留，这就使指令的解码系统越来越复杂。采用CISC的计算机有着较强的处理高级语言的能力，这对提高计算机的性能是有益的。

采用CISC有两个主要的缺点。一是各种指令的使用率相差悬殊，最频繁使用的是取、存和加等最简单的指令，大约只占处理器指令系统的20%。二是尽管在20世纪70年代集成电路技术已达到很高的水平，但也很难把CISC的全部硬件做在一个芯片上，这妨碍了单片计算机的发展。于是，美国帕特逊教授等人在1979年提出了精简指令的设想，即指令系统应当只包含那些使用率很高的少量指令，并提供一些必要的指令以支持操作系统和高级语言，这就产生了RISC。

指令集选择和处理器硬件设计之间的联系构成了CPU架构。目前，CPU的两大主要架构是进阶RISC机器（Advanced RISC Machine，ARM）和x86。这两种架构的区别如下。

（1）两种架构最本质的区别是使用的指令集不同，x86使用CISC，而ARM使用RISC。CISC提供更多指令，带来更好的性能，但解码复杂，指令的功耗会更高。相对于x86架构，采用ARM架构的设计目标是在同等时钟频率下通过很少的周期执行指令集，并大幅减少不常用的指令，降低芯片复杂度。为了方便指令的解码，虽然ARM处理器不是使用单周期指令，但是其绝大多数指令是定长的，这大大加快了常用操作的速度。

（2）x86以最高性能为目标，Intel公司的强项是设计超高性能的台式计算机和服务器处理器。ARM以能效为目标，其优势领域是设计低功耗的移动设备处理器。ARM架构广泛用于嵌入式系统设计，低耗节能，非常适用于移动通信领域。消费性电子产品中可携式装置（智能手机、多媒体播放器、掌上游戏机）、计算机外设（硬盘、路由器），甚至是军用设施多采用ARM架构。x86架构采用桥的方式与扩展设备进行连接，易于扩展；ARM架构通过专门的数据接口与外设进行连接，扩展性差。因此，x86的兼容性比ARM的要好。

（3）ARM采用Linux操作系统。然而基于x86架构的计算机系统平台开发软件比基于ARM架构的更容易、更简单，实际成本也更低，同时更容易找到第三方软件支持，软件移植更容易。

（4）异构计算方式不同，ARM架构的乱序执行能力不如x86的。

（5）ARM处理器主要是靠TSMC（台积电）等专业制造商生产，而x86由Intel公司自己的工厂制造。

x86架构和ARM架构谁将统一市场？这样的争执一直都有，但是也有人说这两者根本不具备可比性，x86无法做到ARM的功耗，而ARM也无法实现x86的性能。

0.1.9 计算机的存储结构

您知道吗？

信息在计算机中是以二进制的形式存储的。我们常说的千字节是1000字节吗？存储地址和存储内容有什么联系和区别？

在计算机中程序和数据是必不可少的，**程序是计算机操作的依据，数据是计算机操作的对象**。要处理信息，有必要先对程序和数据进行存储，而完成存储的装置就叫存储器。

1．存储器的类型与特点

根据存储器与 CPU 联系的密切程度，存储器可分为内存和外存两大类。内存直接与运算器、控制器交换信息。内存容量虽小，但存取速度较快，一般只存放正在运行的程序和待处理的数据。外存作为内存的延伸和后援，间接与CPU进行联系，用来存放一些系统必须使用但是又不急于使用的程序和数据，外存中的程序必须先调入内存才能执行。外存存取速度较慢，但存储容量大并且可以长时间保存。

2．存储器的工作原理

为了高效地存取程序和数据，通常把存储器分成许多个存储单元，每个存储单元可以存放一个定量的信息。存储单元按一定规则进行编号，这个编号被称为存储单元的地址，简称地址。**存储单元与地址一一对应。值得注意的是，存储单元的地址和存储单元里面存放的内容完全是两回事，不可混淆**。图0.1.7所示为存储器的工作原理。

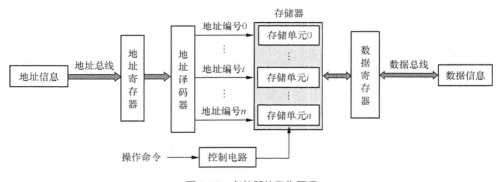

图 0.1.7 存储器的工作原理

对存储器的操作通常称为访问存储器。访问存储器的方法有两种，一种是向存储单元存入数据，称为"写"操作；另一种是从存储单元中取出数据，称为"读"操作。不论是读还是写，都必须先获得存储单元的地址，经地址总线传输到地址译码器进行译码后找到相应的存储单元，然后根据相应的读、写命令控制电路来确定存储器的访问方式，通过数据总线传送写入内存或从内存取出的信息，最后完成读、写操作。

0.2 嵌入式系统

嵌入式系统是将商用操作系统和行业应用有机结合的专用计算机系统。正是因为具有面向用户、面向产品、面向应用，并与具体应用相结合的优良特性，嵌入式系统表现出很强的生命力和优势。目前国内一个普遍被认同的**嵌入式系统定义**是以应用为中心、以计算机技术为基础、**软件和硬件可裁剪**，以及适应应用系统对功能、可靠性、成本、体积、功耗严格要求的专用计算机系统。嵌入式系统是软件和硬件的综合体，还可以涵盖机械等附属装置。

因此，嵌入式系统与行业应用紧密结合使它具有很强的专用性。不同的嵌入式系统可以结合实际系统需求进行合理设计和裁剪利用。

0.2.1 嵌入式系统的发展历程

嵌入式系统的雏形是单片机。最早的单片机是1976年Intel公司的8048，后来发展为51系列。迄今为止，51系列单片机仍然是最为成功的单片机，还有着非常广泛的应用。单片机的出现使得家电、工业机器、通信设备等成千上万种产品通过在内部嵌入电子装置来获得更好的性能、更快的速度、更便宜的价格，产品使用体验更佳。虽然单片机在20世纪70年代已经初步具备嵌入式的应用特点，但只使用8位的芯片，只能执行单线程的程序，还谈不上系统的概念。

20世纪80年代，程序员用商业级的操作系统编写嵌入式应用软件，以获得更短的开发周期、更少的开发资金和更高的开发效率，"嵌入式系统"真正出现了。这时的操作系统确切地讲是一个实时核，包含许多传统操作系统的功能，如任务管理、任务间通信、同步与相互排斥、中断支持、内存管理等。比较著名的有Ready System公司的VRTX、ISI公司的pSOS、IMG公司的VxWorks、QNX公司的QNX等。

随着对实时性要求的提高，软件规模不断扩大，实时核发展为实时操作系统（real-time operating system，RTOS）并成为嵌入式系统的主流。由于看到嵌入式系统的广阔发展前景，更多的公司大力发展自己的嵌入式操作系统，出现了国外的Linux、Lynx、Nucleus及国内的Hopen、Delta OS等嵌入式操作系统。

0.2.2 嵌入式系统的特点

（1）嵌入式系统是面向特定应用、专门为特定用户群而设计的嵌入式CPU，与通用型CPU有很大的不同。嵌入式CPU具有低功耗、体积小、集成度高等特点，把CPU和板卡集成在芯片内部有利于嵌入式系统趋于小型化，使得移动能力大大增强，网络耦合也越来越紧密。

（2）嵌入式系统是将先进的计算机技术、半导体技术和电子技术与各个行业的具体应用相结合的产物。这就决定了嵌入式系统必然是技术密集、资金密集、高分散、不断创新的知识集成系统。

（3）嵌入式系统的硬件和软件都不断向高效化设计、量体裁衣、去除冗余发展，在硬件上力争在同样的芯片面积上实现更高的性能，更具有竞争力。

（4）嵌入式系统和具体应用有机结合，致使它的升级往往会随着具体产品更新换代而同步发展。嵌入式系统产品一旦进入市场，具有较长的生命周期。

（5）嵌入式系统中的软件一般都固化在存储器芯片或单片机中，而不是存储在存储体中，从而提高执行速度和系统可靠性。

（6）嵌入式系统往往限制了自主开发的能力，设计一旦完成，用户就不能对程序功能进行修改，同时必须有一套开发工具和开发环境才能进行开发。

（7）嵌入式系统多用于智能手机等移动设备操作系统的开发，具有巨大的市场潜力。

0.3　集成电路

您知道吗?

数字系统几乎都是由集成电路组建的。集成电路是"数字技术大厦"的物质基础，是构建数字系统的基石。

集成电路是一种微型电子器件，已经成为微电子技术的核心，也是电子信息技术的基础。

目前，计算机中的CPU、主板、内存、固态硬盘等都是集成电路。集成电路产业已成为战略性新兴产业，半导体工业大多数采用基于硅的集成电路。

0.3.1　集成电路的概念

集成电路（integrated circuit，IC）是一种微型电子器件。**集成电路采用特殊的加工工艺，把电路中所需的晶体管、电阻、电容和电感等元件及布线制作在半导体晶片或介质基片上并封装在一个管壳内成为具有特定功能的微型结构。**集成电路把所有元件组成一个整体，具有体积小、质量轻、引出线和焊接点少、寿命长、可靠性高、性能好等优点，同时成本低，便于大规模生产。现在集成电路还在向微型化、低功耗、智能化和高可靠性不断发展。**CPU集成的晶体管数量越多，往往就意味着更强的计算能力。**

0.3.2　集成电路的分类

1．按集成度分类

集成电路的集成度是指单块芯片上所容纳的元件数目。集成度越高，所容纳的元件数目越多。如果按照集成度分类，集成电路经历了小规模集成电路（small scale integrated circuit，SSI）、中规模集成电路（medium scale integrated circuit，MSI）、大规模集成电路（large scale integrated circuit，LSI）、超大规模集成电路（very large scale integrated circuit，VLSI）、特大规模集成电路（ultra large scale integrated circuit，ULSI）、巨大规模集成电路或极大规模集成电路（giga scale integrated circuit，GSI）、系统级芯片［或称为单片系统（system on chip，SoC）］等发展历程。表0.3.1所示为集成电路发展历程与典型产品。

表 0.3.1　集成电路发展历程与典型产品

工艺	元件数	典型产品	时间
SSI	$<10^2$	门电路、触发器	1960年
MSI	$10^2 \sim 10^3$	计数器、加法器、编码器	1966年
LSI	$10^3 \sim 10^5$	计算机外设、1kbit DRAM	1970年
VLSI	$10^5 \sim 10^7$	6~32位MCU、64kbit DRAM	20世纪70年代后期
ULSI	$10^7 \sim 10^9$	DSP（数字信号处理）、16Mbit FLASH、256Mbit DRAM	1993年
GSI	$>10^9$	P3级CPU、1Gbit DRAM	1994年
	纳米级	Intel Core i系列处理器（采用14nm工艺）	2015年
SoC	$>5 \times 10^9$	P4级CPU、手机CPU	20世纪90年代中期
	纳米级	量产的5nm制程芯片向2nm技术突破	2020年

随着半导体工艺技术的发展，能将越来越复杂的功能集成到一个硅芯片上。20世纪90年代中期，在集成电路向集成系统转变的大方向下产生了SoC。从狭义角度讲，SoC是将信息系统的核心、关键部件集成在一块芯片上。从广义角度讲，SoC是一个微小型系统。如果说CPU是大脑，那么SoC就是包括大脑、心脏、眼睛和手的系统。

SoC是一个包含完整系统并有嵌入软件内容的集成电路。同时SoC又是一种技术，实现从确定系统功能开始，到软件、硬件划分，最后完成设计的整个流程。SoC有效降低数字系统产品的开发成本，缩短开发周期，提高产品的竞争力，已成为最主要的产品开发方式。

2．按导电类型分类

集成电路按导电类型可分为双极型集成电路和单极型集成电路。双极型集成电路的驱动能力强，但制作工艺复杂、功耗较大，代表的集成电路有晶体管-晶体管逻辑（transistor-transistor logic，TTL）、射极耦合逻辑（emitter coupled logic，ECL）、高阈值逻辑（high threshold logic，HTL）、低功耗肖特基TTL（low-power Schottky TTL，LSTTL）、肖特基TTL（Schottky TTL，STTL）等类型。单极型集成电路的制作工艺简单，功耗也较低，易于制成大规模集成电路，代表的集成电路有互补金属氧化物半导体（complementary metal oxide semiconductor，CMOS）、N型金属氧化物半导体（N-metal-oxide-semiconductor，NMOS）、P型金属氧化物半导体（P-metal-oxide-semiconductor，PMOS）等类型。

0.3.3　集成电路的制造与封装

制造集成电路芯片就像是用乐高积木盖房子一样，一层一层地堆叠，创造出设计好的电路。 图0.3.1所示为集成芯片制造过程的立体剖面示意。它以硅晶圆为基础，通过基本元器件构建庞大的电子电路，完成特定的功能。芯片的逻辑功能在设计时已经确定，一旦制造完成，逻辑功能就不能再改变。

封装（package）是把集成电路装配为芯片的过程。简单地说，就是把铸造厂生产出来的集成电路裸片（die）放在一块起承载作用的基板上，再把引脚引出来，然后固定包装成一个整体。它不仅起着安放、固定、密封、保护芯片和增强导热性能的作用，还是沟通芯片"内部世界"与外部电路的桥梁。芯片上的接点用导线连接到封装外

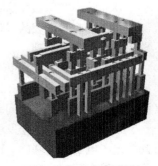

图 0.3.1　集成芯片制造过程的立体剖面示意

壳的引脚上，引脚又通过印制电路板上的导线与其他器件连接。

最常见的封装有双列直插封装（dual in-line package，DIP）和表面安装技术（surface mount technology，SMT）。图0.3.2所示为集成芯片DIP的剖面示意。

所有集成电路的封装都具有一个标准形式的引脚编号。图0.3.3所示是DIP的芯片引脚排列示意。观察芯片封装的顶部，引脚1有一个标识，可以是一个小圆点、一个缺口或是一个斜角边。小圆点总是紧靠引脚1的位置，如果缺口方向朝上，那么引脚1总是在左上角的位置。从引脚1开始，按逆时针方向引脚编号递增，最大的引脚编号总是在缺口的右边小圆点对面的位置。

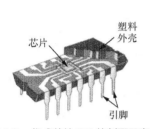 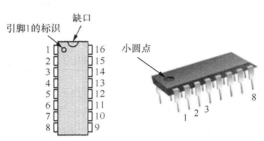

图 0.3.2　集成芯片 DIP 的剖面示意　　　　图 0.3.3　DIP 的芯片引脚排列示意

随着芯片制造技术和封装技术的发展，芯片的封装技术从开始的DIP、方型扁平式封装（plastic quad flat package，QFP）、插针网格阵列（pin grid array，PGA）、球栅阵列（ball grid array，BGA）到芯片级封装（chip scale package，CSP）再到多芯片模块（multichip module，MCM），技术指标一代比一代先进。芯片面积与封装面积之比越来越接近于1，性能越来越好，芯片引脚数增多的同时引脚间距减小，重量也减少，可靠性却提高了，使用也更加方便。

0.4 数字技术发展历程

计算机作为数字技术的典型代表，其技术的发展真实地体现了数字技术的进步。数字技术的每一次进步和发展都是全世界无数科学家和企业家在理论、硬件、软件、应用方面不断奋斗和努力的结果，发展中有许多值得我们铭记的关键历史事件。

1642年，法国科学家帕斯卡（Pascal）发明了著名的帕斯卡机械计算机，首次确立了计算机的概念。

1674年，德国数学家莱布尼茨（Leibniz）提出了二进制数的概念。

1854年，英国数学家布尔（Bool）发表《思维规律的研究——逻辑和概率的数学理论》，并综合他在1847年发表的《逻辑的数学分析》创立了布尔代数学科，为数字电路设计提供了重要的数学方法和理论基础。

1868年，美国人克里斯托弗·肖尔斯（Christopher Sholes）发明了沿用至今的QWERTY键盘。

1895年，英国青年工程师弗莱明（Fleming）发明了第一个电子二极管，当时是为了解决检测无线电报信号的检波问题。

1912年，美国青年发明家德·福雷斯特（De Forest）首次发现了电子三极管的放大作用，由此奠定了电子工业基础。同时福雷斯特为美国海军设计的第一座大功率无线电台首次实现了使用无线电发布新闻广播。

1938年，美国数学家香农（Shannon）发布了"继电器和开关电路的符号分析"论文，第一次在布尔代数和继电器开关电路之间架起了桥梁，奠定了现代电子计算机开关电路的理论基础，从理论到技术，彻底改变了数字电路的设计方向。

1938年，美国贝尔实验室为美国军方制造了世界上第一部"移动电话"。

1939年10月，约翰·文森特·阿塔纳索夫（John Vincent Atanasoff）制造出了举世闻名的ABC（Atanasoff-Berry Computer）的第一台样机，并提出了著名的计算机三原则：（1）以二进制逻辑基础实现数值运算以保证精度；（2）利用电子技术来实现控制、逻辑运算和算术运算以保证计算速度；（3）采用计算功能和二进制数存储分离结构。

1940年9月，贝尔实验室在美国达特茅斯学院演示M-1型机，首次实现对计算机进行远程控制的梦想。

1940年，"控制论之父"维纳（Wiener）提出了计算机五原则：（1）不是模拟式，而是数字式；（2）由电子元件构成，尽量减少机械部件；（3）采用二进制，而不是十进制；（4）内部存放计算表；（5）在计算机内部存储数据。

1942年，阿塔纳索夫与克利福德·贝里（Clifford Berry）用300多个电子管组装成了著名的ABC，这也是世界上第一台具有现代计算机雏形的电子计算机。

1946年2月14日，美国宾夕法尼亚大学布林莫尔学院教授J.莫契利（J. Mauchly）和J.埃克特（J.Eckert）共同研制了ENIAC（electronic numerical integrator and computer，电子数字积分计算机）。这台计算机共安装了17468个电子管、7200个二极管、70000多个电阻器、10000多个电容器和6000个继电器，电路的焊接点多达50万个。这台计算机被安装在一排2.75m高的金属柜里，占地面积约为170m²，总质量达到30t，其运算速度达到每秒5000次加法运算，可以在0.003s内做完两个10位数乘法运算。图0.4.1所示为工程师正在操作ENIAC的场景。

1947年，贝尔实验室的威廉·B.肖克利（William B.Shockley）、约翰·巴丁（John Bardeen）、沃尔特·H.布拉顿巴丁（Walter H. Brattain）共同创造出了世界上第一个半导体放大器件，命名为"Transistors"，中文译为"晶体管"，开启了"晶体管时代"的大门，成为微电子技术发展史的一个里程碑。图0.4.2所示为第一个晶体管的外形。

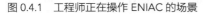

图 0.4.1　工程师正在操作 ENIAC 的场景

图 0.4.2　第一个晶体管的外形

1948年，香农发表了论文"通信的数学原理"，并于1949年发表了"噪声下的通信"。香农阐明了通信的基本问题并给出了模型，解决了信道容量、信源统计特性、信源编码、信道编码等一系列基本技术问题。这两篇论文被称为信息论的奠基性著作，香农成为信息论的奠基人。

1949年，美国哈佛大学计算机实验室的上海籍华人留学生王安向美国国家专利局申请了磁芯的专利。

1949年，贝尔实验室制造了M系列继电器计算机的最后一个型号M-6。该继电器计算机是从机械计算机过渡到电子计算机的重要桥梁。

1949年，霍华德·艾肯（Howard Aiken）研制出了世界上第一台内存程序的大型计算机，首次使用了磁鼓作为数据与指令的存储器。

1950年，日本东京帝国大学的中松义郎（Yoshiro Nakamats）发明了软磁盘，开创了计算机存储的新纪元。

1950年，冯·诺依曼提出了现代计算机五大部件体系结构、二进制运算、存储程序的思想，确立了现代计算机的基本体系结构和工作方式。

1950年，阿兰·图灵（Alan Turing）发表了重要论文"机器能思考吗"，从而为人工智能奠定了基础，也获得了"人工智能之父"的美誉。为纪念图灵的贡献，美国计算机博物馆于1966年设立了计算机领域的最高奖——图灵奖。

1950年，罗尔（Rohl）和肖克利发明了离子注入工艺，标志着结型晶体管诞生。

1951年，场效应晶体管被发明。

1956年，富勒（Fuller）发明了扩散工艺。

1956年，著名的达特茅斯会议召开。约翰·麦卡锡（John McCarthy）、马尔温·明斯基（Marvin Minsky）、香农、艾伦·纽厄尔（Allen Newell）、赫伯特·西蒙（Herbert Simon）等著名科学家首次提出了"人工智能"这一术语，标志着人工智能学科的崛起。

1958年，TI公司的J.基尔比（J. Kilby）与仙童（Fairchild）公司的罗伯特·诺伊斯（Robert Noyce）间隔数月，分别发明了集成电路，开启了电子产品的"集成电路时代"，开创了世界微电子学的历史。

1960年，H.卢尔（H. Loor）和E.卡斯泰拉尼（E. Castellani）发明了光刻工艺。

1960年，美国麻省理工学院教授利克莱德（Licklider）发表论文"人机共生关系"，提出了分时操作系统的构想，第一次实现了计算机网络的设想。

1962年，RCA公司研制出MOS场效应晶体管。

1962年，保罗·巴兰（Paul Baran）发表了具有里程碑式意义的"论分布式通信"学术报告，首次提出了"分布式自适应信息块交换"的通信技术。

1963年，F. M. 万拉斯（F. M. Wanlass）和萨支唐（C. T. Sah）首次提出CMOS技术。现在95%以上的集成电路芯片都是基于CMOS工艺的。

1964年，Intel公司的创始人之一、著名半导体科学家戈登·摩尔（Gordon Moore）提出了摩尔定律，预测晶体管集成度将会每18个月增加1倍。

1966年，RCA公司研制出CMOS集成电路。

1968年12月9日，美国加州大学的道格·恩格尔巴特（Doug Engelbart）博士发明了世界上第一个鼠标。

1969年，贝尔实验室的肯·汤普森（Ken Thompson）和丹尼斯·里奇（Dennis Ritchie）开发出了UNIX操作系统。

图 0.4.3　Intel 4004 的外形

1969年10月29日，阿帕网美国加州大学洛杉矶分校节点与斯坦福研究院节点之间实现了第一次分组交换技术的远程通信，标志着互联网的正式诞生。

1971年，Intel公司推出1kbit DRAM，标志着大规模集成电路的出现。

1971年，Intel公司的特德·霍夫（Ted Hof）成功研制了第一个能够实际工作的微处理器Intel 4004。图0.4.3所示为Intel 4004的外形。这个里程碑式的发明采用MOS工艺，在面积约

12mm²的芯片上集成了2250个晶体管，运算能力足以超过ENICA的，这标志着"微处理器时代"的到来。

1972年，曾经开发了UNIX操作系统的里奇开发出C语言。

1972年，8位微处理器出现，其典型产品是Intel 8008，时钟频率为0.5～0.8MHz，集成度是3万个晶体管。

1973年4月，美国摩托罗拉公司工程技术员马丁·库珀（Martin Cooper）发明了世界上第一部民用手机，他被称为现代"手机之父"。

1974年，计算机爱好者E. 罗伯茨（E. Roberts）发布了自己制作的装配有8080处理器的计算机"牛郎星"。这是第一台装配有微处理器的计算机，从此拉开了个人计算机的序幕。

1974年，RCA公司推出第一个CMOS微处理器1802。

1975年7月，比尔·盖茨（Bill Gates）在成功为"牛郎星"配上了BASIC语言之后从哈佛大学退学并与好友保罗·艾伦（Paul Allen）一同创办了微软公司。

1976年，16kbit DRAM和4kbit SRAM问世。

1976年，Intel 公司推出8048单片机。

1978年，64kbit DRAM诞生，不足0.5cm²的硅片上集成了14万个晶体管，**标志着超大规模集成电路（VLSI）时代的来临。**

1979年，Intel公司推出5MHz的8088微处理器。

1980年，IBM公司基于8088推出全球第一台个人计算机，宣布IBM个人计算机诞生。微软公司推出MSDOS 1.0。

1981年，256kbit DRAM和64kbit CMOS SRAM问世。

1982年，Intel公司发布20MHz的80286微处理器。

1983年，摩托罗拉公司推出世界上第一台便携式手机。

1984年，日本宣布推出1MB DRAM和256kbit SRAM。

1985年，Intel公司的20MHz 32位处理器80386问世。

1985年，微软公司正式推出Windows操作系统。

1985年，Philips公司和Sony公司合作推出CD-ROM驱动器。

1985年，Acorn公司开发出ARM1 Sample，而首颗真正的产能型ARM2于1986年量产。

1988年，16MB DRAM问世，**1cm²的硅片上集成了3500万个晶体管，标志着进入特大规模集成电路（ULSI）阶段。**

1988年11月2日，由R. T. 莫里斯（R. T. Morris）编制的"蠕虫"病毒在互联网上大规模传播。这是互联网第一次遭受病毒的侵袭，从此计算机病毒逐渐传播。

1989年，1MB DRAM进入市场。Intel公司推出25MHz、1μm工艺的486微处理器。

1990年，芬兰大学生莱纳斯·托瓦尔兹（Linus Torvalds）开发出了Linux操作系统，并将源代码全部公开于互联网上，从而引发了席卷全世界的源代码开放运动。1994年3月，Linux 1.0发布。

1992年，64MB RAM问世。

1993年，66MHz奔腾处理器出现，采用0.6μm工艺。

1993年，IBM公司与BellSouth公司合作推出了第一部智能手机IBM Simon（西蒙个人通信设备），标志着智能手机的诞生。

1995年，133MHz奔腾微处理器采用0.6～0.35μm工艺。

1995年，LSI Logic公司完成SoC设计。

1997年，300MHz奔腾Ⅱ处理器问世，采用0.25μm工艺。

1997年5月，IBM公司生产的世界上第一台超级国际象棋计算机"深蓝"战胜国际象棋大师卡斯帕罗夫。

1999年，450MHz奔腾Ⅲ处理器问世，采用0.25μm工艺。

2000年，1GB RAM投放市场；1.5GHz奔腾Ⅳ处理器问世，采用0.18μm工艺。

2001年，Intel公司宣布采用0.13μm工艺。

2003年，奔腾4E系列处理器出现，采用90nm工艺。

2005年，Intel Core 2系列处理器上市，采用65nm工艺。

2005年，塞巴斯蒂安·特龙（Sebastian Thrun）领导的由斯坦福大学的学生和教师组成的团队设计出的斯坦利机器人汽车在美国国防部高级研究计划局（DARPA）举办的第二届"挑战"（Grand Challenge）大赛中夺冠，并赢得了由五角大楼颁发的200万美元奖金。

2007年，基于45nm High-K工艺的Intel Core 2上市。

2009年，Intel Core i系列处理器推出，采用32nm工艺。

2012年，Inter公司发布第三代Core i系列处理器，采用22nm工艺。

2013年，智能手机成为大众拍摄、社交、移动支付的工具。

2015年，Intel第五代Core i系列处理器出现，采用14nm工艺。

2016年，由谷歌人工智能研究部门DeepMind开发制造的阿尔法狗（Alphago）大胜世界围棋冠军。

2019年6月6日，中华人民共和国工业和信息化部正式向中国电信、中国移动、中国联通、中国广电发放5G商用牌照，中国正式进入5G商用阶段。

2020年，TSMC公司量产5nm制程芯片，向2nm技术突破。

2020年，中国北斗全球卫星导航系统组网完成，并于7月31日正式开通。北斗全球卫星导航系统能为用户提供高质量的定位、导航和授时服务。

以计算机为代表的数字技术的发展史是硬件（器件）、软件（语言）不断发展、优化、壮大的历史，同时也直接导致了其应用的不断扩大、升级。表0.4.1所示为数字技术发展与应用历程。

表 0.4.1 数字技术发展与应用历程

计算机	时间	硬件（器件）代表	软件（语言）	典型应用
第一代	1939—1957年	电子管	机器语言、汇编语言	科学计算
第二代	1958—1964年	晶体管	高级语言	数据处理、工业控制
第三代	1965—1971年	集成电路	操作系统	文字处理、图形处理
第四代	1972年至今	大规模集成电路	数据库、网络、大数据、云计算、人工智能	社会各个领域，并向智能化发展

数字技术和应用相辅相成，互相促进，不断循环发展。数字技术的发展促进了其应用广度和深度的拓展，应用领域的扩大和应用程度的加深又进一步促进了数字技术的发展。

0.5 开启数字电子技术学习之旅

在人类进入信息社会的进程中，数字电子技术起到了关键性的作用。现在已经迈进"智能时

代"，数字电子技术将继续起决定性的作用。

当今世界数字技术的应用可以用"无孔不入"来形容，不管是在科学计算（天气预报、地震机理、卫星图像计算、精确制导、信息安全及密码破译）、过程控制（生产自动化、无线制导）、大数据分析与处理（医疗数据分析、智能推荐、导航推荐、无人驾驶、自然语言处理）、人工智能与智慧城市等领域都将发挥极其重要的作用。

现在我们已经知道了一些计算机和数字技术的基础知识，请解答以下问题。

（1）人类社会的信息是如何表示成0和1的？又是如何进入计算机的？

（2）计算机中逻辑运算是什么？计算机中加法是如何实现的？

（3）基本的门电路是什么？它与集成电路有什么关系？

（4）信息编码、解码与数字系统工作有什么联系？

（5）存储地址和存储内容是一样的吗？数据怎么寄存和存储？U盘是内存吗？

（6）触发器、计数器、缓冲器是怎么工作的？

（7）时钟脉冲是什么，它又如何实现？

如果您想知道这些，同时想系统了解数字技术，就从数字电子技术基础知识出发，开启我们的学习之旅吧！

本章小结

（1）数字设备存在于生活的方方面面，也深刻影响着生产和生活。数字技术是处理二进制数据的技术，是信息技术和智能技术的基础。

（2）"计算机之父"冯·诺依曼提出了现代计算机五大部件体系结构、二进制运算、存储程序的思想，确立了现代计算机的基本体系结构和工作方式。

（3）计算机的运算器、控制器、存储器、输入设备和输出设备五大部件构成了计算机的硬件系统，部件之间是通过总线互联的。运算器、控制器构成了微处理器。微处理器是整个计算机的核心部件，是计算机的"大脑"，控制着计算机的一切工作。

（4）微处理器内部结构由运算器、控制器、寄存器三大部分组成。运算器负责运算，控制器负责发出每条指令所需要的信息，寄存器负责暂时存储运算或者指令执行的一些临时文件。

（5）程序是人们根据某一问题确定解决步骤而编制出的相应的指令序列。计算机是通过运行程序来完成任务的，是通过执行一条一条的指令完成特定功能的。

（6）指令是计算机硬件可执行的、能完成某种操作的命令。运行每一条指令都包括取指令、分析指令（指令译码）与执行指令这3个阶段。计算机的工作过程也就是不断地取指令、分析指令并执行指令的过程，而且这个过程循环进行，永不间断。

（7）计算机的程序是通过程序设计语言实现的。主要的程序设计语言有机器语言、汇编语言、高级语言这3种，它们各有特点。

（8）软件和硬件本质上是相通的，在许多情况下，计算机的某些功能可以用硬件实现，也可以用软件实现。计算机硬件与软件没有绝对严格的界线。

（9）CPU的两大主要架构是ARM和x86架构，x86以最高性能为目标，Intel公司的强项是设计超高性能的台式计算机和服务器处理器；ARM以能效为目标，其优势领域是设计低功耗的移动设备处理器，ARM广泛用于嵌入式系统设计，低耗节能，非常适用于移动通信领域。

（10）嵌入式系统是将商用操作系统和行业应用有机结合的专用计算机系统，由于与具体应用相结合表现出了很强的生命力和优势。目前国内一个普遍被认同的嵌入式系统定义是以应用为中心、以计算机技术为基础、软件和硬件可裁剪，以及适应应用系统对功能、可靠性、成本、体积、功耗严格要求的专用计算机系统。

（11）集成电路经历了小规模集成电路、中规模集成电路、大规模集成电路、超大规模集成电路、特大规模集成电路、巨大规模集成电路或极大规模集成电路、SoC等发展历程。

习题

分析简答题

0.1 简述什么是数字系统。它有什么特点？请举两个您熟悉的例子。

0.2 简述计算机的组成结构和冯·诺依曼工作原理。

0.3 微处理器有哪些基本结构？请简述微处理器的工作过程。

0.4 什么是指令？它对计算机有什么作用？

0.5 简述硬件和软件之间的关系。

0.6 计算机为什么要使用程序设计语言？程序设计语言有哪些？各种程序设计语言有什么特点？高级语言是一种人类的语言吗？

0.7 简述数据存储和读取的过程。

0.8 CPU的两种主要架构各有什么特点？它们分别应用在什么地方？

0.9 什么是嵌入式系统？它的发展经历了哪些历程，具有什么特点？

0.10 什么是集成电路的封装？如何识别芯片的引脚？

0.11 在数字电路的发展历史中，您觉得值得铭记的有哪些著名人物或事件？请列举几个典型事件。

第 1 章

数制和码制

本章内容概要

本章介绍数制和码制，主要讲解信息编码、信息处理的基础理论。

读者思考：人类社会中的信息怎样才能进入计算机？为什么要将信息转换为二进制？如何将信息转换为二进制？

本章重点难点

数制和码制对数字系统的意义；正确用二进制表示信息。

本章学习目标

（1）理解常见的进位计数制的特点，掌握各数制之间的转换方法；

（2）掌握BCD编码方法，领会用二进制表示信息的基本思想；

（3）理解文字符号信息编码和图形编码的意义及特点。

数制解决了数值大小的互通问题，码制解决了信息的二进制表示问题。数制和码制为大量信息能够进入数字系统铺平了道路，为高效进行数值运算和信息处理打好了基础。

在人类生产和生活中经常出现数字，**数字不仅可以表示数量大小，也可以表示特定事物**（如身份证号、高一61班）。表示数量大小就涉及数制知识，表示特定事物就涉及码制知识。

1.1 数制

1.1.1 进位计数制

人们为了方便、有效地表示数值大小引入了进位计数制。进位计数制是用一组固定的符号和统一的规则来表示数值的方法，简称数制（number system）。数制包含基数和位权两个组成要素。基数是指在进位计数制中用到的数学符号（数码）的个数。相同数码处在不同的数位时所代表的数值是不同的，这是因为不同数位的数码具有不同的位权。位权代表一定数位上具有一个固定常数大小的值，不同数位有不同的位权，某一个数位的数值大小等于这一位的数码乘以该位对应的位权。通常位权是一个幂，其指数称为权。

任意一个数值的进位计数制的表达式为

$$(S)_N = \sum K_i \times N^i \tag{1.1.1}$$

式中，$(S)_N$ 为 N 进制下大小为 S 的数；N 为采用几进制计数；K_i 为第 i 位的数码，i 取整数；N^i 为第 i 位的位权。

任意一个数的大小是其对应数制的每一位数码乘以位权，然后相加。显然，任意一个数的大小不仅取决于每一位的数码本身，还取决于位权。进位计数制的表达式也称位权展开式。

根据不同应用场景和习惯需要，表示相同大小的数值可以采用不同进制。常用的数制有十进制、二进制、八进制和十六进制等。

1．十进制

十进制（decimal system）是人们普遍使用的一种数制。十进制设有 0～9 等 10 个数码，所以基数是 10。计数的规则是"逢十进一"。

各个数码处于十进制数的不同数位时，所代表的数值不同，即不同数位有不同的位权。整数部分从低位至高位每位的权数依次为 10^0、10^1、10^2……小数部分从高位至低位每位的权数依次为 10^{-1}、10^{-2}、10^{-3}……十进制中权数是一个以 10 为底的幂，幂指数 0, 1, 2,…, −1, −2 等是权。因为它的基数是 10，所以底数就是 10。例如，十进制数 123.45（可表示为 $(123.45)_{10}$，这里的 $(\quad)_{10}$ 表示是十进制数）。

根据式（1.1.1），十进制表达式为

$$(S)_{10} = \sum K_i \times 10^i \tag{1.1.2}$$

式中，K_i 为十进制数的数码，它可以是 0～9 中任意一个。如果设 n 为小数点左边的位数（整数位数），m 为小数点右边的位数（小数位数），那么任意一个十进制数 $(S)_{10}$ 的位权展开式可以表示为

$$(S)_{10} = K_{n-1} \times 10^{n-1} + K_{n-2} \times 10^{n-2} + \cdots + K_1 \times 10^1 + K_0 \times 10^0 + K_{-1} \times 10^{-1} + \cdots + K_{-m} \times 10^{-m}$$
$$= \sum_{i=n-1}^{m} K_i \times 10^i \tag{1.1.3}$$

您知道吗？

　　十进制中0～9这10个阿拉伯数字是古代巴比伦人发明的，经阿拉伯人传入罗马，最后由罗马人命名。

所以，$(123.45)_{10} = 1 \times 10^2 + 2 \times 10^1 + 3 \times 10^0 + 4 \times 10^{-1} + 5 \times 10^{-2}$

2．二进制

　　在数字电路和计算机系统中，通常采用二进制（binary system）。二进制只有0和1两个数码，其基数就是2，计数的规则是"逢二进一"，即1+1=10（读作"壹零"，并不是"十"）。

　　任意一个二进制数的位权展开式为

$$(S)_2 = K_{n-1} \times 2^{n-1} + K_{n-2} \times 2^{n-2} + \cdots + K_1 \times 2^1 + K_0 \times 2^0 + K_{-1} \times 2^{-1} + \cdots + K_{-m} \times 2^{-m}$$
$$= \sum_{i=n-1}^{-m} K_i \times 2^i \tag{1.1.4}$$

　　式中，K_i为第i位的数码，它可以是0、1中任意一个；n为整数位数，m为小数位数，n、m是正整数。

您知道吗？

　　二进制是德国数学家莱布尼茨在1674年提出的概念。

例1.1.1 试求$(1011.01)_2$的位权展开式。

解： $(1011.01)_2 = 1 \times 2^3 + 0 \times 2^2 + 1 \times 2^1 + 1 \times 2^0 + 0 \times 2^{-1} + 1 \times 2^{-2}$

3．八进制

　　八进制（octal system）设有0～7共8个数码，其计数的规则是"逢八进一"，即$(5)_8 + (3)_8 = (10)_8$。

　　任意一个八进制数可以表示为

$$(S)_8 = \sum_{i=n-1}^{-m} K_i \times 8^i \tag{1.1.5}$$

　　式中，K_i为基数"8"的第i次幂的系数，它可以是0～7中任意一个；n为整数位数，m为小数位数，n和m为正整数。

4．十六进制

　　在计算机或数字系统中，为了书写和记忆的方便，常用十六进制（hexadecimal system）来表示二进制数。十六进制设有0～9以及A、B、C、D、E、F共16个数码，其中A～F这6个数码依次表示10～15，即A（10）、B（11）、C（12）、D（13）、E（14）、F（15）。其计数的规则是"逢十六进一"，如$(6)_{16} + (A)_{16} = (10)_{16}$。

　　任意一个十六进制数的位权展开式为

$$(S)_{16} = \sum_{i=n-1}^{-m} K_i \times 16^i \qquad (1.1.6)$$

式中，K_i 为基数，也是 "16" 的第 i 次幂的系数，它可以是 0～9 以及 A、B、C、D、E、F 中任意一个；n 为整数位数，m 为小数位数，n 和 m 为正整数。

例1.1.2 求 $(3A.8)_{16}$ 的位权展开式。

解： $(3A.8)_{16} = 3 \times 16^1 + A \times 16^0 + 8 \times 16^{-1}$

如果把展开后的数值加起来，那么所得到的数值就是对应的十进制数。

例 1.1.2 中，$(3A.8)_{16} = 48 + 10 + 0.5 = (58.5)_{10}$。

数制是进位计数的规则，所以任何一个数值都可以有不同进制的表现形式，但数值大小始终相等。 表 1.1.1 所示为常见进制的数值对应关系。

表 1.1.1　常见进制的数值对应关系

十进制数	二进制数	十六进制数	十进制数	二进制数	十六进制数
0	00000	0	16	10000	10
1	00001	1	17	10001	11
2	00010	2	18	10010	12
3	00011	3	19	10011	13
4	00100	4	20	10100	14
5	00101	5	21	10101	15
6	00110	6	22	10110	16
7	00111	7	23	10111	17
8	01000	8	24	11000	18
9	01001	9	25	11001	19
10	01010	A	26	11010	1A
11	01011	B	27	11011	1B
12	01100	C	28	11100	1C
13	01101	D	29	11101	1D
14	01110	E	30	11110	1E
15	01111	F	31	11111	1F

根据应用场合不同，可以选择不同进制。 人们习惯使用十进制进行数值运算，但是用电路来表示十进制很烦琐。二进制只有 0 和 1 两个数码，用数字电路很容易实现，因此在数字电路和计算机中都使用二进制，但二进制表示相同大小的数比十进制位数多，不易读写。

您知道吗？

在进位计数制中，表示同样大小的数时，如果进制越小，位数就会越多。

1.1.2 数制的实践

我知道您心里想
的数字

1．我知道您心里想的数字

只要您告诉我，以下每个表中有没有您想的数字（100以内），我就可以知道您想的数是多少。您相信吗？不信可以试试！

1	3	5	7	9	11	13	15	17	19
21	23	25	27	29	31	33	35	37	39
41	43	45	47	49	51	53	55	57	59
61	63	65	67	69	71	73	75	77	79
81	83	85	87	89	91	93	95	97	99

表1

2	3	6	7	10	11	14	15	18	19
22	23	26	27	30	31	34	35	38	39
42	43	46	47	50	51	54	55	58	59
62	63	66	67	70	71	74	75	78	79
82	83	86	87	90	91	94	95	98	99

表2

4	5	6	7	12	13	14	15	20	21
22	23	28	29	30	31	36	37	38	39
44	45	46	47	52	53	54	55	60	61
62	63	68	69	70	71	76	77	78	79
84	85	86	87	92	93	94	95	100	

表3

8	9	10	11	12	13	14	15	24	25
26	27	28	29	30	31	40	41	42	43
44	45	46	47	56	57	58	59	60	61
62	63	72	73	74	75	76	77	78	79
88	89	90	91	92	93	94	95		

表4

16	17	18	19	20	21	22	23	24	25
26	27	28	29	30	31	48	49	50	51
52	53	54	55	56	57	58	59	60	61
62	63	80	81	82	83	84	85	86	87
88	89	90	91	92	93	94	95		

表5

32	33	34	35	36	37	38
39	40	41	42	43	44	45
46	47	48	49	50	51	52
53	54	55	56	57	58	59
60	61	62	63	96	97	98
99	100					

表6

64	65	66	67	68	69	70
71	72	73	74	75	76	77
78	79	80	81	82	83	84
85	86	87	88	89	90	91
92	93	94	95	96	97	98
99	100					

表7

如果把您心里想的数字在某个表中是否出现设为一个变量K_i，并取在表中出现时$K_i=1$，不出现时$K_i=0$。那么

$$您心里想的数字 = \sum_{i=1}^{7}(K_i \times 每个表中的第一个数字)$$

聪明的读者，您知道为什么吗？

2．不同进制的四则运算

十进制只是进位计数制中的一种，十进制数能完成加、减、乘、除四则运算，其他进制同样也能实现。

例1.1.3 分别用十进制和二进制分别实现十进制的12和9的加、减、乘运算。

解：因为$(12)_{10}=(1100)_2$，$(9)_{10}=(1001)_2$。所以

十进制加法   二进制加法

```
      12                    1100
    +  9                  + 1001
    ----                  ------
      21                   10101
```

$(12)_{10}+(9)_{10}=(21)_{10}$ $(1100)_2+(1001)_2=(10101)_2$

十进制减法　　　　　　　　　二进制减法

$$\begin{array}{r} 12 \\ -\quad 9 \\ \hline 3 \end{array}\qquad\begin{array}{r} 1100 \\ -\quad 1001 \\ \hline 0011 \end{array}$$

$(12)_{10}-(9)_{10}=(3)_{10}$　　　　　$(1100)_2-(1001)_2=(0011)_2$

十进制乘法　　　　　　　　　二进制乘法

$$\begin{array}{r} 12 \\ \times\quad 9 \\ \hline 108 \end{array}\qquad\begin{array}{r} 1100 \\ \times\quad 1001 \\ \hline 1100 \\ 1100\quad\ \\ \hline 1101100 \end{array}$$

$(12)_{10}\times(9)_{10}=(108)_{10}$　　　　　$(1100)_2\times(1001)_2=(1101100)_2$

⚙ 您知道吗?

　　现在我们熟悉进位计数制了，也知道同一个数可以用不同进制表示，那它们之间是怎么转换的?

　　我们听说过十进制数转换为二进制数采用"除2取余"法，那么要转换为十六进制数，应该采用"除几取余"法呢?

1.1.3　各种进制之间的数值转换

不同的进位计数制只是对数值大小的不同呈现方式，因此数值在不同进制之间是可以相互转换的。

1．非十进制数转换成十进制数

非十进制数转换为十进制数的方法是，只要将非十进制数按照位权展开式展开，把展开后的数值相加所得到的结果就是对应的十进制数。

例1.1.4 将 $(1101.11)_2$、$(2D.8)_{16}$ 转换成等值的十进制数。

解： $(1101.11)_2 = 1\times 2^3 + 1\times 2^2 + 0\times 2^1 + 1\times 2^0 + 1\times 2^{-1} + 1\times 2^{-2} = (13.75)_{10}$

$(2D.8)_{16} = 2\times 16^1 + D\times 16^0 + 8\times 16^{-1} = (45.5)_{10}$

2．十进制数转换成二进制数

一般来说，一个十进制数可以分解为整数部分和小数部分。所以十进制数转换成二进制数可以先分别将整数部分和小数部分进行转换，再将结果合并在一起得到完整的转换结果。

整数部分的转换方法是"除2取余"法。具体是把一个十进制数的整数部分连续除以2直至商为0，每次的余数即二进制数码，最初得到的为最低有效系数 K_0，最后得到的为最高有效系数 K_{n-1}。对应的二进制整数为 $K_{n-1}K_{n-2}K_{n-3}\cdots K_1 K_0$。

小数部分的转换方法是"乘2取整"法。具体是把一个十进制数的小数部分连续乘以2，将每次所得到的整数（0或1）依次记为 K_{-1}、K_{-2}……若小数部分最后结果能为零，则记为 K_{-m}；若小数部分出现循环或结果一直不能为0，那么就要使下标 m 的值达到误差允许的范围或达到规定保留小数位数。

例1.1.5 将 $(12.25)_{10}$ 转换成等值的二进制数。

解： 先将十进制数分成整数和小数两部分，然后根据"除2取余"法和"乘2取整"法分别进行计算。

$$
\begin{array}{r|l}
2 & 12 \\
2 & 6 \quad\cdots\cdots 0 = K_0 \\
2 & 3 \quad\cdots\cdots 0 = K_1 \\
2 & 1 \quad\cdots\cdots 1 = K_2 \\
& 0 \quad\cdots\cdots 1 = K_3
\end{array}
$$

余数 低位↑ 高位

$$
\begin{array}{r}
0.25 \\
\times\ 2 \\
\hline
0.50 \quad\cdots\cdots 0 = K_{-1} \\
0.50 \\
\times\ 2 \\
\hline
1.0 \quad\cdots\cdots 1 = K_{-2}
\end{array}
$$

整数 高位↓ 低位

最后将结果合并，得 $(12.25)_{10}=(1100.01)_2$。

除了上述的方法以外，经常使用的将十进制数转换成二进制数的方法还有降幂比较法和快速转换法（也称拆分法），但都要求熟记二进制数对应的十进制数。表1.1.2所示为常用的二进制数以及对应的十进制数。

表 1.1.2　常用的二进制数以及对应的十进制数

二进制数	2^{-3}	2^{-2}	2^{-1}	2^0	2^1	2^2	2^3	2^4	2^5	2^6	2^7	2^8	2^9	2^{10}
十进制数	0.125	0.25	0.5	1	2	4	8	16	32	64	128	256	512	1024

降幂比较法是将给定的十进制数依次减去不大于被减数同时又最靠近被减数的最大的 2^i 对应的十进制数，直到差为0。如果在处理小数时差不能为0，那么一定要计算到差小于允许误差为止或达到规定保留小数位数。

例1.1.6 试用降幂比较法将 $(147)_{10}$ 转换成二进制数。

解： 根据降幂比较法求解，可得：

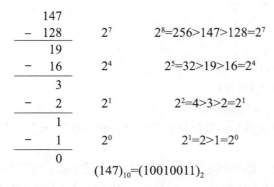

降幂比较法

$$
\begin{array}{r l l}
147 & & \\
-\ 128 & 2^7 & 2^8=256>147>128=2^7 \\
\hline
19 & & \\
-\ 16 & 2^4 & 2^5=32>19>16=2^4 \\
\hline
3 & & \\
-\ 2 & 2^1 & 2^2=4>3>2=2^1 \\
\hline
1 & & \\
-\ 1 & 2^0 & 2^1=2>1=2^0 \\
\hline
0 & &
\end{array}
$$

$$(147)_{10}=(10010011)_2$$

快速转换法可以看成二进制位权展开式的逆过程。

现在我们知道二进制位权展开式可以写为

$$(K_{n-1}K_{n-2}\cdots K_1 K_0 K_{-1}\cdots K_{-m})_2 = K_{n-1}\times 2^{n-1} + K_{n-2}\times 2^{n-2}+\cdots+K_1\times 2^1 + K_0\times 2^0 +$$
$$K_{-1}\times 2^{-1}+\cdots+K_{-m}\times 2^{-m}$$

如果将给定的十进制数拆分成 $\sum 2^i$ 形式，并对照二进制位权展开式，把 $\sum 2^i$ 中出现的项对应的 K_i 确定为 1，没出现的项对应的 K_i 确定为 0，再对应写出 $(K_{n-1}K_{n-2}\cdots K_1K_0K_{-1}\cdots K_{-m})_2$，即可实现十进制数向二进制数的转换。

例1.1.7 试用快速转换法将 $(147)_{10}$ 转换成二进制数。

解：由于 $(147)_{10}=128+16+2+1=2^7+2^4+2^1+2^0$，对比二进制位权展开式

$$\sum_{i=7}^{0}K_i\times 2^i = K_7\times 2^7 + K_6\times 2^6 + K_5\times 2^5 + K_4\times 2^4 + K_3\times 2^3 + K_2\times 2^2 + K_1\times 2^1 + K_0\times 2^0$$

可得 $K_7K_6K_5K_4K_3K_2K_1K_0=10010011$，所以 $(147)_{10}=(10010011)_2$。

3．二进制数与十六进制数的转换

因为 $2^4=16$，所以二进制数与十六进制数转换时，只需将 4 位二进制数转换成对应一位十六进制数，或者把一位十六进制数转换成 4 位二进制数即可。

（1）二进制数转换成十六进制数

二进制数转换成十六进制数，首先以小数点为界，分别按往高、往低每 4 位分为一组。如果最后一组不足 4 位，那么高位在左边补零，低位在右边补零，一定要补齐 4 位；然后将每组二进制数用相应的十六进制数替代，即可将二进制数转换为十六进制数。

例1.1.8 将 $(111011.01011)_2$ 转换为十六进制数。

解：因为 $(0011\ 1011.0101\ 1000)_2$

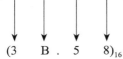

$$(3\qquad B\ .\ 5\qquad 8)_{16}$$

所以 $(111011.01011)_2=(3B.58)_{16}$

（2）十六进制数转换为二进制数

十六进制数转换为二进制数的方法与上述过程相反，把每一位十六进制数用相应的 4 位二进制数互换即可。

例1.1.9 将 $(2A.7D)_{16}$ 转换为二进制数。

解：因为 $(2\qquad A\ .\ 7\qquad D)_{16}$

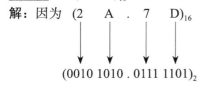

$$(0010\ 1010\ .\ 0111\ 1101)_2$$

所以 $(2A.7D)_{16}=(101010.01111101)_2$

4．十进制数转换成十六进制数

十进制数转换成十六进制数只需要分别将整数部分和小数部分进行转换，再将结果合并在一起得到完整的转换结果。

整数部分的转换方法是"除 16 取余"法。具体是把十进制数的整数部分连续除以 16 直至商为 0，每次的余数（0～F）即十六进制数码，最初得到的是该整数对应的最低有效系数 K_0，最后得到的是最高有效系数 K_{n-1}。

小数部分的转换方法是"乘 16 取整"法。具体是把十进制数的小数部分连续乘以 16，将每次所得到的整数（0～F）依次记为 K_{-1}、K_{-2}……若乘的小数部分最后为 0，则最后依次乘的整数部分记为 K_{-m}。若乘的小数部分最后不为 0，那么 m 的值要达到误差允许的范围或达到规定保留小数

位数。

当然，也可以先把十进制数转换成二进制数，再把二进制数转换成十六进制数，通过间接的方式实现十进制数到十六进制数的转换。

您知道吗？

信息、数据等都是通过编码技术以二进制代码的形式存储在计算机中的。

现在知道数制了，那您知道码制吗？它有什么作用？

1.2 码制

在现实生活中，数字（数码）不仅可以表示数量大小，也可以表示特定事物。如学号、身份证号、电话号码、QQ号、车牌号、二维码等都是表示特定的事物。

数码一旦用于表示不同事物，就不再具有数量大小的含义了，其只是表示不同事物的代号而已。为了表示文字、符号（包括控制符）等信息，需要使用一定位数的二进制数码与每一项信息建立一一对应关系。同时为便于记忆和查找及后期处理，在编写代码时还要遵循一定的规则。

您知道吗？

身份证号是公民身份的一种标识，是特指每一个中国人，一个身份证号与一个中国人一一对应。身份证号严格按照国家标准进行编排。

码制（code system）就是用数字技术处理和传输的以二进制形式表示的数字、字母或特殊符号系统。码制是信息进入数字系统的基础理论。目前，数字系统中最具代表性的编码有二-十进制编码（如8421码、余3码等）、文字符号信息编码（如ASCII编码、ISO编码、中国汉字编码等）以及图形编码（如二维码等）。

1.2.1 二-十进制编码

二进制的计算规律十分简单、高效。但二进制既难记，又不直观，不符合人们的日常习惯。于是人们想到使用4位二进制数来表示1位十进制数的方法，这样既直观，又便于处理。这种折中的用二进制表示十进制的编码形式被称为二-十进制（binary coded decimal）编码，简称BCD编码。

十进制只需要10种码组，但是4位二进制代码一共有16种不同的码组。只要在16种码组中任意选择10种并按不同的次序排列，即可表示十进制的数码0~9。采用不同的规则会有不同的BCD编码形式。常见的BCD编码有8421码、2421码、5421码、余3码和余3循环码等多种形式。表1.2.1所示为常用的BCD编码形式。

表 1.2.1　常用的 BCD 编码形式

十进制数	BCD编码形式					
	8421码	余3码	2421（A）码	2421（B）码	5421码	余3循环码
0	0000	0011	0000	0000	0000	0010
1	0001	0100	0001	0001	0001	0110
2	0010	0101	0010	0010	0010	0111
3	0011	0110	0011	0011	0011	0101
4	0100	0111	0100	0100	0100	0100
5	0101	1000	0101	1011	1000	1100
6	0110	1001	0110	1100	1001	1101
7	0111	1010	0111	1101	1010	1111
8	1000	1011	1110	1110	1011	1110
9	1001	1100	1111	1111	1100	1010
位权	8421		2421	2421	5421	

1．8421码

8421码是取4位二进制前10种码组0000～1001来代表0～9这10个数码，其余的6种码组为无效码或禁用码。如果将代码看作一个4位二进制数，那么各位的权数依次是8、4、2、1，这样每种代码的数值大小恰好等于对应的十进制数。因此该代码称为8421码。8421码是BCD编码中最直观、最自然的一种有权编码形式。

2．余3码

余3码是取4位二进制靠中间的10种码组，每组余3码所表示的二进制数要比对应的十进制数大3，故称为余3码。从表1.2.1中可以看到0和9、1和8、4和5等码组互为反码，也就是说余3码具有互补性。这样当两个用余3码表示的数进行减法运算时，可将原码的减法运算变为补码的加法运算（正数的补码是其本身，负数的补码等于反码加1）。

3．余3循环码

循环码又称格雷码，或者反射码。每一位二进制代码没有固定的权值，属于无权码。循环码的主要优点是相邻两个代码之间仅有一位状态不同，具有相邻性，缺点是不够直观。表1.2.2所示为常用的4位循环码。

表 1.2.2　常用的 4 位循环码

十进制数	循环码	十进制数	循环码
0	0000	8	1000
1	0001	9	1001
2	0011	10	1011
3	0010	11	1010
4	0110	12	1110
5	0111	13	1111
6	0101	14	1101
7	0100	15	1100

余3循环码是循环码和余3码的结合，它取4位循环码的中间10个状态。表1.2.1中余3循环码的0（编码为0010）是表1.2.2普通4位循环码中3的对应值。

> **您知道吗？**
>
> BCD编码是用二进制表示十进制，那么文字、符号该怎么表示呢？怎样才能进入计算机呢？汉字那么多，怎么用计算机处理呢？

1.2.2　文字符号信息编码

为了能让字母、文字、符号（包括控制符）等信息进入计算机，需要使用一定位数的二进制数码与每一项信息建立一一对应关系。人们把用特定二进制代码表示字母、文字、符号的过程称为信息编码。目前，最具代表性的信息编码有ASCII编码、ISO编码以及中国汉字编码。

1. ASCII编码

ASCII（American standard code for information interchange）是美国信息交换标准代码的简称，一个ASCII由8位二进制代码组成。表1.2.3所示为ASCII编码表，表中用7位二进制代码 $B_7B_6B_5B_4B_3B_2B_1$ 表示信息。第8位作为奇偶校验位，用于查错，奇偶校验位的数值则根据校验的类型（补奇或补偶）来决定。

例如，英文字母M对应的ASCII为0100 1101，即4DH。

表 1.2.3　ASCII 编码表

$B_4B_3B_2B_1$	$B_7B_6B_5$							
	000	001	010	011	100	101	110	111
0000	NUL	DLE	SP	0	@	P	`	p
0001	SOH	DC1	!	1	A	Q	a	q
0010	STX	DC2	"	2	B	R	b	r
0011	ETX	DC3	#	3	C	S	c	s
0100	EOT	DC4	$	4	D	T	d	t
0101	ENQ	NAK	%	5	E	U	e	u
0110	ACK	SYN	&	6	F	V	f	v
0111	BEL	ETB	'	7	G	W	g	w
1000	BS	CAN	(	8	H	X	h	x
1001	HT	EM	)	9	I	Y	i	y
1010	LF	SUB	*	:	J	Z	j	z
1011	VT	ESC	+	;	K	[	k	{
1100	FF	FS	,	<	L	\	l		
1101	CR	GS	−	=	M	]	m	}
1110	SO	RS	.	>	N	∧	n	~
1111	SI	US	/	?	O	—	o	DEL

ASCII编码字符的含义如表1.2.4所示。

表 1.2.4　ASCII 编码字符的含义

字符	含义	字符	含义
NUL	空白，无效	DC1	设备控制1
SOH	标题开始	DC2	设备控制2
STX	正文开始	DC3	设备控制3
ETX	正文结束	DC4	设备控制4
EOT	传输结束	NAK	否认
ENQ	询问	SYN	同步空转
ACK	确认	ETB	块传输结束
BEL	报警	CAN	取消
BS	退格	EM	媒介结束
HT	水平制表	SUB	替换
LF	换行	ESC	转义
VT	垂直制表	FS	文件分隔
FF	换页	GS	组分隔
CR	回车	RS	记录分隔
SO	移位输出	US	单元分隔
SI	移位输入	SP	空格
DLE	数据链路换码	DEL	删除

2．ISO编码

ISO（international standardization organization）编码是国际标准化组织编制的一组8位二进制代码，主要用于信息传输。ISO编码包括0～9这10个数字、26个英文字母以及20个其他符号，总共56个。表1.2.5所示为ISO编码表。

表 1.2.5　ISO 编码表

$B_4B_3B_2B_1$	$B_7B_6B_5$							
	000	001	010	011	100	101	110	111
0000	NUL		SP	0		P		
0001				1	A	Q		
0010				2	B	R		
0011				3	C	S		
0100			$	4	D	T		
0101			%	5	E	U		
0110				6	F	V		
0111				7	G	W		
1000	BS		(	8	H	X		

续表

$B_4B_3B_2B_1$	$B_7B_6B_5$							
	000	001	010	011	100	101	110	111
1001	HT	EM	)	9	I	Y		
1010	LF		*	:	J	Z		
1011			+		K			
1100			,		L			
1101	CR		–	=	M			
1110			.		N			
1111			/		O			DEL

表1.2.5中$B_7B_6B_5B_4B_3B_2B_1$分别表示代码的第7～1位。第8位是奇偶校验位（如果是补偶位，则把每个代码中1的个数补成偶数），用于查错。表1.2.5中字符的含义与表1.2.4中的相同。

3．中国汉字编码

计算机内部处理的信息都采用二进制代码表示，汉字也不例外，于是产生了中国汉字编码（Chinese character encoding）。中国国家标准总局于1981年制定了中华人民共和国国家标准GB/T 2312—1980《信息交换用汉字编码字符集 基本集》，即国标码。

GB/T 2312—1980中共有7445个汉字和图形符号，共收录6763个汉字，其中一级汉字（按汉语拼音字母顺序排列）3755个，二级汉字（按部首笔画顺序排列）3008个；同时GB/T 2312—1980还收录了包括拉丁字母、希腊字母、日文字母、俄语字母在内的682个全角字符。

GB/T 2312—1980的编码原则是一个汉字用两个字节表示，理论上可以表示65536（即2^{16}）种不同的符号。但考虑到汉字编码与ASCII的关系，我国进行了修正，只用了两个字节的低7位，这样可以容纳16384（2^{14}）个不同的汉字。同时为了与ASCII兼容，每个字节中都不能出现34个控制功能码（如码值为0的NUL、码值为32的SP、码值为127的DEL）。因此每个字节只能有94个编码。所以这样双七位实际能够表示的字数是94×94=8836。7445个汉字和图形符号中的每一个占用一个位置，还剩下1391个作为保留备用。

GB/T 2312—1980中的汉字、图形符号组成一个94×94的二维代码方阵，行称为区，列称为位。每个字节用两位十进制编码，前字节的编码称为区码，后字节的编码称为位码，即高两位为区号，低两位为位号，这就构成汉字的区位码。汉字和区位码建立一一对应关系，区位码可以唯一地确定一个汉字或字符；反之，任何一个汉字或字符都对应一个唯一的区位码，没有重码。如"啊"字的区位码为"1601"。

区位码并不等于国标码，国标码是由区位码转换得到的。其转换方法为先将用十进制表示的区码和位码都转换为十六进制，然后加上2020H（20H对应十进制的32）就可得到国标码。表1.2.6所示为"啊"字的区位码转换为国际码的过程，因此"啊"字对应的国标码为"3021H"。

表 1.2.6　"啊"字的区位码转换为国标码的过程

汉字	十进制区位码	十六进制区位码	加上2020H	国标码
啊	1601	1001H	1001H+2020H	3021H

　　国标码是汉字信息交换的标准编码，但其前后字节的最高位为0，会与ASCII冲突，因此国标码不可能在计算机内部直接采用。于是，汉字的机内码采用变形国标码，其变形方法为将国标码的两个字节的最高位由0改为1，其余7位不变。这样汉字机内码的每个字节都大于128，也就解决了中文编码与西文字符的ASCII间冲突的问题。表1.2.7所示为"啊"字的国标码转换为机内码的过程，因此"啊"字对应的机内码为"B0A1H"。

表 1.2.7　"啊"字的国标码转换为机内码的过程

汉字	十六进制国标码	二进制国标码	最高位由0改为1	机内码
啊	3021H	0011 0000 0010 0001	1011 0000 1010 0001	B0A1H

　　输入码是使用英文键盘输入汉字时采用的编码形式，也叫外码。常用的输入码有拼音码、五笔字型码、自然码、表形码、认知码、区位码和电报码等。

　　字形码是汉字的输出码，输出汉字时都采用图形方式。无论汉字的笔画多少，每个汉字都可以写在同样大小的方块中。通常用16×16点阵来显示汉字。

您知道吗？

　　通过信息编码，人们可以将文字、数字、图片、视频、声音等信息输入计算机，实现信息数字化。

　　"扫码"在我们生活中是很普通的事，其实扫码就是扫描图形编码。

1.2.3　图形编码

1．一维码

　　一维码也称条形码（bar code），它是将宽度不等的多个黑条和空白，按照一定的编码规则排列，用以表达一组信息的图形标识符，一般仅由数字和字母组成。条形码最先被应用于通用商品系统中。图1.2.1所示为条形码的示例。

2．二维码

　　二维条形码（2-dimensional bar code）又称二维码，是移动设备上最流行的编码方式之一。二维码采用特定的几何图形（按一定规律在二维平面上分布的黑白相间的图形）来记录数据、符号信息。图1.2.2所示为二维码的示例。目前，二维码主要应用于信息传递与信息获取、网站跳转与平台入口、移动支付、凭证等场合。二维码具有储存量大、保密性高、追踪性高、成本低、快速识别等特点，被应用于生活的方方面面，给人们的生活带来诸多便利。

　　二维码可分为堆叠式和矩阵式。堆叠式二维码是在一维码基础上堆积成两行或多行。矩阵式二维码又称棋盘式二维码，在一个矩形空间内通过黑、白像素在矩阵中的不同分布进行编码。点（可以是方点、圆点等形状）表示二进制"1"或"0"。矩阵式二维码是建立在计算机图像处理技术、组合编码技术基础上的新型图形符号自动识读处理码制，具有代表性的有Code One、Maxi Code、QR Code、Data Matrix等。

图 1.2.1 条形码的示例

图 1.2.2 二维码的示例

📝 本章小结

（1）进位计数制有十进制、二进制、十六进制等。根据应用场合不同，可以选择不同进制。人们习惯使用十进制进行数值运算，但是用电路来表示十进制很烦琐。二进制只有两个数码，用数字电路很容易实现，因此在数字电路和计算机中都使用二进制，但二进制位数多，不易读写。

（2）不同的进位计数制只是对数值大小的不同呈现方式，因此数值在不同进制之间是可以相互转换的。

（3）非十进制数转换为十进制数的方法是，只要将非十进制数按照位权展开式展开，把展开后的数值相加所得到的结果就是对应的十进制数。十进制整数转换为二进制数采用"除2取余"法，那么要转换为N进制数，只需采用"除N取余"法即可。

（4）码制是用二进制代码表示特定信息。数字系统中最具代表性的编码有二-十进制编码、文字符号信息编码以及图形编码等。

（5）BCD编码有多种不同的编码形式。常见的BCD编码有8421码、2421码、5421码、余3码和余3循环码等。

（6）用特定二进制代码表示字母、文字、符号的过程被称为信息编码。目前，最具代表性的信息编码有ASCII编码、ISO编码以及中国汉字编码。

（7）图形编码有条形码和二维码。条形码最先被应用于通用商品系统中。二维码是移动设备上最流行的编码方式之一。

📝 习题

一、选择题

1.1 $(25)_{10}$对应的二进制数是（　　　）。

A. 00100101　　　　　　B. 110001　　　　　　C. 110010　　　　　　D. 19

1.2 $(25)_{10}$对应的八进制数是（　　　）。

A. 00100101　　　　　　B. 110001　　　　　　C. 31　　　　　　D. 19

1.3 $(25)_{10}$对应的十六进制数是（　　　）。

A. 00100101　　　　　　B. 110001　　　　　　C. 31　　　　　　D. 19

1.4 下列与八进制数17.4等值的有（　　　）。

A. $(1111.1)_2$　　　　B. $(51.3)_6$　　　　C. $(F.8)_{16}$　　　　D. $(15.5)_{10}$

1.5 十进制整数转换成二进制数一般采用（　　　）。

A. 除2取余法　　　　B. 除2取整法　　　　C. 除10取余法　　　　D. 除10取整法

1.6 将十进制小数转换成二进制数一般采用（　　　）。

A．乘2取余法　　　　B．乘2取整法　　　　C．乘10取余法　　　　D．乘10取整法

1.7 十进制数0.25用二进制表示为（　　　）。

A．10.01　　　　B．00.0001　　　　C．00.01　　　　D．00.1

1.8 十进制数18.25转换为二进制数为（　　　）。

A．00010010.01　　　B．00100010.1　　　C．01000001.001　　　D．00100010.01

1.9 二进制数0.1011转换为十进制数为（　　　）。

A．0.625　　　　B．0.75　　　　C．0.8125　　　　D．0.6875

1.10 八进制数32对应的十六进制数是（　　　）。

A．26　　　　B．11010　　　　C．1A　　　　D．20

1.11 二进制数10000对应的十六进制数是（　　　）。

A．10　　　　B．0F　　　　C．1A　　　　D．20

1.12 二进制数1111100.01对应的十进制数为（　　　）。

A．140.25　　　　B．125.50　　　　C．124.25　　　　D．136.25

1.13 与$(00010101)_{8421BCD}$等值的数有（　　　）。

A．$(1111)_2$　　　B．$(11)_{16}$　　　C．$(F)_{16}$　　　D．$(15)_{10}$

1.14 某数的8421码是00100101，则该数对应的十六进制数为（　　　）。

A．25　　　　B．19　　　　C．37　　　　D．1A

1.15 8421码01010010转换为十进制数为（　　　）。

A．72　　　　B．82　　　　C．52　　　　D．25

1.16 ASCII是由（　　　）位二进制码组成的。

A．7　　　　B．8　　　　C．9　　　　D．16

1.17 十进制数25的余3码为（　　　）。

A．00100101　　　B．01011000　　　C．00011001　　　D．00110111

1.18 一个汉字需要（　　　）个字节表示。

A．1　　　　B．2　　　　C．3　　　　D．4

二、分析简答题

1.19 请用快速转换法把十进制数57转换成二进制数。

1.20 请说明把十进制转换成十六进制有几种方法？并把十进制数57转换成十六进制数。

1.21 请写出$(25)_{10}$对应的8421码、余3码以及余3循环码。

1.22 八进制数5对应的余3码是多少？

1.23 请写出"Ok!"对应5个字符的ASCII编码（奇偶校验位按0处理）。

1.24 请简述图形编码的原理、作用和应用场合。

1.25 请简述文字符号信息编码采用了哪些巧妙的办法解决中文信息编码问题。

第 **2** 章

逻辑代数

本章内容概要

本章介绍逻辑代数的知识，构建数字电路的数学方法和理论基础。

读者思考：人类因果逻辑思维的简单模拟该怎么实现？"1+1=1"能成立吗？

ⓒ 本章重点难点

逻辑代数的公式和定理；逻辑函数的意义与表示法；逻辑函数的公式法和卡诺图化简方法。

ⓒ 本章学习目标

（1）掌握逻辑代数的特点及其与普通代数的区别；

（2）掌握与、或、非的基本逻辑关系；

（3）掌握复合运算的逻辑功能，熟记逻辑符号；

（4）掌握逻辑代数的公式和定理，会熟练应用公式和定理；

（5）掌握逻辑函数的公式法化简方法，能够正确化简常见函数；

（6）掌握逻辑函数的图形法化简方法，能对普通函数及带约束的函数进行化简；

（7）掌握逻辑函数的表示方法，能熟练进行转换；

（8）理解与非门实现其他函数的方法。

英国著名数学家布尔用逻辑表达式表示逻辑判断，把推理看作逻辑表达式的变换，用数学方法研究思维规律，创立逻辑代数学科，影响深远、意义重大。

逻辑代数是数字系统进行数值运算和信息处理的数学理论基础。逻辑代数也为数字电路设计提供了重要的数学方法和理论基础，成为数字电路发展的重要支撑。

逻辑代数（logical algebra）常被称为布尔代数（Boolean algebra）。这是因为英国著名数学家布尔在1854年发表《思维规律的研究》并综合1847年的《逻辑的数学分析》，创立了布尔代数学科。

逻辑代数是反映和处理逻辑关系的一种数学工具。所谓的**逻辑关系是指事物发展变化之间的一种因果关系和规律**。

您知道吗?

布尔用数学方法研究逻辑问题，成功地建立了第一个逻辑运算，用逻辑表达式表示逻辑判断，把推理看作逻辑表达式的变换。

2.1 逻辑函数与逻辑状态

逻辑是研究因果关系的规律性。在逻辑代数中，输入表示"因"，是"条件"，而输出表示"果"，是"结论"。输出与输入之间具有一定的逻辑因果关系，即由一个或多个条件是否满足来决定结论是否成立。

如果把这种从条件输入到结论输出的关系看成一种数学映射关系，那么就可获得逻辑函数。

$$Y = F(A, B, C, \ldots)$$

式中：A、B、C为自变量或输入逻辑变量，简称输入变量；Y为逻辑函数或者输出变量。输入逻辑变量的取值一旦确定，输出函数也就确定了。在数字系统中，**输入与输出之间只要存在因果关系，总是可以用逻辑函数来描述**。

逻辑函数中，对于条件，只有"条件满足"或"条件不满足"两种对立状态；对于结论，也只有"结论成立"或"结论不成立"两种对立状态。因此，**在逻辑代数中不管是输入变量还是输出变量，它们只有两种可能取值，可以用1或0表示，分别称为逻辑1和逻辑0，即所谓的二值逻辑，没有第三种可能**。

与普通代数不同的是，**逻辑代数中的逻辑1和逻辑0并不表示数值的大小，只是代表相互对立的两种状态**。

其实在生活中存在着大量相互对立的逻辑状态。例如，表示信号的有与无，电平的高与低，开关的接通与断开，一个命题的真与假，等等。这些对应的逻辑状态可以用某一字母或变量A和$\overline{A}$（读作A非）来表示，并把A称为原变量，$\overline{A}$称为反变量；也可以用逻辑1和逻辑0来表示。

您知道吗?

在数字系统中0和1可以表示数值大小，也可以表示代码，还可以表示逻辑状态。

2.2 基本逻辑及其复合运算

在逻辑代数中，变量的取值只有0和1，**基本逻辑运算只有与、或、非这3种**，并在此基础上复合成其他逻辑运算，如与非、或非等。

2.2.1 基本逻辑运算

1. 与逻辑

只有决定事件的全部条件都具备时事件才会发生，否则不会发生的因果关系称为与逻辑（AND logic）关系。

图2.2.1所示为与逻辑关系电路示例。开关A和B中只要有一个断开或者两个都断开，灯Y就会熄灭（不亮）；只有开关A、B都闭合时，灯Y才会发光（灯亮）。与逻辑关系电路的功能如表2.2.1所示。表2.2.1中灯亮还是不亮（结论是否成立）和两个开关是否闭合（条件是否具备）的关系就是与逻辑关系。如果把开关看作条件，灯亮看作结论，那么灯亮是否发生完全由开关是否闭合确定，也就是输出的状态完全由输入的状态确定。

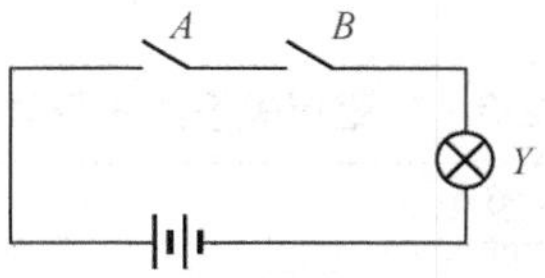

表 2.2.1 与逻辑关系电路的功能

开关A	开关B	灯Y
断开	断开	熄灭
断开	闭合	熄灭
闭合	断开	熄灭
闭合	闭合	发光（灯亮）

图 2.2.1 与逻辑关系电路示例

如果用英文字母A和B表示开关，用英文字母Y表示灯，并以输入变量$A=0$表示开关A断开，$A=1$表示开关A闭合，$B=0$表示开关B断开，$B=1$表示开关B闭合，A、B两个变量共有00、01、10、11这4种取值组合。那么Y取值与A、B取值的对应关系可用表2.2.2来表示。这种将输入变量的所有可能取值组合和相应的输出变量排列在一起而形成的表格称为真值表。通常把用英文字母表示条件和结论的过程称为设定变量，用逻辑0和逻辑1分别表示有关逻辑状态的过程称为状态赋值。

表 2.2.2 与逻辑关系的真值表

输入变量		输出变量
A	B	Y
0	0	0
0	1	0
1	0	0
1	1	1

由与逻辑关系的真值表可以看出，只有输入变量A、B同时取值为1时，输出变量Y的取值才为1；如果A、B两个变量中任一个为0或者都为0，那么Y为0。因此，与运算的逻辑表达式为

$$Y = A \cdot B$$

式中，"·"为逻辑乘，表示与运算。在不致引起混淆时·可以省略。

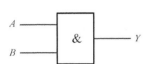

图 2.2.2 与运算逻辑符号

图2.2.2所示为与运算逻辑符号。图中**"&"有"和""与""同时"之意**，表示只有输入变量A、B同时为1时，输出变量Y才会为1。 为便于记忆，有时把与运算的功能简要概括为**"有0出0，全1出1"**。

与逻辑关系既可用真值表来表示，也可用逻辑表达式来描述，还可以用逻辑符号表示。虽然表示形式不同，但所描述的都是与逻辑关系，它们是等效的，可以互相转换的。

2．或逻辑

或逻辑（OR logic）关系是指在决定一个事件的诸多条件中只要有一个或一个以上条件具备，事件就发生的逻辑关系。

或逻辑关系验证

图2.2.3所示为或逻辑关系电路示例。

在图2.2.3中，只要有一个或一个以上的开关闭合，灯就会亮；只有开关A和B同时断开时，灯Y才会熄灭。如果仍以输入变量$A=0$、$B=0$分别表示开关A、B断开，$A=1$、$B=1$分别表示开关A、B闭合，灯熄灭输出变量$Y=0$，灯亮$Y=1$，那么或逻辑关系可用表2.2.3所示的真值表来表示，其逻辑表达式为

$$Y = A + B$$

式中，"+"为逻辑加，表示或运算。

图 2.2.3 或逻辑关系
电路示例

表 2.2.3 或逻辑关系的真值表

输入变量		输出变量
A	B	Y
0	0	0
0	1	1
1	0	1
1	1	1

图2.2.4所示为或运算逻辑符号。图中**"≥1"表示只要输入变量中满足条件的数目大于或等于1个，那么输出变量Y就为1**。也就是条件中只要有1个及1个以上具备，事件就发生。因此，或运算的功能口诀为**"有1出1，全0出0"**。

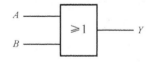

图 2.2.4 或运算逻辑符号

您知道吗？

与逻辑运算规律：$0 \cdot 0 = 0$，$0 \cdot 1 = 0$，$1 \cdot 0 = 0$，$1 \cdot 1 = 1$。

或逻辑运算规律：$0 + 0 = 0$，$0 + 1 = 1$，$1 + 0 = 1$，$1 + 1 = 1$。

因此，逻辑运算中$1 + 1 = 1$是存在的，也是合理的，但已经不是简单的加法运算而是逻辑或运算。

3．非逻辑

如果条件具备时，事件不发生；条件不具备时，事件反而发生。这样的逻辑关系称为非逻辑

（NOT logic）关系。

图2.2.5所示为非逻辑关系电路示例。当开关A闭合时，灯Y不亮；当开关A断开时，灯Y反而亮。仍按前面的逻辑赋值，开关断开输入变量A为0，开关闭合A为1；灯熄灭输出变量Y为0，灯亮Y为1。那么非逻辑关系可用表2.2.4所示的真值表来表示。

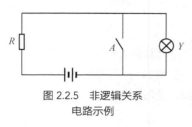

图 2.2.5 非逻辑关系
电路示例

表 2.2.4 非逻辑关系的真值表

输入变量	输出变量
A	Y
0	1
1	0

非运算的逻辑表达式为

$$Y = \overline{A}$$

式中，A上的横线表示非运算，读作A非。非运算逻辑符号如图2.2.6所示。

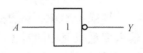

图 2.2.6 非运算逻辑符号

2.2.2 复合逻辑运算

与、或、非是3种基本的逻辑运算，用它们可以组成复合逻辑运算，如与非、或非、异或、同或等。图2.2.7所示为常见的复合逻辑运算符号。它们对应的真值表如表2.2.5所示。

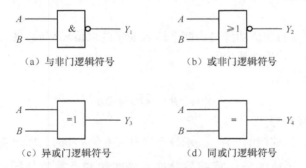

（a）与非门逻辑符号　　　　（b）或非门逻辑符号

（c）异或门逻辑符号　　　　（d）同或门逻辑符号

图 2.2.7 常见的复合逻辑运算符号

表 2.2.5 常见的复合逻辑运算的真值表

输入变量		输出变量			
A	B	Y_1（与非）	Y_2（或非）	Y_3（异或）	Y_4（同或）
0	0	1	1	0	1
0	1	1	0	1	0
1	0	1	0	1	0
1	1	0	0	0	1

1. 与非运算

与非（NAND）运算是与和非的复合运算。A和B先进行与运算再取非。与非门逻辑符号如

图2.2.7（a）所示。从表2.2.5可以看出，与非运算的逻辑功能是输入变量中有一个或一个以上为0时，输出变量就为1；只有当输入变量全为1时，输出变量才为0。因此，**与非运算的功能口诀为"有0出1，全1出0"**。

与非运算的逻辑表达式为

$$Y_1 = \overline{AB}$$

2．或非运算

或非（NOR）运算是先或后非的复合运算。或非门逻辑符号如图2.2.7（b）所示。从表2.2.5容易看出，或非运算的逻辑功能是当输入变量均为0时，输出变量为1；只要输入变量中有一个为1或全为1，输出变量就为0。**或非运算的功能口诀为"有1出0，全0出1"**。

或非运算的逻辑表达式为

$$Y_2 = \overline{A+B}$$

3．异或运算

异或（XOR）运算是当两个输入变量取值不相同时，输出变量为1；当两个输入变量取值相同时（同时为0或同时为1），输出变量为0。

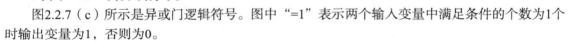

异或运算
逻辑功能

异或运算的逻辑表达式为

$$Y_3 = A\overline{B} + \overline{A}B = A \oplus B$$

式中，"$\oplus$"为异或符号。

图2.2.7（c）所示是异或门逻辑符号。图中"=1"表示两个输入变量中满足条件的个数为1个时输出变量为1，否则为0。

4．同或运算

同或（XNOR）运算的逻辑功能是当两个输入变量的取值相同时，输出变量为1；当两个输入变量的取值不相同时，输出变量为0。

同或运算的逻辑表达式为

$$Y_4 = AB + \overline{A}\overline{B} = A \odot B$$

式中，"$\odot$"为同或符号。

在图2.2.7（d）中，同或门的"="表示只有当输入变量$A=B$时，输出变量Y_4才为1。

从表2.2.5可看出，**同或的非运算就是异或，异或的非运算就是同或**，即 $\overline{A \oplus B} = A \odot B$，$\overline{AB + \overline{A}\overline{B}} = \overline{A}B + A\overline{B}$。

您知道吗？

异或运算规律：$0 \oplus 0 = 0$，$0 \oplus 1 = 1$，$1 \oplus 0 = 1$，$1 \oplus 1 = 0$。

二进制加法运算规则"$0+0=0$，$0+1=1$，$1+0=1$，$1+1=10$"和异或运算规律很相似，因此计算机中加法运算可以利用异或运算来实现。

因为$1 \oplus 1 \oplus 1 = 1$，$1 \oplus 1 \oplus 0 = 0$，所以可以将异或运算当成检奇函数，当1的个数为奇数时，函数输出为1；当1的个数为偶数时，函数输出为0。

同或运算规律：$0 \odot 0 = 1$，$0 \odot 1 = 0$，$1 \odot 0 = 0$，$1 \odot 1 = 1$。

2.2.3　逻辑运算的实践

例2.2.1 ▶ 问 $\overline{AB}$ 和 $\overline{A}\,\overline{B}$ 以及 $\overline{A+B}$ 和 $\overline{A}+\overline{B}$ 是相同的逻辑运算吗?

解: $\overline{AB}$ 和 $\overline{A}\,\overline{B}$ 不是相同的逻辑运算, $\overline{AB}$ 是与非运算, $\overline{A}\,\overline{B}$ 是反变量的与运算。$\overline{A+B}$ 和 $\overline{A}+\overline{B}$ 也不是相同的逻辑运算,前者是或非运算,后者是反变量的或运算。

例2.2.2 ▶ 试求 $A\oplus 1$ 以及 $A\oplus A$ 的结果。

解: $A\oplus 1 = A\cdot\overline{1}+\overline{A}\cdot 1=\overline{A}$, $A\oplus A = A\cdot\overline{A}+\overline{A}\cdot A=0$。

例2.2.3 ▶ 试求 $1\oplus 1$、$1\oplus 1\oplus 1$ 以及 $1\oplus 1\oplus 1\oplus 1$ 的结果。

解: 根据异或运算规律, $1\oplus 1=0$, $1\oplus 1\oplus 1=0\oplus 1=1$, $1\oplus 1\oplus 1\oplus 1=0\oplus 0=0$。

> **您知道吗?**
>
> 如果输入 N 个1进行异或运算,那么输出的规律为当 N 为奇数时,输出为1;当 N 为偶数时,输出为0。

2.3　逻辑代数的公式和规则

2.3.1　逻辑代数的基本公式

1．常量之间的关系

在逻辑代数中,逻辑变量的取值不是1就是0,所以也就只有0、1两个常量。

公式1: $\quad 0\cdot 0=0$ $\qquad\qquad\qquad 0\cdot 1=0$ $\qquad\qquad\qquad 1\cdot 1=1$

公式2: $\quad 0+0=0$ $\qquad\qquad\qquad 0+1=1$ $\qquad\qquad\qquad 1+1=1$

公式3: $\quad \overline{1}=0$ $\qquad\qquad\qquad\quad\ \overline{0}=1$

2．变量和常量的关系

公式4: 自等律 $\qquad\qquad A+0=A$ $\qquad\qquad\qquad A\cdot 1=A$

公式5: 0-1律 $\qquad\qquad A\cdot 0=0$ $\qquad\qquad\qquad A+1=1$

公式6: 同一律 $\qquad\qquad A+A=A$ $\qquad\qquad\qquad A\cdot A=A$

公式7: 还原律 $\qquad\qquad \overline{\overline{A}}=A$

公式8: 互补律 $\qquad\qquad A\cdot\overline{A}=0$ $\qquad\qquad\qquad \overline{A}+A=1$

3．逻辑代数的基本运算法则

公式9: 交换律 $\qquad\qquad A+B=B+A$ $\qquad\qquad A\cdot B=B\cdot A$

公式10: 结合律 $\qquad\ \ (A+B)+C=A+(B+C)$ $\qquad (A\cdot B)\cdot C=A\cdot(B\cdot C)$

公式11: 分配律 $\qquad\ \ A(B+C)=AB+AC$

公式12: 吸收律 $\qquad\ \ A+AB=A$ $\qquad\qquad\qquad A(A+B)=A$

例2.3.1 ▶ 试证明吸收律公式 $A+AB=A$。

证明: $A+AB=A\cdot 1+AB=A(1+B)=A\cdot 1=A$

说明：在一个与或表达式中，如果一个与项是另外一个与项的因子，则另外一个与项是多余的，可删去。

公式13：德摩根定理（De Morgan's theorem，也称反演律）

$$\overline{A+B} = \overline{A} \cdot \overline{B} \qquad \overline{AB} = \overline{A} + \overline{B}$$

您知道吗？

德摩根定理可以看成逻辑函数的一种变形转换过程。此过程先去掉非号；原变量变反变量，反变量变原变量（前后两项都取非）；或变与，与变或。

最简单、最直接的逻辑函数证明方法是将变量的各种取值都列出来代入逻辑表达式进行计算。如果真值表里逻辑表达式两边都相等，那么说明逻辑表达式成立，否则不成立。德摩根定理证明的真值表如表2.3.1所示。

表 2.3.1　德摩根定理证明的真值表

A	B	$\overline{A}$	$\overline{B}$	$\overline{A+B}$	$\overline{A} \cdot \overline{B}$	$\overline{AB}$	$\overline{A}+\overline{B}$
0	0	1	1	1	1	1	1
0	1	1	0	0	0	1	1
1	0	0	1	0	0	1	1
1	1	0	0	0	0	0	0

从表2.3.1可以看出，逻辑表达式的两边在变量各种取值下都是相等的，因此公式13成立。

推论1：$\overline{\overline{A}+\overline{B}} = AB \qquad \overline{\overline{A}\,\overline{B}} = A+B$

例2.3.2 ▶ 请利用德摩根定理，变形转换逻辑表达式 $F = \overline{\overline{\overline{A}} + B + \overline{C}}$。

解：$F = \overline{\overline{\overline{A}} + B + \overline{C}} = \overline{\overline{\overline{A}}} \cdot \overline{B} \cdot \overline{\overline{C}} = A(\overline{B}+\overline{C}) = A\overline{B} + A\overline{C}$

公式14：$A+BC=(A+B) \cdot (A+C)$

例2.3.3 ▶ 证明公式$A+BC=(A+B) \cdot (A+C)$。

证明：因为 $(A+B) \cdot (A+C) = AA + AB + AC + BC$
$$= A + AB + AC + BC$$
$$= A \cdot 1 + AB + AC + BC$$
$$= A(1 + B + C) + BC = A + BC$$

所以$A+BC=(A+B) \cdot (A+C)$

推论2：$A = (A+B) \cdot (A+\overline{B})$

证明：$A = A + B\overline{B} = (A+B) \cdot (A+\overline{B})$

或者 $(A+B) \cdot (A+\overline{B}) = AA + A\overline{B} + AB + B\overline{B} = A$

4．若干常用公式

公式15：$AB + A\overline{B} = A$

证明：$AB + A\overline{B} = A(B+\overline{B}) = A \cdot 1 = A$

说明：如果两个与项中分别包含 B 和 $\overline{B}$ ，而其他因子都相同，则这两个项可以合并成一项，并可以消去一个变量，这个变量就是 B 。

公式16：　$A + \overline{A}B = A + B$

证明1：根据 $A + BC = (A + B) \cdot (A + C)$ 得：

$$A + \overline{A}B = (A + \overline{A})(A + B) = A + B$$

说明：如果在一个与或表达式中，一个与项的非是另一个与项的因子，则这个因子是多余的。

证明2：　$A + \overline{A}B = A \cdot 1 + \overline{A}B = A(B + \overline{B}) + \overline{A}B = AB + A\overline{B} + \overline{A}B$

$$= AB + AB + A\overline{B} + \overline{A}B = (AB + A\overline{B}) + (AB + \overline{A}B)$$

$$= A(B + \overline{B}) + B(A + \overline{A}) = A + B$$

公式17：　$AB + \overline{A}C + BC = AB + \overline{A}C$

证明：　$AB + \overline{A}C + BC = AB + \overline{A}C + BC(A + \overline{A})$

$$= AB + \overline{A}C + ABC + \overline{A}BC$$

$$= (AB + ABC) + (\overline{A}C + \overline{A}BC)$$

$$= AB + \overline{A}C$$

说明：在一个与或表达式中，如果两个与项中，一项包含原变量 A ，另一项包含反变量 $\overline{A}$ ，而这两项其余的因子都是第三个与项的因子，则第三个与项是多余的。

推论3：　$AB + \overline{A}C + BCD = AB + \overline{A}C$

证明：　$AB + \overline{A}C + BCD = AB + \overline{A}C + BC + BCD$

$$= AB + \overline{A}C + BC = AB + \overline{A}C$$

公式18：　$\overline{A\overline{B} + \overline{A}B} = AB + \overline{A}\overline{B}$

证明：　$\overline{A\overline{B} + \overline{A}B} = \overline{A\overline{B}} \cdot \overline{\overline{A}B} = (\overline{A} + B)(A + \overline{B})$

$$= A\overline{A} + \overline{A}\,\overline{B} + AB + B\overline{B}$$

$$= AB + \overline{A}\overline{B}$$

说明：异或取反等效为同或，同或取反等效为异或。

推论4：（因果循环律）如果 $A \oplus B = C$ ，那么 $A \oplus C = B$ 或 $B \oplus C = A$ 。

因此 $A \oplus A = 0$ 　　$A \oplus 0 = A$ 　　$A \oplus \overline{A} = 1$ 　　$A \oplus 1 = \overline{A}$

2.3.2　逻辑代数的重要规则

1．代入规则

在任何一个含有变量 A 的逻辑表达式中，如果将所有变量 A 都用另一个逻辑变量替换，那么新的逻辑表达式仍然成立，这就是代入规则（rule of substitution）。任何一个逻辑表达式和一个逻辑变量一样，其输出也只有0和1两种可能的取值。如果原逻辑表达式对变量 A 成立，那么将变量 A 用一个逻辑表达式替换后新逻辑表达式自然也会成立。

例如，　$A + \overline{A}C = A + C$ 成立，如果将所有变量 A 都用 AB 替换，那么替换后的逻辑表达式仍成立，即 $AB + \overline{AB}C = AB + C$ 。

例2.3.4 根据德摩根定理求 $\overline{\overline{A} + B + \overline{C}}$ 。

解：根据德摩根定理有 $\overline{A+B}=\overline{A}\,\overline{B}$，如果将逻辑表达式中变量 A 用 $\overline{A}+B$ 替换，变量 B 用 $\overline{C}$ 替换，那么原函数式变为 $\overline{\overline{A}+B+\overline{C}}=\overline{\overline{A}+B}\cdot\overline{\overline{C}}=A\overline{B}C$

推论：$\overline{A+B+C}=\overline{A}\,\overline{B}\,\overline{C}$，$\overline{ABC}=\overline{A}+\overline{B}+\overline{C}$

2．反演规则

在逻辑代数中，如果已知 Y 逻辑函数，而想要获得 Y 的反函数 $\overline{Y}$，那么只要利用反演规则（inversion rule）就很容易获得。对于任意一个逻辑函数 Y，如果将其中所有符号·（与）变成+（或），+（或）变成·（与），0变成1，1变成0，原变量变成反变量，反变量变成原变量，那么所得的逻辑函数就是 Y 的反函数 $\overline{Y}$。这个规则称为反演规则。

例2.3.5 已知 $Y=A+\overline{B+\overline{\overline{C}+\overline{DE}}}$，求反函数 $\overline{Y}$。

解：① 利用反演规则。

$$\overline{Y}=\overline{A}\cdot\overline{\overline{B}\cdot\overline{C}\cdot\overline{\overline{D}+E}}=\overline{A}(BC+(\overline{D}+\overline{E}))=\overline{ABC}+\overline{A}\overline{D}+\overline{A}\overline{E}$$

② 利用德摩根定理。

$$\overline{Y}=\overline{A+\overline{B+\overline{\overline{C}+\overline{DE}}}}=\overline{A}(B+\overline{\overline{C}+\overline{DE}})=\overline{A}(BC+(\overline{D}+\overline{E}))$$
$$=\overline{ABC}+\overline{A}\overline{D}+\overline{A}\overline{E}$$

3．对偶规则

如果将一个逻辑函数 Y 中的·（与）变成+（或），+（或）变成·（与），那么这个新的逻辑函数称为原逻辑函数 Y 的对偶式。这个规则称为对偶规则。

如果原逻辑函数成立，那么对偶式成立；如果对偶式成立，那么原逻辑函数也成立。

例2.3.6 直接求 $A+\overline{A}B=A+B$ 较困难，但是 $A+\overline{A}B$ 的对偶式为 $A(\overline{A}+B)=AB$，而 AB 的对偶式为 $A+B$，所以 $A+\overline{A}B=A+B$ 成立。

因为 $AB+\overline{A}\overline{B}=A$ 成立，所以 $(A+B)(A+\overline{B})=A$ 也一定成立。

2.3.3　逻辑代数的公式和规则的实践

应用逻辑代数运算时需要注意如下问题。

（1）在逻辑代数中，**不存在变量的指数**。

如 $A\cdot A\cdot A=A^3$。

> 不对哟！
> 不能这样写！！

正确的应为 $A\cdot A\cdot A=A$。

（2）在逻辑代数中，虽然定义了逻辑加，但是 $A+A+A=3A$ 是不对的，正确的应为 $A+A+A=A$。同样，$1+1+1=3$ 也是不对的，正确的应为 $1+1+1=1$。

> 也不对哟！
> 不能这样写！！

（3）**允许提取公因子，即在逻辑代数中也存在分配律**。

$AB+AC=A(B+C)$ 是正确的。

（4）在逻辑代数中，**没有定义除法**。

如果 $AB=AC$，那么 $B=C$ 成立吗？

有人说逻辑表达式两边同时除以 A，逻辑表达式仍然成立，所以 $AB=AC\Rightarrow B=C$ 成立，其实这个推论不一定成立。

如果 $A=1$，那么上式成立。

> 不一定成立哟！
> 要分情况讨论！！

如果 $A=0$，那么上式不成立。

（5）在逻辑代数中，没有定义减法。

$\overline{AB} + A\overline{B} + AB = A + B + AB \Rightarrow \overline{AB} + A\overline{B} = A + B$（即逻辑表达式两边同时减去 AB，逻辑表达式仍然成立）这个推论是错误的，因为异或运算和或运算是不同的运算。

$\overline{A} + A = 1 \Rightarrow \overline{A} = 1 - A$ 同样也是不正确的。

（6）在逻辑代数中，运算顺序按括号、非、与、或的顺序进行，运算顺序不能颠倒。

$$\overline{A+B} \neq \overline{A} + \overline{B} \qquad \overline{AB} \neq \overline{A} \cdot \overline{B}$$

2.4　逻辑函数的化简方法

逻辑函数所表达的逻辑关系往往到最后都要用逻辑电路来实现。逻辑函数的形式越简单，其逻辑电路也就越简单。如果把一个逻辑函数经适当化简变换得到最简式，那么可用较少的逻辑门实现同样的逻辑功能，从而既可节省器件，降低成本，又可提高逻辑电路的可靠性。

在数字电路中，**逻辑函数化简主要有公式法和图形法两种方法。公式法是利用逻辑代数中的公式和定理进行化简，而图形法使用的化简工具是卡诺图。**

您知道吗？

化简的目标是寻求逻辑函数的最简式，以获取能实现其逻辑功能的最简单的逻辑电路。您知道什么样的逻辑表达式才是逻辑函数的最简式吗？

2.4.1　逻辑函数的最简式

逻辑表达式都由与或表达式构成。所谓与或表达式，是指由若干个与项进行或运算构成的表达式。每个与项可以是单个变量的原变量或者反变量，也可以由多个原变量或者反变量相与组成。

1. 逻辑函数的标准与或式
逻辑函数的标准与或式是最小项之和的形式。

（1）最小项的概念

最小项（miniterm）是组成逻辑函数的基本单元。对于 n 个变量，如果一个与项包含全部变量，而且该与项中每个变量以原变量形式或者反变量形式出现且仅出现一次，那么这样的与项就称为最小项，也称为标准与项。

如果一个逻辑函数 Y 是变量 A、B、C 的函数，那么变量 A、B、C 的最小项有 $\overline{A}\overline{B}\overline{C}$、$\overline{A}\overline{B}C$、$\overline{A}B\overline{C}$、$\overline{A}BC$、$A\overline{B}\overline{C}$、$A\overline{B}C$、$AB\overline{C}$、$ABC$。3 个变量有 8 个最小项。因此，$n$ 个变量共有 2^n 个最小项。

（2）最小项的编号

为了书写方便，常常要对最小项进行编号，一般用 m_i 表示。下标 i 的取值规则是将最小项中的原变量用1表示，反变量用0表示，此时将得到一个二进制数，那么该二进制数对应的十进制数就是下标 i 值。例如，因为 $A\bar{B}C$ 对应二进制数为101，相应的十进制数是5，所以最小项 $A\bar{B}C$ 可以用 m_5 表示。

（3）最小项的性质

① 任意一个最小项有且只有一组变量使其取值为1，其他取值都会使其为0。

② 任意两个不同的最小项相与其值一定为0。

③ 如果将全部最小项进行或运算，那么其值一定为1。或者说全部最小项之和等于1。

④ 相邻最小项是指除一个变量互为相反外，其余变量都相同的最小项。最小项含有 n 个变量，那么会有 n 个相邻最小项。具有相邻性的两个最小项可以合并为一项并消去一个变量。

例如，$m_5 + m_7 = A\bar{B}C + ABC = AC(\bar{B}+B) = AC$。

（4）标准与或式

标准与或式是由若干个最小项进行或运算构成的逻辑表达式。标准与或式的一般形式为

$$Y = \sum m_i (i=0,1,2,3,\cdots,n)$$

例如，$Y(A,B,C) = \bar{A}BC + \bar{A}BC + AB\bar{C} + ABC$ 就是标准与或式。该逻辑表达式还可以简写为 $Y(A,B,C) = m_2 + m_3 + m_6 + m_7 = \sum m(2,3,6,7)$

逻辑函数的标准与或式是最小项之和的形式。任何逻辑函数都是由变量的若干个最小项构成的，因此任何逻辑函数都可以表示成最小项之和的形式，即标准与或式。一个逻辑函数的与或式可以有多个，但是最小项之和的表达式只有一个。也就是说，一个逻辑函数的标准与或式是唯一的。

例2.4.1 将逻辑函数 $Y(A,B,C) = A\bar{B} + BC$ 转换成最小项之和的形式。

解： $Y(A,B,C) = A\bar{B} + BC$
$$= A\bar{B}(C+\bar{C}) + BC(A+\bar{A})$$
$$= A\bar{B}C + A\bar{B}\bar{C} + ABC + \bar{A}BC = \sum m(3,4,5,7)$$

例2.4.2 将逻辑函数 $Y(A,B,C) = \overline{(\bar{A}+\bar{B})} + BC$ 转换成标准与或式。

解： $Y(A,B,C) = \overline{(\bar{A}+\bar{B})} + BC = \overline{(\bar{A}+\bar{B})} \cdot \overline{BC}$
$$= AB(\bar{B}+\bar{C}) = AB\bar{B} + AB\bar{C} = AB\bar{C} = \sum m(6)$$

2．逻辑函数的最简式

逻辑函数的最简式按表达式中变量之间运算关系以及应用场合、使用芯片不同，可分为最简与或式、最简与非-与非式、最简或与式、最简或非-或非式、最简与或非式。

（1）最简与或式

与项的个数最少，每个与项中相与的变量个数也最少的与或式称为最简与或式。

例如，某逻辑函数 Y 可以有多种表现形式。

$$Y = AB + \bar{A}C + BC + BCD \qquad ①$$
$$= AB + \bar{A}C + BC \qquad ②$$
$$= AB + \bar{A}C \qquad ③$$

显然，③符合最简与或式的定义，它是最简与或式。

（2）最简与非-与非式

非号个数最少，在非号之下相与的变量个数也最少的与非-与非式称为最简与非-与非式。注

意，单个变量的非号不算，一般将其当成反变量。

如果已知最简与或式，怎么求最简与非-与非式呢？方法是利用逻辑代数的公式和规则进行变换。简单地说就是先还原后德摩根，具体来说，在最简与或式的基础上，先两次取非（还原律），再用德摩根定理去掉下面的非号，这样就可得到函数的最简与非-与非式。

例2.4.3 求函数 $Y = AB + \overline{A}C$ 的最简与非-与非式。

解：$Y = \overline{\overline{AB + \overline{A}C}} = \overline{\overline{AB} \cdot \overline{\overline{A}C}}$

（3）最简或与式

括号个数最少，每个括号中相或的变量个数也最少的或与式称为最简或与式。在反函数最简与或式的基础上取非，再用德摩根定理去掉非号，便可得到函数的最简或与式。当然，在反函数最简与或式的基础上，也可用反演规则直接写出函数的最简或与式。

例2.4.4 写出函数 $Y = AB + \overline{A}C$ 的最简或与式。

解：因为有 $\overline{Y} = \overline{AB + \overline{A}C} = (\overline{A} + \overline{B})(A + \overline{C}) = \overline{AB} + \overline{A}\overline{C} + \overline{B}C = \overline{AB} + \overline{A}\overline{C}$，

所以最简或与式为 $Y = \overline{\overline{Y}} = \overline{\overline{AB} + \overline{A}\overline{C}} = \overline{\overline{AB}}\,\overline{\overline{A}\overline{C}} = (\overline{A} + B)(A + C)$。

（4）最简或非-或非式

非号个数最少，非号下面相或的变量个数也最少的或非-或非式称为最简或非-或非式。在最简或与式的基础上两次取非，再用德摩根定理去掉下面的非号，所得到的便是函数的最简或非-或非式。

例2.4.5 写出函数 $Y = AB + \overline{A}C$ 的最简或非-或非式。

解：因为 $Y = AB + \overline{A}C$ 的最简或与式为 $Y = (\overline{A} + B)(A + C)$；

所以 $Y = (\overline{A} + B)(A + C) = \overline{\overline{(\overline{A} + B)(A + C)}} = \overline{\overline{\overline{A} + B} + \overline{A + C}}$。

（5）最简与或非式

在非号下相或的与项个数最少，每个与项中相与的变量个数也最少的与或非式称为最简与或非式。在最简或非-或非式的基础上，用德摩根定理去掉大非号下面的非号，便可得到函数的最简与或非式。当然，在反函数最简与或式的基础上，直接取非亦可。

例2.4.6 写出函数 $Y = AB + \overline{A}C$ 的最简与或非式。

解：$Y = AB + \overline{A}C = \overline{\overline{\overline{A} + B} + \overline{A + C}} = \overline{\overline{AB} + \overline{A}\overline{C}}$

2.4.2 逻辑函数公式化简

公式化简的过程就是利用逻辑代数的公式、定理和规则，消去逻辑表达式中多余的与项和每个与项中多余的变量，并求得函数最简与或式的过程。这种方法没有固定的步骤、统一的方法可以遵循，主要取决于个人对逻辑公式、定理和规则的熟练掌握及灵活运用的程度，但掌握以下5种方法是必需的。

1．并项法

运用公式 $AB + A\overline{B} = A$，将两个与项合并成一个与项，并消去一个变量。**并项法保留相同的那个变量，消去同时出现原变量和反变量的那个变量。**

例如，

$$Y_1 = A\overline{B}\overline{C}D + A\overline{B}CD$$
$$= A$$

$$Y_2 = B\overline{C}D + BC\overline{D} + B\overline{C}\overline{D} + BCD$$
$$= B\overline{C}(D + \overline{D}) + BC(\overline{D} + D)$$
$$= B\overline{C} + BC = B(\overline{C} + C)$$
$$= B$$

2．吸收法

运用公式 $A + AB = A$ ，吸收掉多余的项。

例如，

$$Y_3 = (\overline{\overline{AB}} + C)ABD + AD$$
$$= AD(\overline{\overline{AB}} + C)B + AD$$
$$= AD$$

$$Y_4 = A + \overline{\overline{ABC}}(\overline{A} + \overline{\overline{BC}} + D) + BC$$
$$= (A + BC) + (A + BC)(\overline{A} + \overline{\overline{BC}} + D)$$
$$= A + BC$$

3．消去法

利用公式 $A + \overline{A}B = A + B$ ，消去与项中多余的因子。

例如，

$$Y_5 = \overline{B} + ABC$$
$$= \overline{B} + AC$$

$$Y_6 = AC + \overline{A}D + \overline{C}D$$
$$= AC + (\overline{A} + \overline{C})D = AC + \overline{AC}D$$
$$= AC + D$$

4．配项消项法

利用公式 $AB + \overline{A}C + BC = AB + \overline{A}C$ ，适当加上冗余项，以便消去更多与项。

例2.4.7 将逻辑函数 $Y = A\overline{C} + \overline{B}\overline{C} + \overline{A}C + B\overline{C}$ 化简为最简与或式。

解： $Y = A\overline{C} + \overline{B}\overline{C} + \overline{A}C + B\overline{C} = A\overline{C} + \overline{B}\overline{C} + \overline{A}C + B\overline{C} + \overline{A}B$

$$= (A\overline{C} + \overline{A}B + B\overline{C}) + \overline{A}C + \overline{B}\overline{C} = A\overline{C} + \overline{A}B + \overline{A}C + \overline{B}\overline{C}$$

$$= A\overline{C} + (\overline{A}B + \overline{B}\overline{C} + \overline{A}C)$$

$$= A\overline{C} + \overline{A}B + \overline{B}\overline{C}$$

5．配项法

① 利用 $A + \overline{A} = 1$ 进行配项。

② 利用 $A + A = A$ 进行配项。

例2.4.8 将逻辑函数 $Y = A\overline{B} + \overline{A}B + B\overline{C} + \overline{B}C$ 化简为最简与或式。

解： $Y = A\overline{B} + \overline{A}B + B\overline{C} + \overline{B}C$

$$= A\overline{B} + \overline{A}B(C + \overline{C}) + B\overline{C} + (A + \overline{A})\overline{B}C$$

$$= A\overline{B} + \overline{A}BC + \overline{A}B\overline{C} + B\overline{C} + A\overline{B}C + \overline{A}\overline{B}C$$

$$= A\overline{B}(1 + C) + B\overline{C}(1 + \overline{A}) + \overline{A}C(B + \overline{B})$$

$$= A\overline{B} + B\overline{C} + \overline{A}C$$

例2.4.9 将逻辑函数 $Y = \overline{A}B\overline{C} + \overline{A}BC + ABC$ 化简为最简与或式。

解： $Y = \overline{A}B\overline{C} + \overline{A}BC + ABC$

$$= \overline{A}B\overline{C} + \overline{A}BC + \overline{A}BC + ABC$$

$$= \overline{A}B(\overline{C} + C) + BC(\overline{A} + A)$$

$$= \overline{A}B + BC$$

2.4.3 逻辑函数公式法化简的实践

例2.4.10 用公式法化简函数 $Y = \overline{AB}C + \overline{AB}\,\overline{C} + \overline{A}C + \overline{B}\,\overline{C} + AD + BDEF$ 。

解: $Y = \overline{AB}C + \overline{AB}\,\overline{C} + \overline{A}C + \overline{B}\,\overline{C} + AD + BDEF$

$= \overline{AB}(C + \overline{C}) + \overline{A}C + \overline{B} + \overline{C} + AD + BDEF$

$= (\overline{AB} + \overline{B}) + (\overline{A}C + \overline{C}) + AD + BDEF$

$= \overline{A} + \overline{B} + \overline{A} + \overline{C} + AD + BDEF = \overline{B} + \overline{C} + (\overline{A} + AD) + BDEF$

$= \overline{B} + \overline{C} + \overline{A} + D + BDEF = \overline{B} + \overline{C} + \overline{A} + D(1 + BEF)$

$= \overline{B} + \overline{C} + \overline{A} + D$

例2.4.11 用公式法化简逻辑函数 $Y = \overline{\overline{\overline{AB} + \overline{AB}}\ \overline{\overline{BC} + \overline{BC}}}$ 。

解: $Y = \overline{\overline{\overline{AB} + \overline{AB}}\ \overline{\overline{BC} + \overline{BC}}} = (AB + \overline{AB}) + (BC + \overline{BC})$

$= AB + \overline{AB}(C + \overline{C}) + BC(A + \overline{A}) + \overline{BC}$

$= AB + \overline{AB}C + \overline{AB}\,\overline{C} + ABC + \overline{A}BC + \overline{BC}$

$= AB(1 + C) + \overline{A}C(\overline{B} + B) + \overline{BC}(1 + A)$

$= AB + \overline{A}C + \overline{BC}$

2.4.4 逻辑函数卡诺图化简

使用公式法化简逻辑表达式,不仅要熟记逻辑代数的基本公式、定理,还要掌握一定的方法技巧,才能获得满意的结果,但初学者不容易掌握这些内容。而图形法化简形象、直观,易于掌握,只要按照一定的规则,就可方便地将逻辑函数转换为最简式。

逻辑函数的图形法化简也称为卡诺图化简。卡诺图不仅是逻辑函数的描述工具,还是逻辑函数化简的重要工具,在逻辑设计中得到广泛应用。

卡诺图是由逻辑函数真值表变换而来,并按规则排列的一种方格图。卡诺图上的每一个方格代表真值表上的一行,对应一个最小项。逻辑函数真值表有多少行,卡诺图就有多少个方格。

> **您知道吗?**
>
> 卡诺图化简方法是由美国工程师卡诺(Karnaugh)在1953年提出的。卡诺图是一种最小项的图形化表现形式。

1. 变量的卡诺图

卡诺图用一个小方格表示一个最小项,同时变量按循环码顺序排列,使几何相邻的小方格具有逻辑相邻性。

(1)两个变量的卡诺图

卡诺图最大的特点是小方格与变量的最小项一一对应、变量按循环码顺序排列。n个逻辑变量有2^n种组合,最小项也就有2^n个,因此卡诺图应有2^n个小方格。

图2.4.1所示是有两个变量的卡诺图,其直观地反映了与项、最小项与卡诺图小方格的对应关

系。两个变量只有4种组合，对应4个与项，4个最小项，可以用4个小方格表示。图2.4.1（a）所示为与项与小方格的对应关系；图2.4.1（b）所示为最小项与小方格的对应关系，m_i表示最小项。

（a）与项与小方格的对应关系　（b）最小项与小方格的对应关系

图 2.4.1　有两个变量的卡诺图

（2）变量卡诺图的画法

变量卡诺图一般画成正方形或矩形。对于n个变量，卡诺图应有2^n个小方格，因为n个变量有2^n个最小项，每个最小项都需要用一个小方格表示。**卡诺图中变量一定要按循环码顺序排列，而不是按8421码顺序排列**。这是卡诺图必需的，也是最关键的规则，只有这样排列的最小项方格图才是卡诺图。

> **您知道吗？**
>
> 卡诺图中变量的顺序必须是00、01、11、10，而不是00、01、10、11。这样排列是为了使任意两个相邻最小项之间只有一个变量不同，即具有逻辑相邻性。

图2.4.2和图2.4.3所示分别为有3个变量的卡诺图和有4个变量的卡诺图。

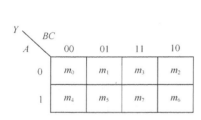

图 2.4.2　有 3 个变量的卡诺图

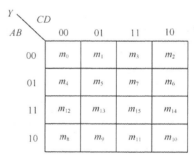

图 2.4.3　有 4 个变量的卡诺图

（3）变量卡诺图的特点

卡诺图用几何相邻性形象地表示逻辑相邻性。在卡诺图中，凡是几何相邻的最小项在逻辑上都是相邻的。这就是变量一定要按循环码顺序排列的原因。在卡诺图中几何相邻有相接、相对、相重3种。

① 相接是指紧挨着的小方格。

② 相对是指任意一行或者任意一列的两头的小方格。

③ 相重是把卡诺图对折起来后位置会重合的小方格。

在有4个变量的逻辑函数中，每个最小项都应有4个相邻最小项。在图2.4.3所示的有4个变量的卡诺图中，最小项m_5的4个相邻最小项分别是和m_5相接的 m_1、m_4、m_7、m_{13}；而最小项m_2的4个相邻最小项除与之几何相接的m_3和m_6之外，另外两个是处在相对位置的m_0（同一行的另一端）和m_{10}（同一列的另一端）。

（4）卡诺图最小项合并的规律

卡诺图独有的结构特点为函数化简提供了一种便捷的途径。可以从图形上直观地反映最小项的相邻性，**逻辑上相邻的最小项是可以合并的**。用卡诺图化简逻辑函数的理论依据主要是并项定理，即 $A\bar{B}+AB=A$。并项定理表明两个相邻最小项可以合并为一项，合并后可消去一个变量。**如果4个最小项合并为一项，那么可消去2个变量；如果2^n个最小项合并为一项，那么可消去n个变量。**

卡诺图化简的基本方法是把卡诺图上表征相邻最小项的相邻小方格"圈"在一起进行合并，达到用一个简单与项代替若干最小项的目的。通常把用来包围那些能由一个简单与项代替的若干最小项的"圈"称为卡诺圈。

两个相邻的最小项合并是显而易见的。图2.4.4所示是两个相邻小方格合并的情形示例。其中图2.4.4（a）和图2.4.4（b）所示为相接的情形示例，图2.4.4（c）所示为既有相接又有相对的情形示例。

在图2.4.4（a）中，卡诺圈内包含 m_2 和 m_3 两个相邻的最小项，根据并项定理，$m_2+m_3=A\bar{B}+AB=A$。合并结果消去了既出现了原变量又出现了反变量的B，而保留了只出现原变量的A。在卡诺圈内变量A对应的取值都是1，而变量B对应的取值既有1又有0。因此，**卡诺图合并的基本原则是在卡诺圈内保留取值不变的变量，而消去取值有变化的变量。**

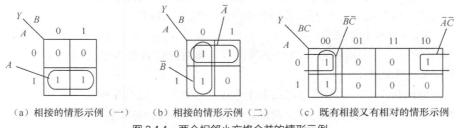

（a）相接的情形示例（一）　（b）相接的情形示例（二）　（c）既有相接又有相对的情形示例

图 2.4.4　两个相邻小方格合并的情形示例

如果卡诺圈由4个相邻的小方格组成，那么这些最小项是可以合并的，合并后可消去2个变量。图2.4.5所示为4个相邻小方格合并的情形示例。4个相邻小方格往往是4个相接或是一行（列），或者是处于相邻两行（列）的两端或处于卡诺图的四角等。

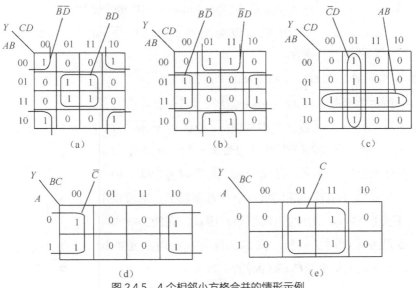

图 2.4.5　4个相邻小方格合并的情形示例

在卡诺图中如果8个相邻小方格组成一个卡诺圈，那么它们是可以合并的，合并后可消去3个变量。图2.4.6所示为8个相邻小方格合并的情形示例。这些小方格往往是相连的两行两列或者是相对的两行两列。

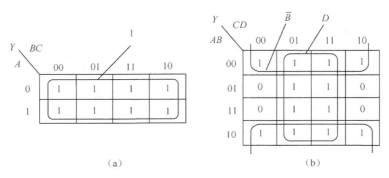

图 2.4.6　8 个相邻小方格合并的情形示例

2．逻辑函数的卡诺图

逻辑函数一般是与或式，但它总可以表示成标准与或式，因此总是可以得到逻辑函数对应的卡诺图。在与或式的基础上，画逻辑函数卡诺图的一般步骤如下。

① 画出函数变量的卡诺图。

② 把函数的每一个与项所包含的最小项在卡诺图对应位置处填上1，剩下的填上0或不填，所得的就是函数的卡诺图。

在实际逻辑函数中，一个与项可能由若干个最小项构成。但是在画函数卡诺图时，一定要覆盖包含函数对应的所有的最小项，不能遗漏。当然，最直接的形式就是把函数换成标准与或式，把最小项填写到相应的表格里。

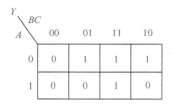

图 2.4.7　例 2.4.12 的卡诺图

例2.4.12 画出有3个变量的函数 $Y(A, B, C) = \sum m(1, 2, 3, 7)$ 的卡诺图。

解：因为有3个变量的卡诺图可以参考图2.4.2，只要把最小项填入相应的小方格就可得到相应的卡诺图。

所以可以画出 $Y(A, B, C) = \sum m(1, 2, 3, 7)$ 的卡诺图如图2.4.7所示。

例2.4.13 画出函数 $Y = \overline{AB} + AB + \overline{CD}$ 的卡诺图。

解：图2.4.8所示为函数 $Y = \overline{AB} + AB + \overline{CD}$ 的卡诺图。

根据函数 $Y = \overline{AB} + AB + \overline{CD}$ ，其中与项 $\overline{AB}$ 应该包含 $\overline{ABCD}$ 、$\overline{ABC}D$ 、$\overline{AB}C\overline{D}$ 、$\overline{AB}CD$ ，即 m_0 、m_1 、m_2 、m_3 ，在图2.4.8中对应的是第一行。函数中与项 $\overline{AB}$ 在卡诺图里对于变量 A、B 来说是反变量，对应取值为00；而变量 C、D 没有在与项 $\overline{AB}$ 中出现，它们可以取任意逻辑值，既可以是1也可以是0，不会影响与项 $\overline{AB}$ 的逻辑结果。因此，在图2.4.8中与项 $\overline{AB}$ 就表示变量 AB 取00时的一行。同理，与项 AB 就表示变量 AB 取11时的一行，$\overline{CD}$ 就表示变量 CD 取00时的一列。

AB \ CD	00	01	11	10
00	1	1	1	1
01	1	0	0	0
11	1	1	1	1
10	1	0	0	0

图 2.4.8　例 2.4.13 的卡诺图

所以，已知函数的与或式，画函数卡诺图的时候，并不一定需要先换成标准与或式。

> **您知道吗？**
>
> 卡诺图最突出、最大的优点就是用几何相邻性形象、直观地表达了构成函数的各个最小项在逻辑上的相邻性，因此利用卡诺图来化简逻辑函数，可以直观、简单、高效地求得最简与或式。
>
> 您知道用卡诺图化简函数的具体做法吗？有哪些注意事项？

3．用卡诺图化简逻辑函数

（1）用卡诺图化简逻辑函数的一般步骤

① 画出逻辑函数的卡诺图。

② 合并逻辑函数的最小项，即画卡诺圈。

③ 根据卡诺圈，写出对应的最简与或式。

（2）合并逻辑函数的最小项（画卡诺圈）时的注意事项

① 将取值为1的相邻小方格圈成矩形、方形、椭圆。

② **每个卡诺圈所包含的取值为1的相邻小方格的个数必须为2^n（$n=0,1,2,3,\cdots$）。每次所圈的最小项个数只能是1、2、4、8……项，不允许有3、6、10、12等。**

③ 画卡诺圈的总原则是最终完成的卡诺圈个数应该最少，圈内包含小方格个数应尽可能多。

④ 每一个取值为1的小方格可以被圈多次，但不能遗漏。

⑤ 每新画一个卡诺圈时，必须至少包含一个在已圈过的卡诺圈中未出现过的最小项。

⑥ 画卡诺圈时必须先画大圈，再画小圈，且**大圈中不能再画小圈**。

⑦ 相邻的2个最小项可合并为一项，同时可消去一个变量；相邻的4个最小项可合并为一项，同时可消去2个变量。**如果相邻的2^n个最小项合并为一项，那么可消去n个变量。**

⑧ **卡诺图中总共画了几个卡诺圈，化简结果就应该有几个与项。**

（3）化简举例

例2.4.14 用卡诺图化简逻辑函数 $Y(A,B,C,D)=\sum m(0,3,5,6,7,10,11,13,15)$。

解：根据题意可画出卡诺图，如图2.4.9所示。

因此，化简结果为 $Y=BD+CD+A\overline{B}\overline{C}+\overline{A}B\overline{C}+\overline{A}\,\overline{B}\,\overline{C}\,\overline{D}$。

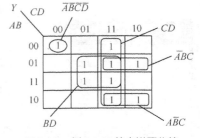

图 2.4.9　例 2.4.14 的卡诺图化简

2.4.5　逻辑函数卡诺图化简的实践

例2.4.15 将图2.4.10所示的卡诺图化简成最简与或式。

解：可以按图2.4.11画出卡诺图进行化简。

化简结果为 $Y=\overline{A}\,\overline{C}+AC\overline{D}+\overline{B}C\overline{D}$。

当然，也可以按图2.4.12画出卡诺图进行化简。

化简结果为 $Y=\overline{A}\,\overline{C}+AC\overline{D}+\overline{A}B\overline{D}$。

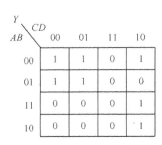

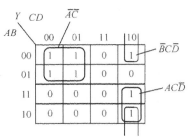

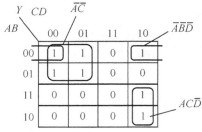

图 2.4.10　例 2.4.15 的卡诺图　　　图 2.4.11　例 2.4.15 的卡诺图化简方法 1　　　图 2.4.12　例 2.4.15 的卡诺图化简方法 2

因此，注意用**卡诺图化简**的**最终结果，最简与或式不是唯一的**。在画卡诺图时一定要遵循画卡诺圈的原则，否则很容易出错！

您知道吗？

逻辑函数的最简式不是唯一的，用不同方法化简的结果可能不一样。

例2.4.16 用卡诺图化简逻辑函数 $Y = \overline{B}CD + B\overline{C} + \overline{A}CD + A\overline{B}C$ 。

解：在实际学习中，不少读者会画出图2.4.13所示的卡诺图，并认为卡诺图化简是正确的。其实这是错误的，究其原因是不注意画卡诺圈的基本原则。

正确的卡诺图化简应该如图2.4.14所示，化简结果为 $Y = B\overline{C} + \overline{A}BD + A\overline{B}C$ 。

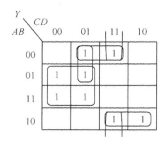

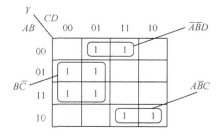

图 2.4.13　例 2.4.16 错误的卡诺图化简示例　　　图 2.4.14　例 2.4.16 正确的卡诺图化简示例

您知道吗？

画卡诺圈的基本原则如下。

① 一个卡诺圈包含的最小项越多越好，但圈的个数越少越好。

② 最小项可重复被圈，但每个圈中至少有一个新的最小项。

③ 先画孤立项的圈，再圈仅有一种合并方式的最小项。

④ 必须把组成函数的全部最小项圈完，最后写出最简与或式。

2.5 具有约束的逻辑函数化简

2.5.1 约束的概念与约束条件

1. 约束、约束项

约束是逻辑函数中变量之间互相制约的一种关系。

例如，在图2.5.1所示的液位控制系统中，如果液位实测值小于低液位设定值，就应该开启泵补充液体；如果液位实测值大于高液位设定值，就应该停止泵以防液体外溢；如果液位实测值小于下限控制位设定值，就应该发出故障告警，防止事故发生。

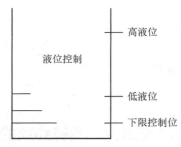

图 2.5.1　液位控制系统的约束问题

如果用变量 A、B、C 分别表示高液位、低液位、下限控制位的逻辑状态，且液位实测值超过控制位设定值时为1，低于时为0。用 Y 表示是否开启泵，且开启时为1，停止时为0，那么 Y 就是变量 A、B、C 的逻辑函数。在这里 A、B、C 这3个变量的取值组合只可能是000、001、011、111，而不可能出现010（液位实测值低于下限控制位设定值却高于低液位设定值）、100、101、110这4种情况。这说明液位变量 A、B、C 之间有着一定的制约关系，因此称这3个变量是一组有约束的变量。

实际应用中常把不会出现的变量取值所对应的最小项称为约束项。液位控制系统的例子中变量 A、B、C 不会出现010、100、101、110这4种情况，其取值所对应的最小项是 $\bar{A}B\bar{C}$、$A\bar{B}\bar{C}$、$A\bar{B}C$、$AB\bar{C}$，它们是约束项。

2. 约束条件的表示方法

因为约束项是不可能发生或出现的与项，所以现实中把约束项进行或运算其值一定为0。人们把约束项进行或运算所构成的值为0的逻辑表达式称为约束条件。约束条件可以有多种表示形式。

（1）约束条件在真值表中用叉号（×）表示。具有约束条件的液位控制系统例子对应的真值表如表2.5.1所示。

表 2.5.1　具有约束条件的液位控制系统例子对应的真值表

A	B	C	Y
0	0	0	1
0	0	1	1
0	1	0	×
0	1	1	1
1	0	0	×
1	0	1	×
1	1	0	×
1	1	1	1

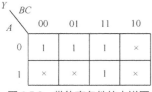

图 2.5.2　带约束条件的卡诺图

（2）约束条件在卡诺图中也用叉号（×）表示。图2.5.2所示是液位控制系统例子对应的带约束条件的卡诺图。

（3）在逻辑表达式中，约束条件可以用值为0的逻辑表达式表示。液位控制系统的例子中约束条件的逻辑表达式可以表示为

$$\overline{A}\,\overline{B}C + \overline{A}B\overline{C} + \overline{A}BC + AB\overline{C} = 0$$

或者

$$\sum m\,(2,4,5,6) = 0$$

或者

$$\sum d(2,4,5,6)\ （下文将提到，“d”表示无关最小项）$$

或者

$$A\overline{B} + B\overline{C} = 0$$

2.5.2　具有约束的逻辑函数化简方法

对于一个逻辑函数，可能存在某些输入变量取值组合，因受特殊原因制约而不会出现，或者虽然可能会出现，但对函数取值无关紧要。我们把这些输入变量取值组合所对应的最小项以及无关紧要的最小项称为无关最小项。无关最小项可以用“d”或者“×”表示。

具有约束的逻辑函数是一种包含无关最小项的逻辑函数。由于无关最小项不管取值为0还是1都不会影响函数功能。因此，在用卡诺图化简函数时，既可以把无关最小项当成1，也可以当成0，以便于增大卡诺圈，最终达到化简的目的。这就是具有约束的逻辑函数化简的基本思想。

例2.5.1 化简下列具有约束的逻辑函数。

$$\begin{cases} Y = \overline{A}\,\overline{B}C + AC \\ \overline{B}\,\overline{C} = 0(约束条件) \end{cases}$$

解： 根据带约束条件的卡诺图的表示方法，图2.5.3所示是函数Y对应的带约束条件的卡诺图。

因为约束条件 $\overline{B}\,\overline{C} = 0$，包含的约束项有 $A\overline{B}\,\overline{C}$、$\overline{A}\,\overline{B}\,\overline{C}$，在图2.5.3中相应小方格用“×”表示。如果把约束项 m_0、m_4 当成1处理，就可以将其与 m_1、m_5 合并成 $\overline{B}$；同时可以把 m_5、m_7 两项合并，可得 AC。整个化简过程如图2.5.4所示。

所求的具有约束的Y函数化简结果为

$$\begin{cases} Y = AC + \overline{B} \\ \overline{B}\,\overline{C} = 0(约束条件) \end{cases}$$

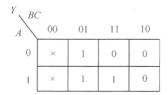

图 2.5.3　例 2.5.1 带约束条件的卡诺图

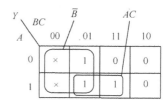

图 2.5.4　例 2.5.1 带约束条件的卡诺图化简

2.5.3 具有约束的逻辑函数化简的实践

例2.5.2 化简逻辑函数

$$F(A,B,C,D) = \sum m(1,3,7,8) + \sum d(5,9,10,12,14,15)$$

解：带约束的函数化简步骤如下。

① 画函数的卡诺图，顺序为先填1，再填×（约束项），最后填0。

② 合并最小项画圈时，×既可以当1，也可以当0。

③ 写出最简与或式。

化简过程如图2.5.5所示。

因此，$F(A,B,C,D) = A\overline{D} + \overline{A}D + \sum d(5,9,10,12,14,15)$

例2.5.3 设计一个能够判断一位十进制数奇偶性的逻辑电路。

要求：设计一个逻辑电路，其能够判断一位十进制数是奇数还是偶数，当十进制数为奇数时，电路输出为1；当十进制数为偶数时，电路输出为0。

解：因为一位十进制数需要用4位二进制数来表示，所以可以设定逻辑电路的输入变量为 A、B、C、D，输出变量可以用Y表示。同时一位十进制数取值为0～9，而10～15是两位，故不属于本题判断范围，是不会出现的，可以将其看作约束项。因此，根据题意可以列出表2.5.2所示的真值表，并根据真值表图2.5.6所示的卡诺图化简。

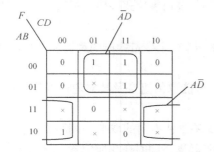

图 2.5.5 例 2.5.2 具有约束的逻辑函数化简　　图 2.5.6 例 2.5.3 的卡诺图化简

表 2.5.2　十进制数奇偶性判断的真值表

十进制数	A	B	C	D	Y
0	0	0	0	0	0
1	0	0	0	1	1
2	0	0	1	0	0
3	0	0	1	1	1
4	0	1	0	0	0
5	0	1	0	1	1
6	0	1	1	0	0
7	0	1	1	1	1
8	1	0	0	0	0
9	1	0	0	1	1
10	1	0	1	0	×
11	1	0	1	1	×

十进制数	A	B	C	D	Y
12	1	1	0	0	×
13	1	1	0	1	×
14	1	1	1	0	×
15	1	1	1	1	×

因此，$Y = D$，也就是说十进制数的奇偶性由其二进制数最低位决定。

2.6 逻辑函数的表示法及转换的实践

1. 逻辑函数的表示法

一个逻辑关系可以用不同的方法来表示，常用的**逻辑函数表示法有逻辑表达式、真值表、卡诺图、逻辑图、波形图5种。这些表示法都可以描述同一个逻辑关系，它们之间是有内在联系的，本质上是相通的。**

（1）逻辑表达式

逻辑表达式是一种用与、或、非等逻辑运算表示逻辑变量之间的关系的表达式，又称为逻辑代数式或逻辑函数表达式（logic function expression）。逻辑表达式一般由逻辑变量、逻辑运算符和必要的括号所构成。

例如，$Y = F(A,B,C) = AC + BC$ 是一个由A、B、C这3个变量构成的逻辑表达式。

（2）真值表

真值表（truth table）是一种由逻辑变量的所有可能取值组合及其对应的逻辑函数值所构成的表格。

因为每一个变量均有0、1两种取值，n个变量共有2^n种不同的取值。列写真值表时，将这2^n种不同的取值按顺序（一般按二进制递增规律）排列起来，同时在相应位置上填入函数的值，这样便可得到逻辑函数的真值表。

函数 $Y = F(A,B,C) = AC + BC$ 的真值表如表2.6.1所示。

表 2.6.1　函数 $Y = AC + BC$ 的真值表

A	B	C	Y
0	0	0	0
0	0	1	0
0	1	0	0
0	1	1	1
1	0	0	0
1	0	1	1
1	1	0	0
1	1	1	1

（3）卡诺图

卡诺图（Karnaugh map）是由表示逻辑变量的所有取值组合的小方格所构成的平面图。卡诺图是一种用图形描述逻辑函数的方法。

图2.6.1所示为函数 $Y = F(A,B,C) = AC + BC$ 的卡诺图。

（4）逻辑图

逻辑图（logic diagram）是由表示逻辑运算的逻辑符号所构成的图形。逻辑函数中的每一个表达式所代表的逻辑功能都可以用相应的逻辑图来实现。

图2.6.2所示为函数 $Y = F(A,B,C) = AC + BC$ 的逻辑图。

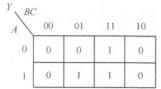

图 2.6.1　函数 $Y=AC+BC$ 的卡诺图

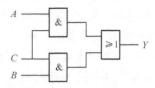

图 2.6.2　函数 $Y=AC+BC$ 的逻辑图

（5）波形图

波形图（oscillogram）是由输入变量的所有可能取值组合的高、低电平及其对应的输出函数值的高、低电平所构成的图形。

函数 $Y = F(A,B,C) = AC + BC$ 的波形图如图2.6.3所示。

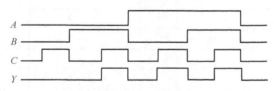

图 2.6.3　函数 $Y=AC+BC$ 的波形图

2．逻辑函数表示法的转换

前面我们用逻辑表达式、真值表、卡诺图、逻辑图、波形图等不同方法描述了逻辑函数 $Y = F(A,B,C) = AC + BC$ 的逻辑关系，说明这些表示法之间是有内在联系的，应该是可以相互转换的。

（1）从真值表向逻辑表达式转换

任何逻辑函数一定是真值表中输出为1的那些最小项之和（相或）。

从真值表向逻辑表达式转换的一般步骤如下。

① 首先在真值表中挑选函数值为1的m_i，然后进行或运算，所得就是函数的标准与或式。

② 如果需要变量形式，只要把m_i对应的输入变量取值为1的写成原变量，取值为0的写成反变量，直接写出的与项就是最小项。

③ 如果还想获得最简与或式，那么只要在标准与或式的基础上进行适当的化简即可。

（2）从真值表向逻辑图转换

从真值表向逻辑图转换的一般步骤如下。

① 根据真值表写出函数的与或式或画出函数的卡诺图。

② 用公式法或者图形法化简，求出函数的最简与或式。

③ 根据表达式画逻辑图。如果有芯片限制，有时还要对与或式做适当的变换，才能画出所

需要的逻辑图。

（3）从逻辑图向真值表转换

从逻辑图向真值表转换的一般步骤如下。

① 从输入到输出或从输出到输入，用逐级推导的方法，写出输出变量（函数）的逻辑表达式。

② 化简，求出函数的最简与或式。

③ 将变量各种可能取值代入最简与或式中进行运算，列出函数的真值表。

（4）从波形图向逻辑表达式转换

从波形图向逻辑表达式转换的一般步骤如下。

① 在波形图中，先把那些输出为1的波段挑选出来作为与项，再把这些与项中对应的输入变量取值为高电平的写成原变量，输入变量取值为低电平的写成反变量。

② 把这些与项进行或运算，所得到的就是函数的标准与或式。

③ 如果想要得到最简与或式，只要在标准与或式的基础上进行适当的化简即可。

3．逻辑函数的表示法及转换的实践

例2.6.1 把表2.6.2所示的真值表转换为逻辑表达式。

表 2.6.2　例 2.6.1 已知的真值表

A	B	C	Y
0	0	0	0
0	0	1	0
0	1	0	1
0	1	1	1
1	0	0	0
1	0	1	1
1	1	0	1
1	1	1	1

解：根据真值表可直接写出Y的标准与或式为

$$Y = \sum m(2,3,5,6,7)$$
$$= \overline{A}B\overline{C} + \overline{A}BC + A\overline{B}C + AB\overline{C} + ABC$$
$$= \overline{A}B + A\overline{B}C + AB = B + AC$$

例2.6.2 逻辑变量Y是输入变量A、B、C的函数，输入变量的取值不会出现全为0的情况。当A、B、C取值中有奇数个1时，$Y=1$；否则$Y=0$。要求列出其真值表，写出逻辑表达式并画出逻辑图。

解：根据题意描述可知它是带约束条件的检奇电路，所以可以列出表2.6.3所示的真值表。

表 2.6.3　带约束条件的检奇电路真值表

A	B	C	Y
0	0	0	×
0	0	1	1

A	B	C	Y
0	1	0	1
0	1	1	0
1	0	0	1
1	0	1	0
1	1	0	0
1	1	1	1

根据真值表可以写出逻辑表达式：

$$\begin{cases} Y = \overline{A}\overline{B}C + \overline{A}B\overline{C} + A\overline{B}\overline{C} + ABC \\ \overline{ABC} = 0 \text{(约束条件)} \end{cases}$$

经化简可得

$$\begin{cases} Y = \overline{A}\overline{B} + \overline{A}\overline{C} + \overline{B}\overline{C} + ABC \\ \overline{ABC} = 0 \text{(约束条件)} \end{cases}$$

根据逻辑表达式又可直接画出图2.6.4所示的逻辑图。

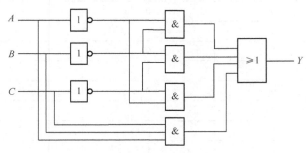

图 2.6.4　检奇电路的逻辑图

例2.6.3 将图2.6.5所示的波形图转换为逻辑表达式。

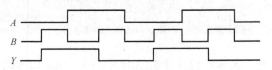

图 2.6.5　例 2.6.3 的波形图

解： 将波形图中输出为1的取值挑选出来，共有4个与项。

所以函数对应的与或式为

$$Y = \overline{A}B + A\overline{B} + \overline{A}B + A\overline{B}$$

经化简可得

$$Y = \overline{A}B + A\overline{B} = A \oplus B$$

例2.6.4 将图2.6.6所示的判一致电路的逻辑图转换为真值表。

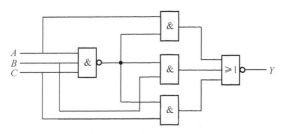

图 2.6.6　判一致电路的逻辑图

解： 根据题意可以由逻辑图写出逻辑表达式，并化简。

$$Y = \overline{\overline{ABC}A + \overline{ABC}B + \overline{ABC}C}$$
$$= \overline{\overline{ABC}(A+B+C)}$$
$$= \overline{\overline{ABC}} + \overline{(A+B+C)}$$
$$= ABC + \overline{ABC}$$

由最简式列出的真值表如表2.6.4所示。

表 2.6.4　判一致电路的真值表

A	B	C	Y
0	0	0	1
0	0	1	0
0	1	0	0
0	1	1	0
1	0	0	0
1	0	1	0
1	1	0	0
1	1	1	1

2.7　用与非运算实现其他逻辑运算的实践

与非门是常见的门电路，很多时候往往需要用与非门实现其他逻辑运算电路。究其本质是用与非运算转换成其他形式的逻辑运算，也就是通过德摩根定理将逻辑表达式转换成与非-与非表达式的过程。

1．用与非运算实现非运算
与非运算转换为非运算通常有两种方法。

方法一：我们知道逻辑代数运算法则 $Y = \overline{A \cdot 1} = \overline{A}$。由此可以将与非运算的一个输入端接逻辑1，另一个输入端输入信号A，这样就可实现非运算。具体逻辑图如图2.7.1所示。

方法二：因为逻辑代数运算法则 $\overline{A \cdot A} = \overline{A}$，反过来也成立，即 $\overline{A} = \overline{A \cdot A}$。所以，可以将与非运算的所有输入端连在一起作为非运算的输入端，这样就可实现非运算。具体逻辑图如图2.7.2所示。

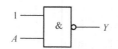

图 2.7.1 用与非运算实现非运算（一）

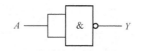

图 2.7.2 用与非运算实现非运算（二）

2．用与非运算实现与运算

根据逻辑代数运算法则有函数 $Y = AB = \overline{\overline{AB}}$。该运算可以看成还原律，也可以看成先与非运算，再非运算。具体逻辑图如图2.7.3所示。

3．用与非运算实现或运算

根据 $Y = A + B = \overline{\overline{A + B}} = \overline{\overline{A}\ \overline{B}}$，可以先将变量$A$、$B$取反而获得反变量，然后进行与非运算，就可以实现或运算。具体逻辑图如图2.7.4所示。

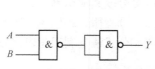

图 2.7.3 用与非运算实现与运算

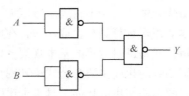

图 2.7.4 用与非运算实现或运算

4．用与非运算实现异或运算

方法一：异或运算为 $Y = \overline{A}B + A\overline{B}$，根据逻辑代数运算法则可以将其变形为

$$Y = \overline{A}B + A\overline{B} = \overline{A}B + \overline{B}B + A\overline{A} + A\overline{B}$$

$$= A(\overline{A} + \overline{B}) + B(\overline{A} + \overline{B}) = \overline{\overline{A \cdot \overline{AB}} \cdot \overline{B \cdot \overline{AB}}}$$

所以可以先将变量A、B进行与非运算，然后分别和A、B进行与非运算，最后把结果再进行一次与非运算，就可以实现异或运算。具体逻辑图如图2.7.5所示。

方法二：因为 $Y = \overline{A}B + A\overline{B}$ 异或运算的与非-与非表达式还可以表示为

$$Y = \overline{A}B + A\overline{B} = \overline{\overline{\overline{A}B + A\overline{B}}} = \overline{\overline{\overline{A}B} \cdot \overline{A\overline{B}}}$$

所以可以先将变量A、B取反，然后分别和A、B进行与非运算，最后把结果再进行一次与非运算，就可以实现异或运算。具体逻辑图如图2.7.6所示。

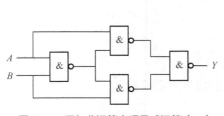

图 2.7.5 用与非运算实现异或运算（一）

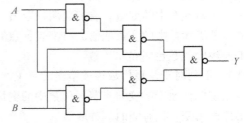

图 2.7.6 用与非运算实现异或运算（二）

5．用与非运算实现或非运算

根据逻辑代数运算法则 $Y = \overline{A + B} = \overline{\overline{\overline{A}\ \overline{B}}} = \overline{\overline{A}\ \overline{B}}$，所以可以分别先将变量$A$、$B$取反，然后进行与非运算，最后再次取反，这样就可以实现或非运算。具体逻辑图如图2.7.7所示。

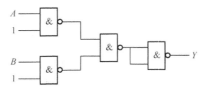

图 2.7.7 用与非运算实现或非运算

本章小结

（1）逻辑代数是分析、设计数字电路的基本理论基础，是由英国著名数学家布尔创立的。用逻辑因果关系模拟人的思维推理过程，用逻辑函数概括描述逻辑因果关系。

（2）逻辑代数中的1、0不再表示数值大小，它表示两个相互对立的逻辑状态。

（3）基本的逻辑运算是与、或、非，在此基础上可以复合成其他运算。

（4）逻辑公式是逻辑运算的基本规则。要熟记吸收律、分配律、还原律、德摩根定理等。

（5）逻辑函数的化简主要有公式法和图形法两种方法。公式法是利用逻辑代数中的公式和定理进行化简，图形法使用的化简工具是卡诺图。

（6）约束项是不可能出现或出现也不影响逻辑函数的最小项。通过把约束项纳入逻辑函数的化简，往往会获得更简洁的化简结果。

（7）逻辑函数表示法有逻辑表达式、真值表、卡诺图、逻辑图、波形图5种。各种表示法都是描述同一种逻辑关系，它们之间是有内在联系的，本质上是相通的，也是可以转换的。

（8）与非门是常见的门电路，实际使用时往往需要用与非门实现其他逻辑运算电路。究其本质是用与非运算转换成其他形式的逻辑运算，也就是通过德摩根定理将逻辑表达式转换成与非-与非表达式的过程。

习题

一、选择题

2.1 以下说法错误的是（　　　）。

A. 逻辑代数中变量可以用字母表示

B. 逻辑代数中的变量只有0和1两种取值

C. 逻辑代数中的变量取值0、1都表示数值的大小

D. 逻辑代数也叫布尔代数

2.2 下列对于逻辑代数描述错误的有（　　　）。

A. 逻辑代数中的变量和普通代数中的变量一样，也可以用字母表示

B. 逻辑变量只有0和1两种取值

C. 逻辑代数中的变量取值0、1都表示数值的大小

D. 逻辑代数中1和0表示两种相互对立的逻辑状态

2.3 当逻辑函数有 n 个输入变量时，共有（　　　）个取值组合。

A. n　　　　　　　　　　B. $2n$　　　　　　　　　　C. n^2　　　　　　　　　　D. 2^n

2.4 正逻辑是指（　　　）。

A. 高电平用1表示，低电平用0表示　　　　B. 高电平用0表示，低电平用1表示

C. 高、低电平都用1或0表示　　　　　　　D. 高、低电平都用1和0表示

2.5 在（　　　）的情况下，两个输入变量的或运算输出结果是逻辑0。

A. 全部输入是0　　　　　　　　　　　　B. 任一个输入是0

C. 任一个输入是1　　　　　　　　　　　D. 全部输入是1

2.6 在（　　　）的情况下，函数 $Y = \overline{AB}$ 的运算结果是逻辑1。

A. 全部输入是0　　　　　　　　　　　　B. 任一输入是0

C. 任一输入是1　　　　　　　　　　　　D. 全部输入是1

2.7 基本的逻辑运算是（　　　）。

A. 与运算、或运算、非运算　　　　　　　B. 加法运算、减法运算、乘法运算

C. 与运算、或运算、异或运算　　　　　　D. 与非运算、或非运算、异或运算

2.8 习题2.8图所示的逻辑关系是（　　　）。

A. 同或　　　　　　B. 异或　　　　　　C. 与或非　　　　　　D. 或非

2.9 在习题2.9图中，如果N为偶数，那么Y为（　　　）。

A. 0　　　　　　　　B. 1　　　　　　　　C. N　　　　　　　　D. 无法确定

2.10 在习题2.9图中，如果N为奇数，那么Y为（　　　）。

A. 0　　　　　　　　B. 1　　　　　　　　C. N　　　　　　　　D. 无法确定

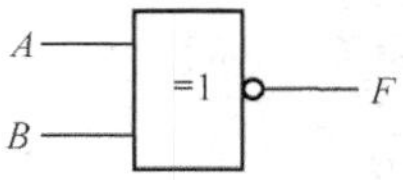

习题 2.8 图　　　　　　　　　　习题 2.9 图

2.11 在习题2.9图所示的逻辑电路中，如果把异或运算换成同或运算，那么Y为（　　　）。

A. 0　　　　　　　　B. 1　　　　　　　　C. N　　　　　　　　D. 无法确定

2.12 $A \oplus B$ 与 $\overline{A} \oplus \overline{B}$（　　　）。

A. 相等　　　　　　B. 互为反函数　　　　C. 互为对偶式　　　　D. 以上答案都不正确

2.13 在（　　　）的情况下，或非运算的结果是逻辑0。

A. 全部输入是0　　　B. 任一输入是0　　　C. 任一输入是1　　　D. 全部输入是1

2.14 根据逻辑公式，逻辑表达式$(A+B)(A+C)=$（　　　）。

A. AB　　　　　　B. $A+C$　　　　　　C. $A+BC$　　　　　　D. $B+C$

2.15 若逻辑表达式 $F = \overline{A+B}$，则下列表达式中与F相同的是（　　　）。

A. $F = \overline{A}\overline{B}$　　　B. $F = \overline{\overline{A}\overline{B}}$　　　C. $F = \overline{A}+\overline{B}$　　　D. AB

2.16 若逻辑表达式 $F = \overline{A+\overline{B}}$，则下列表达式中与$F$相同的是（　　　）。

A. $F = \overline{A}B$　　　B. $F = \overline{\overline{A}B}$　　　C. $F = \overline{A}+B$　　　D. $F = A\overline{B}$

2.17 若逻辑表达式 $F = \overline{A+\overline{B}C}$，则下列表达式中与$F$相同的是（　　　）。

A. $F = \overline{A}\overline{B}C$　　　B. $F = \overline{A}+\overline{B}\overline{C}$　　　C. $F = \overline{A}\overline{B}\overline{C}$　　　D. $F = A\overline{B}C$

2.18 根据逻辑公式，逻辑表达式$B+\overline{B}A=$（　　　）。

A. B　　　　　　　B. A　　　　　　　C. $A+B$　　　　　　D. AB

2.19 与 $\overline{A}+ABC$ 等效的是（　　）。

A. $\overline{A}+BC$　　　　B. $A+BC$　　　　C. $A+\overline{BC}$　　　　D. $\overline{ABC}$

2.20 逻辑函数 $F=A(B+\overline{C})+\overline{\overline{D}E}$ 的反函数为（　　）。

A. $(A+B\overline{C})\overline{\overline{D}+E}$　　　　　　　　　　B. $(A+B\overline{C})\overline{D+\overline{E}}$

C. $(\overline{A}+\overline{B}C)\overline{\overline{D}E}$　　　　　　　　　　D. $(A+\overline{B}C)\overline{\overline{D}E}$

2.21 逻辑表达式 $A+BC=$（　　）。

A. AB　　　　B. $A+C$　　　　C. $(A+B)(A+C)$　　　　D. $B+C$

2.22 下列逻辑表达式中正确的是（　　）。

A. $A+A=A$　　　　B. $A\cdot A=1$　　　　C. $A+A=1$　　　　D. $A+A=0$

2.23 下列逻辑表达式中正确的是（　　）。

A. $A+\overline{A}=0$　　　　B. $A\cdot A=0$　　　　C. $A\cdot\overline{A}=0$　　　　D. $A\cdot A=A^2$

2.24 下列逻辑表达式符合逻辑运算法则的是（　　）。

A. $C\cdot C=C^2$　　　　B. $1+1=10$　　　　C. $0<1$　　　　D. $A+1=1$

2.25 若逻辑表达式 $F=\overline{A+B}$，则下列逻辑表达式中与F相同的是（　　）。

A. $F=\overline{A}\cdot\overline{B}$　　　　B. $F=\overline{AB}$　　　　C. $F=\overline{A}+\overline{B}$　　　　D. $F=AB$

2.26 逻辑表达式 $\overline{ABC}=$（　　）。

A. $A+B+C$　　　　B. $\overline{A}+\overline{B}+\overline{C}$　　　　C. $\overline{A+B+C}$　　　　D. $\overline{A}\cdot\overline{B}\cdot\overline{C}$

2.27 已知逻辑函数$F=A+B$，则它的反函数的表达式为（　　）。

A. $\overline{A}+\overline{B}$　　　　B. $\overline{\overline{A}+\overline{B}}$　　　　C. $\overline{A}\cdot\overline{B}$　　　　D. $\overline{\overline{A}\cdot\overline{B}}$

2.28 下列命题正确的是（　　）。

A. 已知逻辑函数 $A+B=A+C$，则 $B=C$

B. 已知逻辑函数 $A+B=AB$，则 $A=B$

C. 已知逻辑函数 $A+B=A$，则 $A=1$

D. 已知逻辑函数 $AB=A$，则 $A=1$

E. 已知逻辑函数 $AB=AC$，则 $B=C$

F. 已知逻辑函数 $A+B=A$，则 $B=1$

2.29 若一个逻辑函数由3个变量组成，则最小项共有（　　）个。

A. 3　　　　B. 4　　　　C. 8　　　　D. 16

2.30 逻辑函数$F(A,B,C)=AB$的标准与或式为（　　）

A. $\overline{A}+\overline{B}$　　　　B. $\overline{\overline{A}+\overline{B}}$　　　　C. $\overline{A}\cdot\overline{B}$　　　　D. $\overline{\overline{A}\cdot\overline{B}}$

2.31 如果用3个变量构成最小项，那么每个最小项有（　　）个相邻最小项。

A. 1　　　　B. 2　　　　C. 3　　　　D. 4

2.32 全部最小项之和应该为（　　）。

A. 0　　　　B. 1　　　　C. 0或1　　　　D. 非0、非1

2.33 对于有4个变量的逻辑函数，最小项应有（　　）个。

A. 10　　　　B. 16　　　　C. 64　　　　D. 32

2.34 以下几种说法中，正确的是（　　）。

A. 一个逻辑函数的全部最小项之和恒等于0

B. 一个逻辑函数的全部最小项之和恒等于1

C. 一个逻辑函数的全部最小项之积恒等于1

D. 一个逻辑函数的全部最小项之积，其值不能确定

2.35 已知函数 $F = \overline{A}B + B\overline{C}$ ，则对应的与非-与非表达式为（　　　　）。

A. $F = \overline{\overline{AB} \cdot \overline{BC}}$ 　　　 B. $F = \overline{\overline{\overline{AB} \cdot \overline{BC}}}$ 　　　 C. $F = \overline{\overline{AB} + \overline{BC}}$

2.36 函数 $Y = \overline{A} \cdot \overline{B} \cdot \overline{C} + A + B + C$ 的最简式为（　　　　）。

A. $A + B + C$ 　　　 B. $\overline{A + B + C}$ 　　　 C. ABC 　　　 D. 1

2.37 函数 $Y = ABC + A + ADE(F + G)$ 的最简式为（　　　　）。

A. ABC 　　　 B. ADE 　　　 C. $ADEG$ 　　　 D. A

2.38 函数 $F = AB + \overline{A}C + \overline{B}C + CD + \overline{D}$ 的最简与或式为（　　　　）。

A. 1 　　　 B. 0 　　　 C. AB 　　　 D. $AB + \overline{D}$

2.39 逻辑函数 $F = AB + CD + \overline{A}BD$ 的最简或与式是（　　　　）。

A. $(A + B)(C + D)(\overline{A} + B + D)$ 　　　　　 B. $(A + D)(B + C)(B + D)$

C. $(\overline{A} + \overline{B})(\overline{C} + \overline{D})(A + \overline{B} + \overline{D})$ 　　　 D. $(B + C)(\overline{A} + B + D)(A + \overline{C} + D)$

2.40 逻辑函数 $\overline{A}B + A\overline{B} + AB$ 化简后的结果是（　　　　）。

A. AB 　　　 B. $\overline{A}B + A\overline{B}$ 　　　 C. $A + B$ 　　　 D. $\overline{A}B + AB$

2.41 习题2.41图所示为有3个变量的卡诺图，则其最简与或式为（　　　　）。

A. $F = AB + AC + BC$

B. $F = A\overline{B} + AC + \overline{B}C$

C. $F = AB + A\overline{C} + B\overline{C}$

D. $F = \overline{A}B + A\overline{C} + BC$

Y	BC			
A	00	01	11	10
0	0	0	1	0
1	0	1	1	1

习题 2.41 图

2.42 下列说法错误的是（　　　　）。

A. 逻辑函数的表示法有真值表、逻辑表达式、逻辑图、波形图和卡诺图

B. 真值表是将逻辑函数的最小项按一定规律排列成正方形或矩形

C. 有了某函数的一种表示法，就可以转换成其他表示法

D. 在电路的分析、设计中，一般先列出真值表，再根据真值表列写逻辑表达式

2.43 逻辑函数的表示法中具有唯一性的是（　　　　）。

A. 真值表 　　　 B. 逻辑表达式 　　　 C. 逻辑图 　　　 D. 卡诺图

E. 波形图

2.44 （　　　　）不是逻辑函数的表示法。

A. 真值表和逻辑表达式 　　　　　　 B. 卡诺图和逻辑图

C. 波形图和状态转换表 　　　　　　 D. 波形图和卡诺图

2.45 已知习题2.45表所示的某逻辑电路的真值表，那么该逻辑电路对应的最简逻辑表达式为（　　　　）。

A. $BC + AC$ 　　　 B. $A + B$ 　　　 C. $AB + AC$ 　　　 D. $B + C$

习题 2.45 表

A	B	C	Y
0	0	0	0
0	0	1	0
0	1	0	0
0	1	1	1
1	0	0	0
1	0	1	1
1	1	0	0
1	1	1	1

2.46 在习题2.46图所示的电路中，如果输入波形A为脉冲信号，那么输出$Y=$（　　）。

A．$Y=A$　　　　B．$Y=\overline{A}$　　　　C．$Y=1$　　　　D．$Y=0$

2.47 逻辑电路如习题2.47图所示，其逻辑表达式为（　　）。

A．$Y=\overline{\overline{AB}+\overline{BC}}$　　B．$Y=\overline{(A+\overline{B})C}$　　C．$Y=\overline{\overline{B}+AC}$　　D．$Y=\overline{A\overline{B}+BC}$

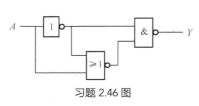

习题 2.46 图

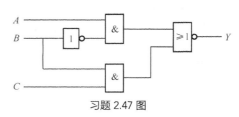

习题 2.47 图

2.48 在习题2.48图所示的电路中，没有实现的逻辑功能是（　　）。

A．$Y=\overline{A+B}$　　　　B．$Y=\overline{AB}$

C．$Y=A+B$　　　　D．$Y=\overline{\overline{A\cdot B}}$

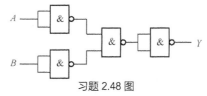

习题 2.48 图

2.49 一个异或门有输入端A、B，如果想将其当作反相器使用，那么A、B端的连接方式为（　　）。

A．A或B中有一个接1　　　　B．A或B中有一个接0

C．A和B并联使用　　　　D．不能实现

二、分析应用题

2.50 两个单刀双掷开关控制同一盏灯的照明电路如习题2.50图所示。设$Y=1$表示灯亮，$Y=0$表示灯灭；开关$A=1$表示合向上方，$A=0$表示合向下方，开关B也如此。要求：

（1）列出此逻辑关系的真值表。

（2）写出Y的逻辑表达式。

（3）画出对应的逻辑图。

（4）请说出生活中可以应用此电路的场景。

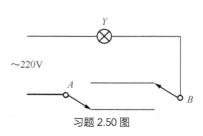

习题 2.50 图

2.51　试证明逻辑表达式 $\overline{A}B + AC + BCD = \overline{A}B + AC$ 成立。

2.52　已知 $Y = A + B + \overline{C} + \overline{\overline{B}C + \overline{D}}$，$F = AB + (\overline{C}D \oplus AC)$。

（1）求Y函数的反函数。

（2）求F函数的反函数，并化简为最简与或式。

2.53　写出逻辑函数 $Y = AB\overline{C} + AC(\overline{B + \overline{C}}) + ABC$ 的反函数，并将其表示为标准与或式。

2.54　将下列函数展开成标准与或式。

（1）$Y(A,B,C) = AC + A\overline{B}$

（2）$F(A,B,C) = \overline{(A+B)(A+\overline{C})}$

（3）$F(A,B,C) = A \oplus B \oplus C$

2.55　用公式法将 $Y = AB\overline{C} + ABC(\overline{B + \overline{C}}) + ABC$ 化简为最简与或式，并画出用与非门实现的逻辑图。

2.56　求下列函数的与非-与非表达式。

（1）$Y = AB + \overline{A}\,\overline{B}$

（2）$Y = A(B + \overline{C}) + (B \oplus C)D$

（3）$Y = AB + AC + BC$

2.57　试将逻辑函数 $F = A + BC$ 变换为或非-或非表达式。

2.58　用图形法将习题2.58图所示的卡诺图表示的函数化简为最简与或式。

Y_1　A \ BC	00	01	11	10
0	1	1	1	1
1	0	1	1	0

（a）

Y_2　A \ BC	00	01	11	10
0	0	1	0	0
1	1	1	1	0

（b）

Y_3　AB \ CD	00	01	11	10
00	1	1	1	1
01	1	1	0	0
11	0	0	0	0
10	1	0	1	1

（c）

Y_4　AB \ CD	00	01	11	10
00	0	0	0	1
01	0	0	1	1
11	0	1	1	1
10	1	1	1	1

（d）

习题 2.58 图

2.59　用公式法将下列函数化简为最简与或式。

（1）$F = AB + \overline{A}C + B\overline{C} + \overline{B}C + B\overline{D} + \overline{B}D + ADEF(H + J)$

（2）$F = ABC + \overline{A}B + AB\overline{C}$

（3）$Y = A + \overline{\overline{A}BC} + \overline{\overline{\overline{A}BC}}$

（4）$Y = (AB + A\overline{B} + \overline{A}B) + (A + B + D + \overline{\overline{A}\overline{B}D})$

2.60　用图形法将下列函数化简为最简与或式。

（1）$F = A\overline{B} + B\overline{C}\overline{D} + ABD + \overline{A}B\overline{C}D$

（2）$F(A,B,C,D) = \sum m(0,2,3,4,5,6,8,9,10,11,12,13,14,15)$

2.61　将下列具有约束的逻辑函数化简为最简与或式。

（1）$Y(A,B,C,D) = \sum m(0,1,4,9,12,13) + \sum d(2,3,6,10,11,14)$

（2）$Y(A,B,C,D) = \sum m(2,4,6,7,12,15) + \sum d(0,1,3,8,9,11)$

2.62　已知输入变量A、B的波形，试在习题2.62图所示的波形图中画出Y的波形。

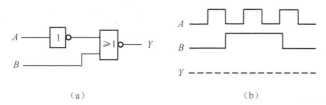

　　　　　（a）　　　　　　　　　　　　　（b）

习题 2.62 图

2.63　已知某逻辑函数的波形图如习题2.63图所示，试求其逻辑表达式和逻辑图。

习题 2.63 图

2.64　用公式法将下列函数化简为最简与或式，并画出用与非门实现的逻辑图。

（1）$Y = AB\overline{C} + ABC(\overline{\overline{B} + \overline{C}}) + ABC$

（2）$Y = AB + (A + B)C$

（3）$Y = ABC$（请用二输入与非门实现）

第 **3** 章

门电路

本章内容概要

本章介绍门电路实现逻辑运算的方法及门电路的特性。

读者思考：用什么方法实现逻辑运算，怎样实现？目前最好的处理方法是什么？使用门电路应该注意哪些事项？

⏻ 本章重点难点

门电路的逻辑特性和电子特性；特殊门电路的特点和应用。

⏻ 本章学习目标

（1）理解逻辑电平和门电路的概念，明确门电路的作用和地位；

（2）理解电子开关和分立元件门电路的工作原理；

（3）掌握TTL集成门电路的输入、输出、传输特性；

（4）掌握集电极开路门和三态门的工作原理与功能，并能够熟练应用；

（5）理解抗饱和电路的组成和作用；

（6）能够熟练、正确地使用TTL芯片，知晓使用注意事项；

（7）理解CMOS电路的功能和使用方法。

　　1938年，香农（Shannon）发表了题为"继电器和开关电路的符号分析"的论文，文中首次用布尔代数对开关电路进行分析，并证明通过继电器开关电路可以实现逻辑运算，同时明确地给出了实现加、减、乘、除等运算的电子电路的设计方法。这篇论文成为开关电路理论的开端，第一次在布尔代数和继电器开关电路之间架起了桥梁，将逻辑代数引入开关电路的分析和设计中，奠定了现代电子计算机数字电路的理论基础，从理论到技术彻底改变了数字电路的设计方向。

ⓖ 您知道吗？

　　香农通过开关电路的分析，明确提出通过开关电路实现逻辑运算的方法，奠定了数字电路的理论基础，开启了硬件实现逻辑运算的大门。

3.1　门电路的电平逻辑

3.1.1　门电路的概念

　　逻辑代数从理论上解决了输入变量到输出变量的逻辑关系问题。门电路从硬件上实现了输入到输出的逻辑关系。

　　所谓门电路（gate circuit），就是一种电子开关，是实现逻辑关系的电子电路。门电路按照输入条件去控制输出状态，使得两者之间存在一定的逻辑关系，因此门电路又被称为逻辑门电路。

ⓖ 您知道吗？

　　在计算机中运算问题都是通过逻辑运算完成的。逻辑运算的硬件基础是电子开关，准确来说是由电子电路构成的器件。基本的逻辑运算都是由门电路实现的。

　　逻辑代数中基本的逻辑运算有与、或、非。在门电路中，能实现与逻辑运算的电路称为与门；能实现或逻辑运算的电路称为或门；能实现非逻辑运算的电路称为非门，非门也称反相器。

　　门电路是数字电路的基石，是构成组合逻辑电路必不可少的基本单元，一个组合逻辑电路必定包含门电路。

　　门电路分为分立元件门电路和集成门电路。用分立的元器件和导线连接起来构成的门电路称为分立元件门电路。分立元件门电路虽不再使用，但常被作为入门和认识数字器件的基础。集成门电路是把构成门电路的所有元器件和连接导线都制作在一块半导体芯片上，并封装起来形成一个整体。集成门电路按使用器件类型分为TTL集成门电路和CMOS集成门电路。

　　随着电子工艺技术的革新和发展，集成电路经历了小规模集成电路（SSI）、中规模集成电路（MSI）、大规模集成电路（LSI）、超大规模集成电路（VLSI）、特大规模集成电路（ULSI）、巨大规模集成电路或极大规模集成电路（GSI）、片上系统（SoC）等的发展历程。集成电路发展历程与典型产品如表3.1.1所示。

表 3.1.1　集成电路发展历程与典型产品

工艺	元件数	典型产品及工艺	时间
SSI	$<10^2$	门电路、触发器	1960年
MSI	$10^2 \sim <10^3$	计数器、加法器、编码器	1966年
LSI	$10^3 \sim <10^5$	计算机外设、1kbit DRAM	1970年
VLSI	$10^5 \sim <10^7$	6~32位MCU、64kbit DRAM	20世纪70年代后期
ULSI	$10^7 \sim <10^9$	DSP、16Mbit FLASH、256Mbit DRAM	1993年
GSI	$\geqslant 10^9$	P3级CPU、1Gbit DRAM	1994年
	纳米级	Intel Core i系列处理器采用14nm工艺	2015年
SoC	$\geqslant 5 \times 10^9$	P4级CPU、手机CPU	20世纪90年代中期
	纳米级	量产的5nm制程芯片向2nm技术突破	2020年

您知道吗?

知道了用门电路可以实现逻辑运算,那您知道逻辑关系中"1"和"0"在电路中用什么表示吗? 高电平的电压是多少呢?

3.1.2　高低电平与正负逻辑

在逻辑代数中,逻辑状态用1和0表示。而在数字电路中,逻辑状态是用电平来表示的,逻辑电平分为高电平和低电平两种。

值得注意的是,高电平和低电平是两个截然不同的电压区间,是完全可以区别开的电压范围。**高电平和低电平都不是一个固定的电压值,而是一个电压范围。**正是如此,数字系统比模拟系统具有更强的抗干扰能力。

图3.1.1所示为高、低电平示意,图中2.4 ~ 5V范围内的电压都称为高电平,用U_H表示;0 ~ 0.8V范围内的电压都称为低电平,用U_L表示。对于TTL集成门电路而言,其高电平的典型值是3.6V,低电平的典型值是0.3V。

在逻辑代数中逻辑状态不是0就是1。而用电子电路实现逻辑运算时,其输入信号和输出信号的逻辑状态却是用高、低电平表示的。那到底是用逻辑状态"1"表示高电平,还是用"0"表示高电平呢?

在数字电路中,**如果用1表示高电平,用0表示低电平,则称为正逻辑赋值,简称正逻辑;如果用1表示低电平,用0表示高电平,则称为负逻辑赋值,简称负逻辑。**若无特殊说明,一般按正逻辑处理。

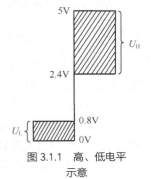

图 3.1.1　高、低电平示意

3.2 电子开关的特性

数字电路最大的结构特点是将逻辑变量和电子开关相结合，通过电子开关的两种状态与逻辑状态对应，利用电子开关实现逻辑关系。门电路是实现逻辑关系的电子电路。因此，门电路的性能应该满足逻辑功能和电子特性两个方面要求，逻辑功能是指输出信号与输入信号之间的逻辑关系，电子特性是指外部电压与电流之间的关系。

3.2.1 晶体三极管和二极管的开关特性

在数字电路中，晶体三极管、二极管和MOS管都是构成电子开关的基本元器件。

1. 晶体三极管的开关特性

图3.2.1所示为晶体三极管电路及输出特性。从输出特性可知，随着工作点的不同，晶体三极管有3种工作状态，分别是放大状态、饱和状态和截止状态。

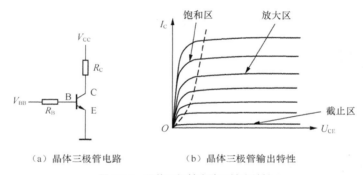

（a）晶体三极管电路　　　　（b）晶体三极管输出特性

图 3.2.1　晶体三极管电路及输出特性

（1）放大状态

晶体三极管的发射结正向偏置，集电结反向偏置，晶体三极管就工作在放大状态，处于放大区。此时$I_C = \beta I_B$，β是电流放大系数，具有电流放大作用。为了计算方便，通常硅管的导通压降$U_{BE} = 0.7V$，锗管的导通压降$U_{BE} = 0.3V$。

（2）饱和状态

在电源电压和负载已确定的条件下，晶体三极管的工作状态取决于基极电流I_B的数值。当$I_B > I_{BS} = \dfrac{V_{CC}}{\beta R_C}$（基极电流大于基极饱和电流）时，虽然$I_B$继续增加，但是集电极电流$I_C$却受到$V_{CC}$和$R_C$的限制，不会再按$\beta$倍增大，$I_C$基本保持不变，其值约为$I_{CS}$，这种现象称为晶体三极管的饱和状态。此时晶体三极管的饱和管压降U_{CES}很小，硅管约为0.3V，锗管约为0.1V。此时集电极和发射极间近似于短路，相当于开关接通。

在数字电路中往往要求晶体三极管可靠地饱和，此时只要保证基极电流I_B大于I_{BS}就能实现。因此使晶体三极管可靠地饱和的条件是$I_B > I_{BS}$。

综上所述，晶体三极管工作在饱和状态的特征如下。

① 使晶体三极管工作在饱和区的条件是$I_B > I_{BS}$，集电结和发射结均为正向偏置。

② 饱和时U_{CES}很小，硅管约为0.3V，锗管约为0.1V。饱和程度越深，U_{CES}越小。

③ 集电极和发射极间近似于短路，如同一个闭合的开关。

（3）截止状态

晶体三极管的截止状态相当于一个开关的断开状态。在晶体三极管电路中，如果 $I_B = 0$ 时，$I_C = I_{CEO} \approx 0$，晶体三极管就工作在截止状态。

使晶体三极管可靠截止的条件是发射结和集电结均为反向偏置。要使NPN型晶体三极管工作在截止状态，只要让 $U_{BE}<0$ 和 $U_{BC}<0$ 即可。实际上，只要 $U_{BE} = 0V$，就可以认为发射极电流为零，晶体三极管就可靠地截止了。

晶体三极管工作在截止状态的特征如下。

① 晶体三极管可靠截止的条件是发射结和集电结均为反向偏置。

② 晶体三极管截止后3个电极相当于一个断开的开关。

在数字电路中，晶体三极管工作在截止状态或者饱和状态，而放大状态仅是一种转瞬即逝的工作状态。

2．二极管的开关特性

二极管最显著的特点是具有单向导电性。
图3.2.2所示为二极管的伏安特性曲线、符号及等效模型，其中 U_{on} 称为导通压降，硅管 $U_{on}= 0.7V$，锗管 $U_{on}= 0.3V$。

当二极管加正向电压（正向偏置，阳极电压大于阴极电压）时，二极管处于正向导通状态，此时二极管正向电阻较小，正向电流较大。当二极管加反向电压（反向偏置，阳极电压小于阴极电压）时，二极管处于反向截止状态，此时二极管反向电阻较大，反向电流很小。因此，在数字电子技术中二极管可以作为电子开关器件使用。

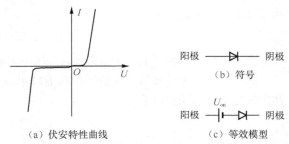

（a）伏安特性曲线　　（c）等效模型

图 3.2.2　二极管的伏安特性曲线、符号及等效模型

在数字电路中有时会把若干个二极管的阳极或者阴极接在一起构成一些特殊电路。图3.2.3所示为二极管共阴、共阳极接法电路图。图3.2.3（a）中二极管的阴极接在一起，这种电路的接法称为共阴极接法；图3.2.3（b）中二极管的阳极接在一起，这种电路的接法称为共阳极接法。

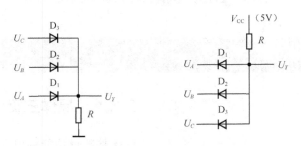

（a）二极管共阴极接法电路图　　（b）二极管共阳极接法电路图

图 3.2.3　二极管共阴、共阳极接法电路图

3.2.2　电子开关的特性的实践和仿真

例3.2.1 在图3.2.3所示的电路中，如果输入电压U_A、U_B、U_C不同，那么输出电压U_Y将会是多少？二极管D_1、D_2、D_3的导通情况又将如何？

解： 在图3.2.3（a）中，因为二极管采用**共阴极接法，阴极电位相同，所以阳极电位最高的二极管优先导通，其他二极管截止**。此时阳极电位就是输入电压。所以输入电压U_A、U_B、U_C中最大值U_{max}对应的二极管导通，其他二极管截止。假设U_B最大，则二极管D_2导通，此时输出电压等于共阴极电压。因此，

$$U_Y = U_阴 = U_{max} - U_{on}$$

式中，$U_阴$为阴极电压，U_{max}为输入电压中的最大值，U_{on}为导通压降。

在图3.2.3（b）中，因为二极管采用**共阳极接法，阳极电位相同，所以阴极电位最低的二极管优先导通，其他二极管截止**。此时阳极电位就是输入电压。所以输入电压U_A、U_B、U_C中最小值U_{min}对应的二极管导通，其他二极管截止。假设U_B最小，则二极管D_2导通，此时输出电压等于共阳极电压。因此，

$$U_Y = U_阳 = U_{min} + U_{on}$$

式中，$U_阳$为阳极电压，U_{min}为输入电压中的最小值，U_{on}为导通压降。

图3.2.4所示为二极管开关特性的功能Multisim仿真验证图，图中直观地显示了共阴极接法和共阳极接法的不同输出情况。

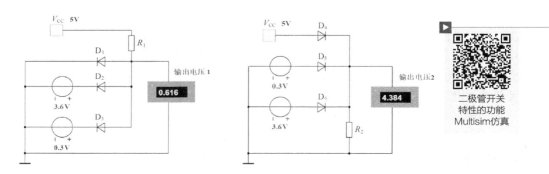

图 3.2.4　二极管开关特性的功能 Multisim 仿真验证图

3.3 ▶ 分立元件门电路

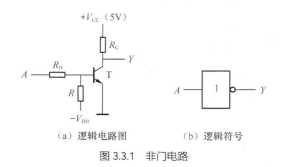

（a）逻辑电路图　　（b）逻辑符号

图 3.3.1　非门电路

3.3.1　晶体三极管非门电路

具有非逻辑功能的电子电路称为非门电路，简称非门（NOT gate），又称反相器。非门只有一个输入端。图3.3.1所示为由晶体三极管构成的非门电路，其中图3.3.1（a）所示为逻辑电路图，图3.3.1（b）所示为逻辑符号。

1. 非门电路的输入输出电压关系分析

当输入电压U_A = 3V时，只要选择恰当的电阻R_B和R_C，使$I_B > I_{BS}$，那么晶体三极管工作在饱和导通状态，此时硅管U_{CES} = 0.3V，输出U_Y =0.3V。当输入电压U_A = 0V时，同时在$-V_{BB}$的作用下，晶体三极管将处于截止状态，发射极与集电极等效为断开，此时电路输出$U_Y = V_{CC}$=5V。因此，可以得到表3.3.1所示的非门电路输入、输出电压关系。

表 3.3.1　非门电路输入、输出电压关系

输入电压U_A / V	输出电压U_Y / V
3	0.3
0	5

2. 非门电路的输入、输出电压和逻辑对应关系分析

如果输入电压U_A对应输入逻辑变量A，输出电压U_Y对应输出逻辑变量Y，那么输入、输出的电压关系就可以转换成输入、输出的逻辑关系。同时根据高低电平的电压范围可知：3V、5V属于高电平，0V、0.3V属于低电平。因此，可以得到表3.3.2所示的非门电路的输入、输出电压和逻辑对应关系。

表 3.3.2　非门电路的输入、输出电压和逻辑对应关系

输入电压U_A / V	输出电压U_Y / V	输入逻辑变量A	输出逻辑变量Y
3	0.3	1（高电平）	0（低电平）
0	5	0（低电平）	1（高电平）

根据表3.3.2并结合图3.3.1不难得知：当输入端为高电平时，晶体三极管处于饱和导通状态，输出端为低电平；当输入端为低电平时，晶体三极管处于截止状态，输出端为高电平。总的来说，该电路实现了非逻辑关系。

如果我们只考虑输入、输出之间的逻辑关系，那么可以得到表3.3.3所示的非门真值表。

表 3.3.3　非门真值表

输入逻辑变量A	输出逻辑变量Y
1	0
0	1

所以，Y与A的逻辑函数为$Y = \overline{A}$。

> **您知道吗？**
>
> 用晶体三极管可以实现最简单的非门，但是缺点也很明显，您知道怎么改进吗？

3.3.2　二极管与门电路

能够实现与逻辑关系的电子电路称为与门电路，简称与门（AND gate）。图3.3.2所示为二

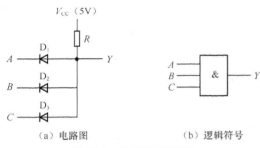

（a）电路图　　　　　　（b）逻辑符号

图 3.3.2　二极管与门电路

极管与门电路，其中图3.3.2（a）所示为电路图，图3.3.2（b）所示为逻辑符号。电路的3个输入端A、B、C作为条件，输出端Y作为结论。

当A、B、C全部接低电平（假设为0V）时，3个二极管都将处于导通状态，输出端Y的电平为二极管正向压降（约为0.7V），属于低电平。当3个输入端中的任一端接低电平0V时，那该端对应的二极管将优先导通，使Y端电位被钳位在0.7V，因此输出电压仍为低电平。而此时其他两个二极管在反向电压的作用下处于截止状态。只有当3个输入端都接高电平时，输出端才为高电平。

由此可见，因为该电路只要输入端有低电平，输出端就是低电平，只有全部输入端都接高电平时，输出端才是高电平，即满足"有0出0，全1出1"的与门逻辑功能，所以该电路构成了与门电路。

如果用逻辑1表示高电平，用逻辑0表示低电平，对于图3.3.2所示的二极管与门电路，每个输入端都可能有0或1两种状态。那么输入端的状态共有8种组合，其中每种组合必定有一个输出状态与之对应。表3.3.4所示为二极管与门电路真值表。

表 3.3.4　二极管与门电路真值表

输入			输出
A	B	C	Y
0	0	0	0
0	0	1	0
0	1	0	0
0	1	1	0
1	0	0	0
1	0	1	0
1	1	0	0
1	1	1	1

由真值表可以看出，输出Y与输入A、B、C之间的关系是：当输入A、B、C都为1时，输出Y才为1；否则Y就是0。其逻辑表达式为

$$Y = A \cdot B \cdot C$$

3.3.3　二极管或门电路

输入、输出具有或逻辑关系的电子电路称为或门电路，简称或门（OR gate）。

图3.3.3所示为由3个二极管按共阴极接法构成的或门电路，其中图3.3.3（a）所示为电路图，图3.3.3（b）所示为逻辑符号。

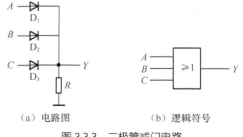

（a）电路图　　　　　（b）逻辑符号

图 3.3.3　二极管或门电路

因为是二极管共阴极接法，当输入端A、B、C中有一个或一个以上的输入端接高电平时，相应的二极管导通，输出端Y的电压就为高电平（只要电压取值合适，高电平减去二极管的正向压降，仍为高电平）。当且仅当3个输入端A、B、C都接低电平时，输出端Y才为低电平。

综上所述，该电路的输入、输出关系满足"全0出0，有1出1"的或门逻辑功能，所以该电路是或门电路。其输入、输出的逻辑关系为

$$Y = A + B + C$$

如果用逻辑1表示高电平，用逻辑0表示低电平，那么上述或门电路的逻辑关系可用表3.3.5所示的真值表表示。

表 3.3.5　二极管或门电路真值表

输入			输出
A	B	C	Y
0	0	0	0
0	0	1	1
0	1	0	1
0	1	1	1
1	0	0	1
1	0	1	1
1	1	0	1
1	1	1	1

本节我们都是以正逻辑的思想来讨论问题的，即逻辑1表示高电平，逻辑0表示低电平。但是对于同样一个电路而言，既可以采用正逻辑赋值，也可以采用负逻辑赋值。根据所选用正、负逻辑的不同，即使同样一个电路也将会有不同的逻辑功能。例如，图3.3.3所示的电路，按正逻辑赋值是或门电路；如果采用负逻辑赋值，那么会变成与门电路。如果采用负逻辑赋值方法计算，即把表3.3.5所示的真值表中的1全部改为0，0改为1，那么表3.3.5所示的或门电路真值表就变成表3.3.4所示的与门电路真值表了。

> **⟳ 您知道吗？**
>
> 正逻辑的与门就是负逻辑的或门，正逻辑的或门就是负逻辑的与门。

3.3.4　分立元件门电路的实践

例3.3.1 试确定图3.3.4所示电路实现的逻辑关系（电阻取值合适）。

解： 该电路为一个由二极管与门和晶体三极管非门构成的复合逻辑门，所以它是一个与非门。其逻辑表达式为 $Y = \overline{A \cdot B \cdot C}$。

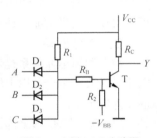

图 3.3.4　例 3.3.1 电路图

3.4 TTL 集成门电路

集成门电路的性能是分立元件门电路无法比拟的，现在使用的门电路基本都是集成门电路。集成门电路主要有TTL集成门电路和CMOS集成门电路两种类型。

TTL是晶体管-晶体管逻辑的简称。TTL集成门电路是由若干晶体三极管、二极管和电阻组成的集成门电路。而CMOS集成门电路则是由单极性PMOS和NMOS管组成的互补MOS电路。

3.4.1 TTL 与非门电路

1．TTL与非门的典型电路

图3.4.1所示为TTL与非门的典型电路，其中图3.4.1（a）所示为电路图，图3.4.1（b）所示为逻辑符号。

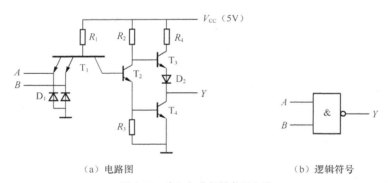

（a）电路图　　　　　　　　　　　（b）逻辑符号

图 3.4.1　TTL 与非门的典型电路

在图3.4.1（a）中，T_1是多发射极晶体三极管，相当于与门。二极管D_1是为了防止输入端电压过低而设置的保护二极管。晶体三极管T_2的发射极和集电极可以同时输出相位相反的信号，作为晶体三极管T_3、T_4的驱动信号。晶体三极管T_3和T_4、限流电阻R_4和二极管D_2构成输出级，不仅可以实现非逻辑功能，还可以提高电路的负载能力。

2．工作原理

与非逻辑运算关系是输出端与输入端之间应该满足"有0出1，全1出0"的逻辑规则。与非门电路中只要有一个及以上输入端接低电平，输出端就为高电平；只有输入端全部接高电平，输出端才为低电平。

（1）输入端A、B全部接高电平的情况分析

在图3.4.1中，当输入端A、B全部接高电平U_{IH}（设为3.6V）时，如果假设晶体三极管T_1的发射结导通，那么晶体三极管T_1的基极电位应该为

$$U_{B1} = U_{IH} + 0.7V = 4.3V$$

又由于电源V_{CC}经电阻R_1、晶体三极管T_1的集电结、晶体三极管T_2和T_4的发射结最后到地也可能形成回路，5V的电压足够使回路中的3个PN结（晶体三极管T_1的集电结、晶体三极管T_2和T_4的发射结）正向导通。此时，晶体三极管T_1的基极电位应该为

$$U_{B1} = U_{BC1} + U_{BE2} + U_{BE4} = 2.1V$$

基于以上简单的假设分析，此时晶体三极管T_1的基极电位U_{B1}出现了两个电压值。到底哪个正确呢？

要解决这个问题，从多发射极晶体三极管的等效电路入手就一目了然了。图3.4.2所示为多发射极晶体三极管T_1的等效电路。

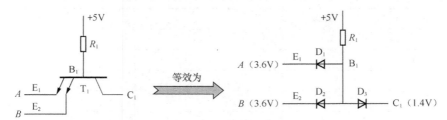

图 3.4.2　多发射极晶体三极管 T_1 的等效电路

等效电路为二极管的共阳极接法，根据所接电压，晶体三极管T_1的集电结导通，发射结截止，所以晶体三极管T_1的基极电位U_{B1}只可能是2.1V。

解决了晶体三极管T_1的基极电位问题，我们继续分析输入端A、B全部接高电平的情况。此时在图3.4.1中晶体三极管T_1的集电结将会导通，电流流向晶体三极管T_2的基极，使晶体三极管T_2饱和导通，晶体三极管T_2的集电极电压为

$$U_{C2} = U_{CES} + U_{BE4} = 0.3V + 0.7V = 1V$$

1V电压不足以开启晶体三极管T_3和二极管D_2，所以晶体三极管T_3处于截止状态。此时晶体三极管T_2、T_4都饱和导通。在有外接额定负载时，电流将流进晶体三极管T_4的集电极，此时输出电压为

$$U_{C4} = U_{CES} = 0.3V$$

至此，如果输入全部接高电平，那么电路输出就为低电平，满足输入全1，输出为0，即"全1出0"的逻辑规则。

（2）有一个及以上输入端接低电平的情况分析

当输入端A、B中有一个及以上接低电平U_{IL}（设为0.3V）时，那么晶体三极管T_1多发射极中已接低电平的输入端对应的发射结就会导通，其他发射结截止。如果发射结导通压降按0.7V计算，那么晶体三极管T_1的基极电位U_{B1}将被钳位在1V。此时

$$U_{B1} = U_{BE1} + U_{IL} = 0.7V + 0.3V = 1V$$

1V电压无法让晶体三极管T_1的集电结、晶体三极管T_2和T_4的发射结同时导通，故晶体三极管T_2和T_4只能处于截止状态。晶体三极管T_1的集电极C_1与晶体三极管T_2的基极相连，此时$I_{B2} = 0$。T_2和T_4都将处于截止状态，电源V_{CC}使晶体三极管T_3和二极管D_2导通，此时输出的电压

$$U_Y = V_{CC} - I_{B3}R_2 - U_{BE3} - U_D$$

式中，U_{BE3}为晶体三极管T_3的发射结导通压降，I_{B3}为晶体三极管T_3的基极电流，U_D为二极管

D_2的导通压降。因I_{B3}很小，$I_{B3}R_2$这一项可以忽略不计，于是

$$U_Y = 5V - 0.7V - 0.7V = 3.6V$$

3.6V属于高电平，这样该电路只要输入端有低电平输入，那么输出就为高电平，满足输入有0，输出就为1，即"有0出1"的逻辑规则。

如果把上面分析的两种情况综合起来，那么图3.4.1所示电路的输出端与输入端之间满足"有0出1，全1出0"的逻辑规则，这是与非关系的逻辑运算规则。

因此，图3.4.1所示的TTL集成门电路能够实现与非逻辑运算，是与非门电路，其对应的真值表如表3.4.1所示。

表 3.4.1　TTL 集成与非门电路的真值表

输入		输出
A	B	Y
0	0	1
0	1	1
1	0	1
1	1	0

典型的TTL集成与非门电路输出的高电平为3.6V，输出的低电平为0.3V。因此，**在分析TTL电路时，常把3.6V作为高电平的典型值，把0.3V作为低电平的典型值。**

3．非门电路

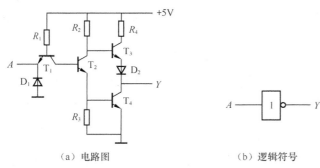

（a）电路图　　　　　　　（b）逻辑符号

图 3.4.3　TTL 集成非门电路

如果将图3.4.1所示的与非门电路的两个输入端接在一起，并且都接A信号，那么由于$Y = \overline{AB} = \overline{AA} = \overline{A}$，也就是说此时与非门已经转变成非门。图3.4.3所示为TTL集成非门电路，非门也称反相器。

门电路应该满足逻辑功能和电子特性两个方面的要求，前面讨论了与非门和非门的逻辑功能，下面讨论其电子特性。

3.4.2　TTL 门电路的电子特性

1．TTL门电路的电压传输特性

门电路输入、输出电压不是一个固定值，而是一个范围。门电路输入电压变化往往也会引起输出电压变化。人们常把输出电压U_O跟随输入电压U_I变化的曲线称为电压传输特性曲线，简称电压传输特性。

图3.4.4所示为TTL非门的电压传输特性测试电路图。非门的输入、输出都接电压表用于测试。通过调节电位器改变输入电压，再测量对应的输出电压，最后绘制输入输出曲线，这样就可获得TTL非门电压传输特性。图3.4.5所示为TTL非门的电压传输特性曲线。

为了更好地分析图3.4.5，我们结合图3.4.3和图3.4.4来进行分析。

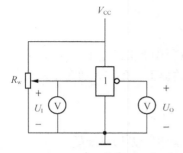

图 3.4.4　TTL 非门的电压传输特性测试电路图

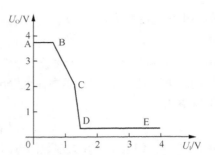

图 3.4.5　TTL 非门的电压传输特性曲线

在传输特性曲线的 AB 段，输入电压 U_I<0.6V，晶体三极管 T_1 的基极电压 U_{B1}<1.3V，导致晶体三极管 T_2 和 T_4 都处于截止状态；而晶体三极管 T_3 和二极管 D_2 则处于导通状态。非门输出高电平，此时输出电压 U_{OH}=3.6V。一般称这段为传输特性曲线的截止区。

在传输特性曲线的 BC 段，输入电压为 0.6V<U_I<1.3V。当输入电压大于 0.7V 时，此时晶体三极管 T_1 的集电极和 T_2 的发射极及 R_3 构成回路而导通。但是晶体三极管 T_4 的基极与地之间的电压仍低于晶体管的开启电压，故晶体三极管 T_4 仍处于截止状态。随着输入电压的增加，晶体三极管 T_2 已进入放大区，晶体三极管 T_2 的集电极电压 U_{C2} 和输出电压 U_O 会随着输入电压 U_I 的升高而线性地下降。因此这段常被称为传输特性曲线的线性区。

在传输特性曲线的 CD 段，输入电压 U_I 已到达 1.4V 左右，致使晶体三极管 T_4 由截止状态变为导通状态，输出电压急剧下降为低电平，此段被称为转折区。转折区中点对应的输入电压值称为阈值电压（也称门槛电压），通常用 U_{th} 表示，其值取 1.4V。

在传输特性曲线的 DE 段，输入电压 U_I>1.4V，晶体三极管 T1 的基极电压 U_{B1} 被钳位在 2.1V，晶体三极管 T_2、T_4 进入饱和导通状态。由于晶体三极管 T_2 的集电极电压 U_{C2} 约为 1V，致使晶体三极管 T_3 和二极管 D_2 都不会导通。此时输出电压完全由晶体三极管 T_4 的饱和压降决定。这段称为传输特性曲线的饱和区，输出为低电平，U_{OL}=0.3V。

从电压传输特性可以反映出截止区的输出电压为高电平 U_{OH}，典型值是 3.6V，饱和区的输出电压为低电平 U_{OL}，典型值是 0.3V。

您知道吗？

线性区的存在影响了传输特性曲线的陡度，您觉得怎么改进呢？解决办法将在 3.7 节讲解。

2. 门电路的噪声容限

在实际使用门电路时，输入端的信号在传输过程中有时会出现一些外来干扰电压（也称噪声）。如果干扰电压超过一定数值，将会导致逻辑错误，影响门电路正常工作。**通常把门电路允许承受的最大干扰电压的幅值称为干扰容限或噪声容限。**

在数字电路中，往往前一个门电路的输出会作为后一个门电路的输入。有时可以把噪声容限理解为在前一级输出最坏时，为保证后一级正常工作，所允许的最大噪声幅值。

噪声容限是用来衡量门电路抗干扰能力的参数，其值越大，则门电路抗干扰能力越强；反之则越弱。噪声容限分为低电平噪声容限 U_{NL} 和高电平噪声容限 U_{NH}。

对于非门而言，低电平噪声容限 U_{NL} 是在保证输出为高电平的前提下，允许叠加在输入低电平上的最小干扰电压幅值。

$$U_{\text{NL}} = U_{\text{off}} - U_{\text{I}}$$

式中，U_{off}为关门电平。在大多数门电路芯片产品的参数中，关门电平$U_{\text{off}} = 0.8\text{V}$。

非门的高电平噪声容限U_{NH}是在保证输出为低电平的前提下，允许叠加在输入高电平上的最大干扰电压幅值。

$$U_{\text{NH}} = U_{\text{I}} - U_{\text{on}}$$

式中，U_{on}为开门电平。在大多数门电路芯片产品的参数中，开门电平$U_{\text{on}} = 2.0\text{V}$。

在正常工作的情况下，要使非门输出为高电平，那么输入电压U_{I}必须小于关门电平U_{off}；要使非门输出为低电平，那么输入电压U_{I}必须大于开门电平U_{on}。

例3.4.1 噪声容限举例。

在某非门组成的电路中，经测量其前一级门电路输出高电平的最小值为2.7V，输出低电平的最大值为0.4V，试求非门的噪声容限。

解：因为前一级的输出是后一级的输入，所以

$$U_{\text{NL}} = U_{\text{off}} - U_{\text{I}} = 0.8\text{V} - 0.4\text{V} = 0.4\text{V}$$

$$U_{\text{NH}} = U_{\text{I}} - U_{\text{on}} = 2.7\text{V} - 2.0\text{V} = 0.7\text{V}$$

3．TTL门电路的输入端负载特性

门电路的输入端总会存在一定电阻，在门电路工作时输入回路中又总会有电流，这将会导致在输入端电阻两端产生一定的电压，此电压又会对门电路的输入电平产生影响。因此，对TTL门电路的输入端负载特性的研究很有必要。

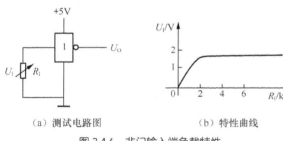

（a）测试电路图　　　（b）特性曲线

图3.4.6　非门输入端负载特性

（1）输入端负载特性的电路

门电路输入端电阻R_{I}两端的电压U_{I}和R_{I}阻值之间的关系曲线称为输入端负载特性曲线，简称输入端负载特性。图3.4.6所示为非门输入端负载特性，其中图3.4.6（a）所示为测试电路图，图3.4.6（b）所示为特性曲线。

（2）非门输入端负载特性分析

当输入端电阻$R_{\text{I}} = 0$时，如果此时门电路输入端接地或输入电压为0V，那么输入电压很明显是一个低电平。在图3.4.3所示的TTL集成非门电路图中，晶体三极管T_1的基极电流I_{B1}全部流向T_1发射极，晶体三极管T_2、T_4都截止，晶体三极管T_3和二极管D_2导通；门电路输出电压$U_{\text{O}}=U_{\text{OH}}=3.6\text{V}$。

随着输入端电阻R_{I}的增加，输入电压U_{I}就会增加。那么输入端电阻R_{I}增加到多少时非门的输入电压U_{I}还会保持在低电平呢？或者说输入电压U_{I}达到关门电平U_{off}时的输入端电阻R_{I}的临界阻值是多少？答案都是关门电阻。

为了保证TTL集成非门工作在特性曲线的截止区，电路始终处于稳定的关态（图3.4.3中，晶体三极管T_1发射结饱和导通，晶体三极管T_2和T_4都处于截止状态）时，所允许的输入端电阻R_{I}的最大值称为关门电阻，用R_{off}表示。**一般关门电阻R_{off}取0.7kΩ。在TTL集成门电路中，只要输入端电阻小于关门电阻，就相当于输入端接低电平。**

当$R_{\text{I}}=\infty$，即输入端悬空时，在图3.4.3所示的TTL集成非门电路图中，晶体三极管T_1、T_2、T_4饱和导通，晶体三极管T_3、二极管D_2截止，输出电压$U_{\text{O}}=U_{\text{OL}}=0.3\text{V}$。这时晶体三极管$T_1$的基极电

压U_{B1}被锁定在2.1V，非门输入端电压相当于1.4V（$U_I=U_{B1}-U_{BE1}$=2.1V–0.7V=1.4V）。因此，这就是图3.4.6（b）所示的输入电压U_I的最大值为1.4V的原因。

那么要使非门工作在导通状态，保证输出为低电平，输入端电阻R_I的最小阻值应该是多少？或者说输入电压U_I达到开门电平U_{on}时的输入端电阻R_I的临界阻值是多少？答案都是开门电阻。

为了保证非门工作在特性曲线的饱和区，电路始终处于稳定的饱和导通状态（图3.4.3中，晶体三极管T_1、T_2、T_4处于饱和导通状态），所允许的输入端电阻R_I的最小值称为开门电阻，用R_{on}表示。在TTL集成门电路中，开门电阻R_{on}一般取2.5kΩ。只要输入端电阻大于开门电阻，就相当于输入端接高电平。

一般在TTL集成门电路中，当$R_I>R_{on}$时，输入端相当于接高电平，其逻辑状态为1；当$R_I<R_{off}$时，输入端相当于接低电平，其逻辑状态为0；如果$R_{off}<R_I<R_{on}$，则TTL集成门电路将处于非正常状态，可能是1也可能是0，这种情况是不允许的。

4．TTL门电路的输出特性

在数字电路中，门电路的输出端都会连接其他电路，这被称为门电路的负载。若负载发生变化，则输出电流也必然发生变化。变化的输出电流I_O又会影响输出电压U_O。门电路输出电压U_O与输出电流I_O之间的关系曲线称为输出特性。门电路的输出有两种状态，即高电平或低电平。因此，门电路输出特性也分为输出高电平时的输出特性和输出低电平时的输出特性。

在图3.4.1所示的TTL与非门的典型电路图中，输入端有一个为低电平时，晶体三极管T_2、T_4截止，晶体三极管T_3和二极管D_2都导通，与非门输出为高电平。此时与非门输出电流I_O是从与非门的输出端流向负载，好像负载从门电路拉出电流一样，故称为拉电流负载。

当输入端全为高电平时，晶体三极管T_3和二极管D_2都截止，晶体三极管T_2、T_4饱和导通，与非门输出为低电平。输出电流I_O经负载流进晶体三极管T_4的集电极，好像负载给门电路灌入电流一样，此时负载称为灌电流负载。

5．扇出系数

一个门电路的负载能力通常用**扇出系数**来衡量。扇出系数是指一个门电路能带同类门的最大数目，用N_O表示。扇出系数越大就意味着可以连接的门电路就越多。从TTL与非门输出特性可知，通常把负载分为拉电流负载和灌电流负载。拉电流负载的输出电流I_O增加会使高电平下降。对于灌电流负载，输出电流I_O增加会使输出的低电平上升。当TTL非门输出高电平时，每一个后级门电路的输入电流仅为几十微安，因此可以带同类门的数目较多。但如果输出为低电平，灌电流过大将可能烧坏晶体管。因此，**衡量负载能力的扇出系数N_O往往取决于输出为低电平时的灌电流负载。一般要求扇出系数$N_O \geq 8$。**

3.4.3 TTL 集成门电路实践

例3.4.2 如图3.4.7所示，试写出各个输出信号的逻辑表达式。

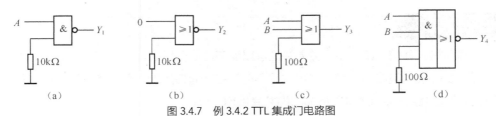

图 3.4.7　例 3.4.2 TTL 集成门电路图

解：在图3.4.7（a）中，$R_I = 10k\Omega > R_{on} = 2.5k\Omega$，输入端相当于1，所以 $Y_1 = \overline{A \cdot 1} = \overline{A}$。

在图3.4.7（b）中，$R_I = 10k\Omega > R_{on} = 2.5k\Omega$，输入端相当于1，所以 $Y_2 = \overline{0 + 1} = 0$。

在图3.4.7（c）中，$R_I = 100\Omega < R_{off} = 0.7k\Omega$，输入端相当于0，所以 $Y_3 = A + B + 0 = A + B$。

在图3.4.7（d）中，$R_I = 100\Omega < R_{off} = 0.7k\Omega$，输入端相当于0，所以 $Y_4 = \overline{AB + 0 \cdot 0} = \overline{AB}$。

3.5 其他 TTL 集成门电路

1．或非门电路

图3.5.1所示为TTL或非门集成电路图，其中图3.5.1（a）所示为电路图，图3.5.1（b）所示为逻辑符号。

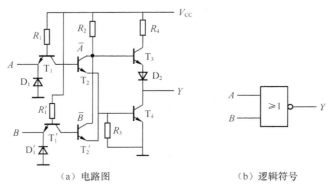

（a）电路图　　　　　　　　（b）逻辑符号

图 3.5.1　TTL 或非门集成电路图

在输入端A、B中，只要有一个为1（即高电平），假设$A = 1$，那么I_{B1}就会经过晶体三极管T_1的集电结流入晶体三极管T_2的基极，使晶体三极管T_2、T_4都处于饱和导通状态，输出就为低电平，即$Y = 0$。

当且仅当$A = B = 0$时，晶体三极管T_1的基极电流I_{B1}、晶体三极管T_1'的基极电流I_{B1}'均分别流入T_1和T_1'发射极，晶体三极管T_2、T_2'均截止，晶体三极管T_4也截止，此时晶体三极管T_3、二极管D导通，输出才为高电平，即$Y = 1$。

综上所述，图3.5.1所示的电路实现了"输入有1输出为0，输入全0输出才1"的或非逻辑关系，即$Y = \overline{A + B}$。因此该电路是或非门电路。

2．与门、或门及与或非门电路

如果在TTL与非门的中间级加一个反相电路，就可得到与门；同样，在TTL或非门的中间级加一个反相电路，就可得到或门；至于TTL与或非门，只要将图3.5.1所示电路中的晶体三极管T_1、T_1'换成多发射极晶体三极管即可得到。

> **您知道吗？**
>
> 对于普通的TTL门电路，多个输入端是可以连在一起使用的。
>
> 在普通的TTL门电路中，两个输出端是不能接在一起使用的，即不能并联使用。只有集电极开路门或者是三态门才可以把输出端并联使用。

3.6 特殊 TTL 集成门电路

扇出系数讨论的是一个输出端可以接多少个TTL门电路的输入端的问题。因此将多个输入端直接相连是可以的。在扇出系数允许范围之内，每个输入的逻辑取值与输出端相同。那么也可以把多个输出端直接并联使用吗？

3.6.1　集电极开路门

1．两个与非门输出端直接并联的情况分析

在一般的TTL门电路中，无论输出是高电平还是低电平，其输出电阻都很小。因此，不允许将输出端直接并联使用。

图3.6.1所示的电路是两个与非门输出端并联的错误接法，其中图3.6.1（a）所示为逻辑符号，图3.6.1（b）所示为电路图。

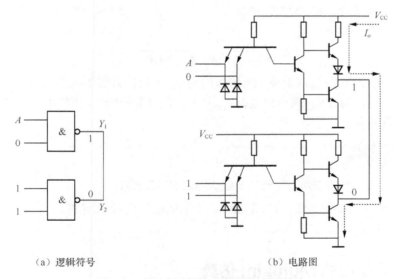

<table>
<tr><td>（a）逻辑符号</td><td>（b）电路图</td></tr>
</table>

图 3.6.1　两个与非门输出端并联的错误接法

由图3.6.1可以看出，当两个与非门一个输出高电平、另一个输出低电平时，将会有一个很大的电流从输出高电平的与非门流向输出低电平的与非门，回路电阻很小，几乎是短路，这样很容易导致门电路损坏。因此，**不允许将输出端直接并联使用，也不允许输出端直接接地或直接接电源**。

然而，在实际应用中，有时希望将多个门电路的输出端并联起来，以获得必要的逻辑功能。为此，人们专门设计生产了一种集电极开路（open collector，OC）门电路。

2．OC门的工作原理

图3.6.2所示为OC的非门电路，其中图3.6.2（a）所示为电路图，图3.6.2（b）所示为逻辑符号，菱形标志表示OC门。在图3.6.2（a）中，OC结构的非门和典型TTL非门最大的区别在于用一个外接负载电阻R_L来代替原来TTL电路中晶体三极管T_3和电阻R_3以及二极管D_2的组合。这导致晶体三极管T_4的集电极是悬空的，故称之为OC非门。

注意OC门需外接负载电阻R_L和V'_{CC}才能正常工作。外接负载电阻R_L一定要合适，才能既保证输出的逻辑要求，又不致使输出晶体三极管的电流过大。

OC门不仅可以把输出端并联，还具有线与功能以及实现输出电平转换功能。

在使用OC门电路时，可以将多个开路门的输出端直接连在一起实现输出变量之间的与逻辑运算，这种仅仅依靠线的连接实现与逻辑的方式称为线与。图3.6.3所示为两个OC与非门的线与连接电路图。

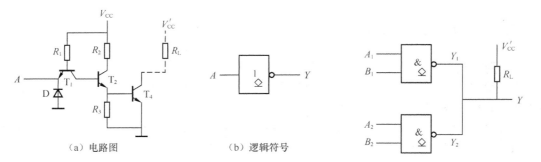

（a）电路图　　（b）逻辑符号

图 3.6.2　OC 结构的非门电路　　图 3.6.3　两个 OC 与非门的线与连接电路图

此时，输出

$$Y = Y_1 \cdot Y_2 = \overline{A_1 B_1} \cdot \overline{A_2 B_2}$$

若要求输出的高电平U_{OH}与典型TTL与非门的U_{OH}一致，只需要电源V'_{CC}取5V即可。若希望输出的高电平U_{OH}的值为10V，则应使电源V'_{CC}大于10V，同时选择适当的R_L。这样就很容易实现TTL与CMOS器件互联。

> **您知道吗？**
>
> 除与非门具有OC结构外，其他门电路大多都有OC结构。
>
> 许多中规模及大规模集成的TTL电路中，输出级也都采用OC结构。

3.6.2　OC 门的 Multisim 仿真

1．基于OC门的两地控制照明电路分析

OC门一个主要的用途是可用作驱动器，可以驱动发光二极管（light emitting diode，LED）电路，也可以直接驱动负载。图3.6.4所示为基于OC门的两地控制照明电路，它是通过同或OC门电路并借助继电器实现对照明电路的两地控制的。

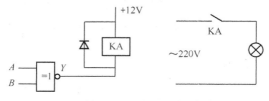

图 3.6.4　基于 OC 门的两地控制照明电路

只要在*A*地或*B*地设置的两个开关中有一个输入为高电平，那么同或门（异或非）的输出*Y*就为0，此时继电器线圈得电导通，继电器常开触点闭合控制灯泡发光。

请您使用Multisim软件画出仿真电路，自行验证。请问如果在家里实际使用这样的照明电路还需要怎么改造，应增加什么器件？

2．两地控制照明电路之OC门与普通门对比

图3.6.5所示为普通门电路实现两地控制照明电路图。两个开关中只有一个接高电平（*A*地开关闭合，接高电平）时，异或门74LS86输出为高电平，晶体三极管饱和导通，继电器线圈得电，继电器触点闭合，照明回路闭合，灯泡发光。当*A*、*B*地的两个开关取值相同时，异或门74LS86输出就为低电平，晶体三极管截止，继电器线圈失电，灯泡不亮。即利用晶体三极管驱动继电器从而实现控制。

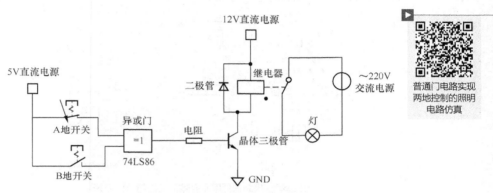

图 3.6.5　普通门电路实现两地控制照明电路图

图3.6.6所示为OC门实现两地控制照明电路图。先通过异或运算，然后利用OC输出的非门74LS05直接驱动继电器来实现控制。当两个异地开关取值不同（*B*地开关闭合）时，异或门74LS86输出为高电平，而非门74LS05输出为低电平，内部晶体三极管T_4饱和导通，继电器线圈得电，继电器触点闭合，照明回路闭合，灯泡发光。当*A*、*B*地的两个开关取值相同时，异或门输出为低电平，非门输出为高电平，继电器线圈失电，灯泡不亮。

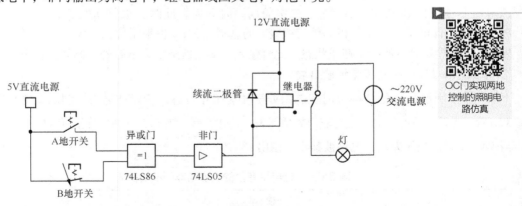

图 3.6.6　OC 门实现两地控制照明电路图

您更喜欢哪一种呢？您现在明白它们之间的区别了吗？

3.6.3 三态门

虽然OC门可以使输出端并联，也可以实现线与逻辑功能。但是由于其外接负载电阻R_L的值不能取得太小，同时省去了有源负载，使得负载能力有所下降。为了既能实现高速的逻辑功能，又能提高负载能力，人们研制出了三态门电路（tristate gate）。

三态门的输出有3种可能的状态，除了可以输出高、低电平的状态以外，还有被称为高阻态的第三种状态，又称开路状态。

三态门是在普通门电路的基础上加上控制电路而成的。图3.6.7所示为控制端低电平有效的三态与非门电路。图3.6.7（a）中$\overline{EN}$为控制端或使能端，A、B为数据输入端。图3.6.7（b）中"▽"表示三态门，控制端的"○"表示低电平有效。

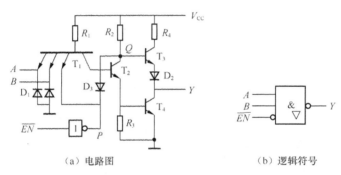

（a）电路图　　　　　　　　　　　（b）逻辑符号

图 3.6.7　控制端低电平有效的三态与非门电路

当$\overline{EN}=0$（低电平有效，假设输入为0.3V）时，非门输出逻辑$P=1$，U_P为高电平，二极管D_3截止。此时电路的工作状态等同于集成TTL与非门的，其输出完全取决于输入A、B的状态。电路的逻辑关系为$Y=\overline{AB}$。这种状态称为三态门的使能工作状态。

当$\overline{EN}=1$（高电平失效，假设输入为5V）时，非门输出逻辑$P=0$，U_P为低电平（约为0.3V），二极管D_3导通，Q点的电位被钳位在1.0V，晶体三极管T_3的基极电位U_{B3}等于Q点电压，该电压不能同时让晶体三极管T_3、二极管D_2同时导通。此时二极管D_2处于截止状态。又由于$P=0$，U_P为低电平，多发射极晶体三极管T_1的基极电位U_{B1}也被钳位在1.0V，也不可能让晶体三极管T_2、T_4导通，只能处于截止状态。此时输入、输出被阻断，电路处于高阻态，电路禁止输入端A、B的信号经门电路传递到输出端。

图3.6.7所示电路在$\overline{EN}=0$时三态门处于使能工作状态，所以被称为控制端低电平有效。表3.6.1所示为低电平有效的三态与非门的功能表。具体而言，当$\overline{EN}=0$时，使能有效，输出$Y=\overline{AB}$；当$\overline{EN}=1$时，使能失效，电路被禁止，输出$Y=Z$。

表3.6.1　低电平有效的三态与非门的功能表

输入	输出	备注
$\overline{EN}=0$	$Y=\overline{AB}$	使能有效，输出与非逻辑
$\overline{EN}=1$	$Y=Z$	使能失效，输出高阻态

如果把低电平有效的三态与非门的功能表按真值表形式列出，那么可得表3.6.2所示的真

值表。

表 3.6.2 低电平有效的三态与非门的真值表

控制端	输入		输出	备注
	A	B	Y	
$\overline{EN}=0$	0	0	1	输出逻辑功能
	0	1	1	
	1	0	1	
	1	1	0	
$\overline{EN}=1$	×	×	$Y=Z$	输出高阻态

除了低电平有效的三态门以外，还有一种是控制端高电平有效的三态门，当 $EN=1$ 时，电路处于使能工作状态。图3.6.8所示为控制端高电平有效的三态与非门电路。

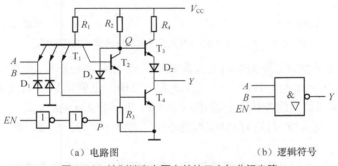

（a）电路图　　　　　　　（b）逻辑符号

图 3.6.8　控制端高电平有效的三态与非门电路

当 $EN=1$ 时，也就是当控制端为高电平时，电路处于使能工作状态，此时输出 $Y=\overline{AB}$ ；当 $EN=0$ 时，也就是当控制端为低电平时，电路被禁止，处于高阻态，此时输出 $Y=Z$ 。表3.6.3所示为高电平有效的三态与非门的功能表。

表 3.6.3　高电平有效的三态与非门的功能表

输入	输出	备注
$EN=1$	$Y=\overline{AB}$	使能有效，输出与非逻辑
$EN=0$	$Y=Z$	使能失效，输出高阻态

在TTL门电路中，除了与非门具有三态门结构外，反相器、与门、或非门等也具有三态门结构。而且许多集成电路也采用三态输出电路结构。如74LS125是低电平有效的三态数据传输门。表3.6.4所示为74LS125的功能表。

表 3.6.4　74LS125 的功能表

输入	输出	备注
$\overline{EN}=0$	$Y=A$	使能有效，实现缓冲作用
$\overline{EN}=1$	$Y=Z$	使能失效，输出高阻态

在芯片使能（ $\overline{EN}=0$ ）时，输出跟随输入信号变化而变化；在芯片使能失效（ $\overline{EN}=1$ ）时，

74LS126高电平
有效的三态数据传
输门的功能验证

输入、输出被隔离，输出不再跟随输入变化。

而74LS126是高电平有效的三态数据传输门。在芯片使能（$EN=1$）时，输出跟随输入变化；在芯片使能失效（$EN=0$）时，输入、输出被隔离，输出不再跟随输入变化。

图3.6.9所示为74LS126高电平有效的三态数据传输门的功能验证。

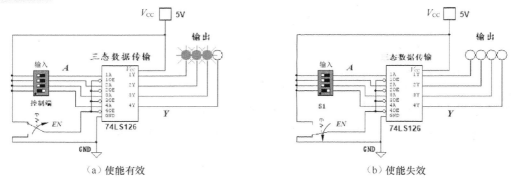

（a）使能有效 （b）使能失效

图 3.6.9 74LS126 高电平有效的三态数据传输门的功能验证

图3.6.9（a）中输入为A（开关拨向上接高电平，向下接低电平），输出为Y（指示灯亮为1，不亮为0），可知$A = A_1A_2A_3A_4 = 1110$，$Y = Y_1Y_2Y_3Y_4 = 1110$。也就是当控制端接高电平，即$EN=1$时，$Y=A$，芯片能实现数据缓冲功能。在图3.6.9（b）中同样$A = A_1A_2A_3A_4 = 1110$，但是输出却是$Y = Y_1Y_2Y_3Y_4 = 0000$。究其原因是当控制端接低电平（$EN=0$）时，$Y=Z$，输入、输出被隔离，不再有逻辑关系。

在数字电路中，三态门具有很重要的作用，常常可以用来构成数据总线、信号双向传输、多路开关等电路。

（1）三态门构成数据总线电路

总线（bus）是计算机各种功能部件之间传送信息的公共通信干线。三态门最重要的一个用途是多个三态门的输出端可以共同连接在一起，实现同一根总线能够传输多个不同的数据或控制信号。图3.6.10所示为三态非门构成的单向总线结构。

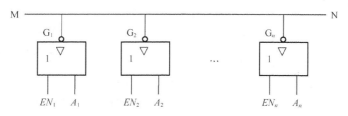

图 3.6.10 三态非门构成的单向总线结构

在图3.6.10中，连接多个三态门输出信号的M-N线称为母线或总线。如果三态门的控制端EN_1，EN_2，…，EN_n有效，而且保证任何时刻有且仅有一个有效（接高电平），那么使能有效的三态门输出信号被送到总线上，其他三态门的控制端EN都失效（接低电平），使其处于高阻态的三态门与总线隔离，不产生信号联系。这样多路信号就可以通过总线进行单向数据传输了。不过要特别注意，**总线结构是采用分时控制方式传输数据的，任何时刻都只准许一个三态门使能有效，即处于使能工作状态，其余的三态门都应被禁止。**例如，如果要传送数据A_1，那么只能令$EN_1=1$，使G_1工作，而其他三态门使能失效必须为高阻态。采用三态门的单向总线结构，既实现了数据在总线上互不干扰，又不会导致逻辑错误，也不会损坏门电路。

（2）三态门构成信号双向传输电路

图3.6.10所示的总线结构中三态门是单向传输的，如果想要双向传输数据，就必须进行改造。图3.6.11所示是由三态门组成的信号双向传输电路，是由两个三态输出反相器反向并联构成的双向传输电路。当$\overline{EN}=0$时，信号自左向右传输，$A_2=\overline{A_1}$；当$\overline{EN}=1$时，信号自右向左传输，$A_1=\overline{A_2}$。

（3）三态门构成多路开关电路

图3.6.12所示为由三态门组成的多路开关电路，是由两个三态输出反相器并联构成的多路开关电路。其工作原理是，当$\overline{EN}=0$时，G_1门使能，G_2门禁止，$Y=\overline{A}$；当$\overline{EN}=1$时，G_2门使能，G_1门禁止，$Y=\overline{B}$。这里G_1门、G_2门构成两个开关，根据需要可将A、B信号反相后送到输出端。

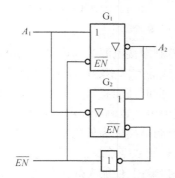

图 3.6.11　由三态门构成的信号双向传输电路

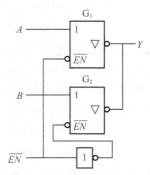

图 3.6.12　由三态门构成的多路开关电路

3.6.4　三态门电路的实践与仿真

1．三态门实现多路开关电路的Multisim仿真

图3.6.13所示为多路开关电路的功能Multisim仿真验证图。图3.6.13（a）中控制端接地，即$\overline{EN}=0$，三态门A使能有效；非门74LS04N输出为1，三态门B使能失效；此时A的信号传送到输出端，$Y=A$。

图3.6.13（b）中控制端接电源，即$\overline{EN}=1$，三态门A使能失效；非门74LS04N输出0，三态门B使能有效；此时B的信号传送到输出端，$Y=B$。

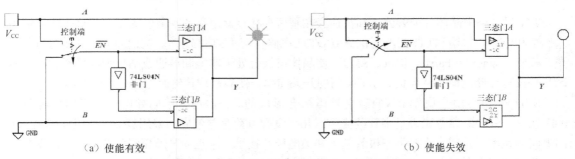

（a）使能有效　　　　　　　　　　（b）使能失效

图 3.6.13　多路开关电路的功能 Multisim 仿真验证图

2．三态门实现总线结构的Multisim仿真

图3.6.14所示为总线结构的功能Multisim仿真验证图。

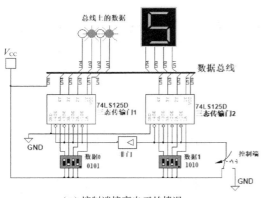

（a）控制端接高电平的情况

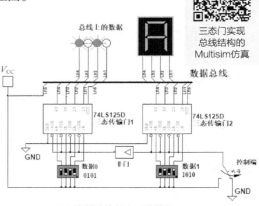

（b）控制端接低电平的情况

图 3.6.14　总线结构的功能 Multisim 仿真验证图

图3.6.14（a）所示为控制端接高电平的情况。由于控制端接电源为高电平，74LS125D三态传输门2控制端接高电平而失效，数据1（值为1010）与总线隔离，不能传输到数据总线。但是此时非门输出为0，74LS125D三态传输门1控制端接低电平，此时使能有效，因此可以将数据0（值为0101）传输到数据总线上，这样数据总线上的数据就是0101，数码管显示"5"。

图3.6.14（b）所示为控制端接低电平的情况。由于控制端接地为低电平，74LS125D三态传输门2控制端接高电平有效，可以将数据1（值为1010）传输到数据总线上，此时数据总线上的数据就为1010，数码管显示"A"。由于非门输出为1，三态传输门1使能失效，数据0（值为0101）与总线隔离，不能传输数据。

这里只控制了两个三态传输门，如果还有更多的三态传输门要控制该怎么办呢？实际的总线控制又在此基础上做什么样的改进呢？

您知道吗？

现在使用的芯片绝大多数都是抗饱和的，您知道它的工作原理吗？

3.7　抗饱和 TTL 电路

TTL门电路中晶体三极管因饱和往往会在基区存在存储电荷的现象。为了消除这个现象而引入抗饱和电路。抗饱和TTL门电路也称SBDTTL电路，简称STTL电路。抗饱和电路利用肖特基势垒二极管（schottky barrier diode，SBD）使晶体三极管处于非饱和导通或临界饱和导通状态，基区几乎没有存储电荷，从而提高了TTL门的开关速率，使其平均传输时间可缩短到24ns。

SBD PN结是由金属铝和N型硅半导体结合形成的。SBD具有单向导电性，正向压降只有0.4V左右。SBD的导电能力是多数载流子，几乎没有电荷存储效应。采用SBD之所以能提高TTL门电路的速率，是因为在晶体三极管基极和集电极并接了一个正向导通压降较低的SBD。图3.7.1所示为肖特基晶体三极管电路。通常人们将其合在一起当作一个器件来看待，并且称为抗饱和

晶体三极管或肖特基晶体三极管。图3.7.1（b）所示为肖特基晶体三极管的电路符号。当晶体三极管工作在饱和区，集电结进入正向偏置以后，SBD首先会导通，并将集电结的正向电压钳位在0.4V左右。此后，从基极注入的超过驱动电流的部分将会被SBD分流，使基极电流不再增加，这样就限制了晶体三极管的饱和程度，使U_{CE}为0.3~0.4V，从而减少由存储电荷引起的开关时间，使TTL门电路的工作速度大大提高。因为SBD会对晶体三极管基极电流产生分流作用，所以使晶体三极管工作在浅饱和区，以达到抗饱和效果。

图3.7.2所示为抗饱和的TTL非门电路图，图中用电阻R_3、R_5和肖特基晶体三极管T_5组成的有源泄放电路代替图3.4.3所示的TTL集成非门电路中的电阻R_3，并为肖特基晶体三极管T_4的基极提供了一个有源泄放回路。

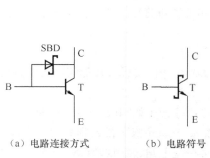

（a）电路连接方式　（b）电路符号

图 3.7.1　肖特基晶体三极管电路

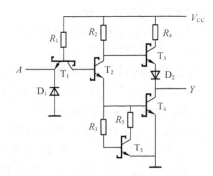

图 3.7.2　抗饱和的 TTL 非门电路

当输入端从低电平变到高电平时，肖特基晶体三极管T_2将迅速导通；由于肖特基晶体三极管T_5的基极通过电阻R_3接到肖特基晶体三极管T_2的发射极，而肖特基晶体三极管T_4的基极与肖特基晶体三极管T_2的发射极直接相连，所以在肖特基晶体三极管T_2由截止变为导通的瞬间，使得肖特基晶体三极管T_4比T_5优先导通，从而缩短了开通时间。在肖特基晶体三极管T_4导通进入稳态时，由于肖特基晶体三极管T_5导通后的分流作用，肖特基晶体三极管T_4不会再进入深度饱和状态，有利于肖特基晶体三极管T_4由饱和到截止的过渡，这样也就缩短了存储时间。

当输入端由高电平变为低电平时，肖特基晶体三极管T_2截止，此时由于肖特基晶体三极管T_5的基极和集电极分别通过电阻R_3和R_5都接到肖特基晶体三极管T_4的基极，加之肖特基晶体三极管T_5又无泄放电阻，所以肖特基晶体三极管T_5要比T_4后截止。当肖特基晶体三极管T_4由饱和变为截止时，其基区存储电荷可通过电阻R_3、R_5和肖特基晶体三极管T_5的低内阻回路进行泄放，使肖特基晶体三极管T_4得以迅速截止。因此，由电阻R_3、R_5和肖特基晶体三极管T_5组成的有源泄放回路的引入，缩短了门电路的传输延迟时间。

此外，引入有源泄放回路同时也改善了门电路的电压传输特性。在典型的TTL非门电路中，晶体三极管T_2导通而晶体三极管T_4尚未导通阶段的存在，正是产生电压传输特性线性区的原因。而引入有源泄放回路使肖特基晶体三极管T_2的发射结必须经过肖特基晶体三极管T_4或肖特基晶体三极管T_5的发射结才能导通，而肖特基晶体三极管T_4又比T_5优先导通。因此不存在肖特基晶体三极管T_2导通而肖特基晶体三极管T_4尚未导通的阶段。可以说在抗饱和TTL非门的电压传输特性中没有线性区。图3.7.3所示为抗饱和非门电路的电压传输特性曲线。

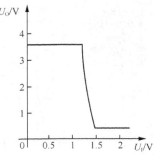

图 3.7.3　抗饱和非门电路的电压传输特性曲线

3.8 TTL 集成门电路的使用方法

1．TTL集成门电路系列介绍

TTL集成门电路的特点是速度快，但集成度不高。其主要系列如下。

① 74、74H系列是早期的产品，正在被淘汰。

② 74S系列是TTL的肖特基系列，采用肖特基晶体三极管，速度较快，但品种较少。

③ 74AS系列是74S系列的后继产品，速度有显著提高，被称为先进超高速肖特基系列。

④ 74LS系列是当前TTL类型中的主要产品系列，品种和生产厂家都非常多，性价比高，在中小规模电路中应用非常普遍。

⑤ 74ALS系列是先进低功耗肖特基系列，属于74LS系列的后继产品，速度、功耗等方面都有较大的改进，但价格比较高。

2．TTL集成芯片引脚识别

TTL集成芯片大部分是DIP的。图3.8.1所示为74LS00与非门集成芯片的实物与引脚排列。

TTL集成芯片的引脚的识别方法如下。

先将集成芯片水平放置并且使缺口朝左，正对芯片标记（如74LS00），从带小圆点或标记位（一般从左下角）的编号开始按逆时针方向以1, 2, 3, …顺序依次排列到最后一引脚（在左上角）。在DIP的标准TTL集成电路中，电源端V_{CC}一般排在左上角，接地端GND一般排在右下端。

（a）实物　　　　（b）引脚排列

图 3.8.1　74LS00 与非门集成芯片的实物与引脚排列

如74LS00共有14个引脚，其中14引脚接V_{CC}，7引脚接GND。如果集成芯片引脚的功能标号为NC，表示该引脚为空脚，与内部电路无连接。

以后为了研究和学习的方便，不再画出与非门的实物图，而只是画出图3.8.2所示的与非门74LS00芯片引脚排列与功能图。

与非门74LS00芯片有4个独立的与非门，分别用下标标注。A、B是两个输入变量，Y是输出变量，其逻辑表达式为$Y = \overline{AB}$。除了两个输入变量的与非门74LS00外，常用的与非门芯片有三输入的与非门74LS10，其逻辑表达式为$Y = \overline{ABC}$；四输入的与非门74LS20，其逻辑表达式为$Y = \overline{ABCD}$。图3.8.3所示为74LS20芯片引脚排列与功能图。

与非门74LS00
芯片引脚排列与
功能仿真

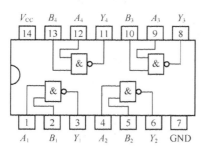

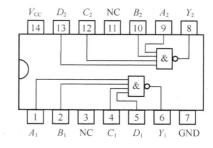

图 3.8.2　与非门 74LS00 芯片引脚排列与功能图　　　图 3.8.3　与非门 74LS20 芯片引脚排列与功能图

3．使用TTL集成芯片的注意事项

在使用TTL集成芯片的过程中，应遵循以下注意事项。

① 接插集成芯片时，要认清定位标记，不能插反。

② 电源电压应严格保持在(5V ± 10%)的范围内，过高则易损坏器件，过低则不能正常工作。使用时应特别注意电源与地线不能错接，否则会因电流过大而造成器件损坏。

③ 输入端的处理方法。

a. 悬空，相当于接高电平，但易受外界干扰，可能导致电路的逻辑功能不正常。对于一般小规模集成电路，其数据输入端允许悬空处理。

b. 直接接电源V_{CC}（也可以串接1 ~ 10kΩ的电阻），或者接固定的电压（2.4V≤U≤5V），或者与输出高电平的端子相接。这些情况下输入逻辑状态相当于"1"。

c. 直接接地、接固定的电压（0V≤U≤0.7V），或者与输出低电平的端子相接。这些情况下输入逻辑状态相当于"0"。

d. 若前级驱动能力允许，也可以与使用的输入端并联。

e. 输入端通过电阻接地，电阻值的大小会直接影响电路所处的状态。当R≤0.7kΩ时，输入端相当于接入逻辑"0"；当R≥2.5kΩ时，输入端相当于接逻辑"1"。

> **您知道吗？**
>
> 闲置的与门、与非门中多余的输入端可以接到电源上，或通过一个合适的电阻连到电源上。若前级驱动能力强，则可将多余的输入端与使用端并接。
>
> 闲置的或门、或非门的输入端可以直接接地。

④ 输出端的接线要求。

a. 输出端不允许直接连接电源或接地（但必要时可通过负载电阻与电源相连）。

b. 输出端不允许直接并联使用（OC门和三态门除外）。

⑤ 应考虑电路的扇出系数。一定要留有余地，以免影响电路的正常工作，扇出系数可通过查阅器件手册或计算获得。

3.9　CMOS 逻辑门电路

逻辑门电路分为TTL双极型逻辑门电路和CMOS单极型逻辑门电路（简称CMOS逻辑门电路）两大类。CMOS逻辑门电路由于具有耗电少、抗干扰能力强、体积小、工艺简单等优点，目前被广泛用于中、大规模集成电路，如存储器和微处理器等。与TTL双极型逻辑门电路相比，CMOS逻辑门电路的主要缺点是开关速度较慢、驱动能力弱。

由于在MOS管中只有一种极性的载流子（电子或空穴）参与导电，所以MOS逻辑门电路又称单极型逻辑门电路。在逻辑门电路中采用MOS管有N沟道和P沟道之分，每一种又有增强型和耗尽型两种。在数字电路中，多采用增强型。由N沟道或P沟道增强型MOS管所构成的逻辑门电路分别称为NMOS逻辑门电路或PMOS逻辑门电路。CMOS逻辑门电路是由PMOS和NMOS共同组成的互补型MOS逻辑门电路。

MOS管是一种电压控制的开关元件。根据MOS管的特性曲线，工作区分为截止区、恒流区和可变电阻区。在数字电路中，MOS管工作在截止区或者可变电阻区，恒流区只是一个转瞬即逝的过渡状态。在一定的漏源电压U_{DS}的作用下，使MOS管由不导通变为导通的临界栅源电压称为开启电压U_{TH}。

图3.9.1所示为NMOS开关特性电路图，其中图3.9.1（a）所示为电路图，图3.9.1（b）所示为截止时的等效电路图，图3.9.1（c）所示为导通时的等效电路图。

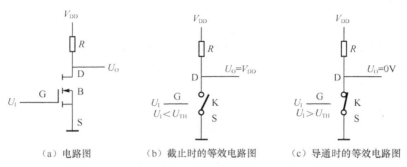

（a）电路图　　　（b）截止时的等效电路图　　　（c）导通时的等效电路图

图 3.9.1　NMOS 开关特性电路图

当NMOS管栅源电压U_{GS}小于其开启电压$U_{TH} = 2V$时，将处于截止状态。即$U_I < U_{TH} = 2V$时，NMOS管处于截止状态，此时等效开关K为断开状态，输出$U_O = V_{DD}$属于高电平。当U_{GS}大于U_{TH}时，即$U_I > U_{TH} = 2V$，NMOS管将处于导通状态。NMOS管导通之后，如同一个闭合的开关，输出$U_O = 0V$属于低电平。

图3.9.2所示为PMOS开关特性电路图，其中图3.9.2（a）所示为电路图，图3.9.2（b）所示为截止时的等效电路图，图3.9.2（c）所示为导通时的等效电路图。

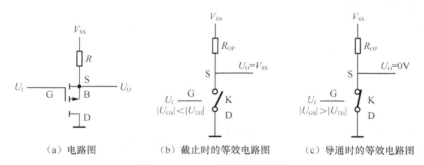

（a）电路图　　　（b）截止时的等效电路图　　　（c）导通时的等效电路图

图 3.9.2　PMOS 开关特性电路图

当PMOS管栅源电压$|U_{GS}|$小于其开启电压$|U_{TH}| = 2V$时，将处于截止状态。即输入电压为$U_I > V_{SS} - U_{TH} = 10V - 2V = 8V$时，PMOS管处于截止状态，此时等效开关K为断开状态，输出$U_O = V_{SS}$是高电平。当$|U_{GS}|$大于$|U_{TH}|$时，即输入电压$U_I < V_{SS} - U_{TH} = 8V$，PMOS管将处于导通状态。PMOS管导通之后，如同一个具有导通电阻R_{OP}的闭合开关，输出$U_O = 0V$是低电平。

3.9.1　CMOS 常规门电路

1．CMOS反相器

图3.9.3所示为CMOS反相器电路图。其中T_P是P沟道增强型MOS管，T_N是N沟道增强型MOS

管，两者按照互补对称的形式连接起来便构成了CMOS反相器。

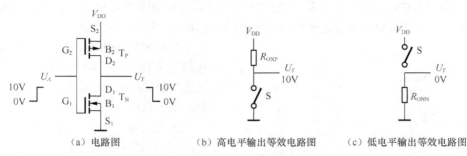

（a）电路图　　　　（b）高电平输出等效电路图　　　　（c）低电平输出等效电路图

图 3.9.3　CMOS 反相器电路图

栅极G_1、G_2连接起来作为信号的输入端，漏极D_1、D_2连接起来作为信号的输出端，T_N的源极S_1接地，T_p的源极S_2接电源V_{DD}。而且V_{DD}为10V，开启电压$|U_{TP}| = U_{TN}$，且小于V_{DD}。

当U_A = 0V时，T_N截止，T_p导通，输出电压$U_Y = V_{DD}$=10V。图3.9.3（b）所示为高电平输出等效电路图。当U_A = 10V时，T_p截止，T_N导通，输出电压U_Y= 0V。图3.9.3（c）所示为低电平输出等效电路图。将上述两种情况综合起来实现了非逻辑运算，即$Y = \overline{A}$。

2．CMOS与非门

图3.9.4所示为CMOS与非门电路。图3.9.4（a）所示电路是由两个串联的N沟道增强型MOS管和两个并联的P沟道增强型MOS管组成的。两个输入分别与一个NMOS管和一个PMOS管的栅极相接。T_{P2}和T_{N2}的栅极连接起来构成一个输入端A，T_{P1}和T_{N1}的栅极连接起来构成一个输入端B。图3.9.4（b）所示为逻辑符号。

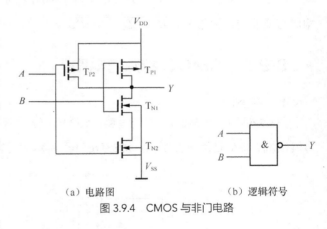

（a）电路图　　　　　（b）逻辑符号

图 3.9.4　CMOS 与非门电路

当输入端A、B全为低电平（0V）时，T_{N1}、T_{N2}均截止，T_{P1}、T_{P2}均导通，输出为高电平U_{OH}，且$U_{OH} = V_{DD} = 10V$；当任何一个输入端为低电平时，与它相连的NMOS管截止，而与它相连的PMOS管导通，输出也为高电平U_{OH}，且$U_{OH} = V_{DD}$；当A、B全为高电平时，T_{P1}、T_{P2}均截止，T_{N1}、T_{N2}均导通，输出为低电平U_{OL}，且$U_{OL} = 0V$。综上所述，可得表3.9.1所示的CMOS与非门的输入输出电压关系和真值表。

表 3.9.1　CMOS 与非门的输入输出电压关系和真值表

输入电压		输出电压	输入		输出
U_A/V	U_B/V	U_Y/V	A	B	Y
0	0	10	0	0	1
0	10	10	0	1	1
10	0	10	1	0	1
10	10	0	1	1	0

由真值表可知，电路实现的是与非逻辑，即$Y = \overline{AB}$。

3．CMOS或非门

图3.9.5所示为CMOS或非门电路。图3.9.5（a）所示是由两个并联的N沟道增强型MOS管和两个串联的P沟道增强型MOS管组成的CMOS或非门电路图。每一个输入分别与一个NMOS管和

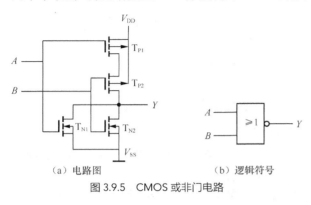

一个PMOS管的栅极相接。T_{P2}和T_{N2}的栅极连接起来构成一个输入端B，T_{P1}和T_{N1}的栅极连接起来构成一个输入端A。图3.9.5（b）所示是逻辑符号。

当输入端A、B全为低电平（0V）时，T_{N1}、T_{N2}均截止，T_{P1}、T_{P2}均导通，输出为高电平U_{OH}，且$U_{OH} = V_{DD} = 10V$；当任何一个输入端为高电平时，与它相连的NMOS管导通，而与它相连的PMOS管截止，输出为低电平U_{OL}，且$U_{OL} = 0V$。

（a）电路图　　　（b）逻辑符号

图 3.9.5　CMOS 或非门电路

4．CMOS与门、或门以及与或非门

在基本CMOS与非门电路的输出端再加上一个反相器，便构成了与门。同理，在基本CMOS或非门电路的输出端再加上一个反相器，便构成了或门。同样，用3个与非门和一个反相器就可构成与或非门，因为 $Y = \overline{AB + CD} = \overline{\overline{AB} \cdot \overline{CD}}$。

3.9.2　CMOS 特殊门电路

1．三态门

图3.9.6所示为CMOS三态门电路。图3.9.6（a）所示为电路图。其中A是信号输入端，Y是信号输出端，$\overline{EN}$ 是信号控制端。图3.9.6（b）所示为逻辑符号。

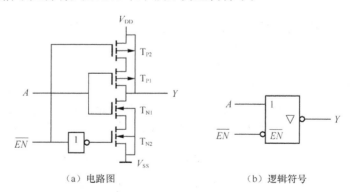

（a）电路图　　　（b）逻辑符号

图 3.9.6　CMOS 三态门电路

当$\overline{EN} = 1$时，T_{P2}、T_{N2}均截止，输出Y与地和电源都断开，输出端呈现为高阻态。当$\overline{EN} = 0$时，T_{P2}、T_{N2}均导通，T_{P1}、T_{N1}构成反相器。所以电路的输出有高阻态、高电平和低电平这3种状态，是一种三态门。

2．CMOS漏极开路门

图3.9.7所示为CMOS漏极开路门电路，其中图3.9.7（a）所示为电路图，图3.9.7（b）所示为

逻辑符号。

CMOS漏极开路门（OD门）的特点如下。

（1）电路输出MOS管的漏极是开路的，工作时必须外接电源V'_{DD}和电阻R_D，电路才能正常工作。

（2）可以实现线与功能。

（3）可以实现逻辑电平变换。因为漏极开路门必须外接电源V'_{DD}，输出高电平随V'_{DD}的不同而改变，所以能够方便地实现逻辑电平变换。

（4）负载能力强。

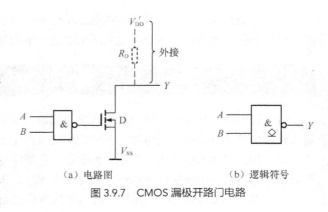

(a) 电路图   (b) 逻辑符号

图 3.9.7 CMOS 漏极开路门电路

3.9.3 CMOS 产品系列和使用注意事项

1．CMOS产品系列

CMOS集成电路是一种微功耗的集成电路。其主要系列如下。

① 标准型4000B/4500B系列。这个系列最大的特点是工作电源电压范围大（3～18V）、功耗最小、速度较低、品种多、价格低廉，是目前CMOS集成电路的主要应用产品。

② 74HC系列。这个系列是高速CMOS标准逻辑电路系列，具有与74LS系列等同的工作速度、低功耗及电源电压范围大等特点。74HC系列是74LS系列同序号的翻版，型号最后几位数字相同，表示电路的逻辑功能、引脚排列完全兼容。

③ 74AC系列。这个系列是先进的CMOS集成电路，具有与74AS系列等同的工作速度、低功耗及电源电压范围大等特点。

2．使用CMOS集成电路的注意事项

CMOS集成电路由于输入电阻很高而极易受静电电荷影响。为了防止产生静电击穿，在使用CMOS 集成电路时，必须采取以下预防措施。

① CMOS存放时要屏蔽信号。一般要存放在金属容器中，也可用金属丝将引脚短路。

② CMOS电源连接和选择。V_{DD}端接电源正极，V_{SS}端接电源负极（地）。绝对不允许接错，否则会因电流过大而损坏器件。对于电源电压范围为3～18V的器件，如CC4000系列，V_{DD}通常接5V电源；对于电源电压范围为8～12V的器件，V_{DD}电压选在电源变化范围的中间值，可选择$V_{DD} = 10V$。

③ CMOS输入端的处理。不用的输入端应该按逻辑要求来接V_{DD}或者V_{SS}，不能悬空，以免受干扰而造成逻辑混乱，甚至损坏器件。对于工作速度要求不高而要求提高负载能力时，可把输入端并联使用。对于安装在印制电路板上的CMOS 器件，为了避免输入端悬空，在电路板的输入端应接限流电阻或保护电阻。

④ CMOS输出端的处理。输出端不允许直接接到V_{DD}或V_{SS}上，否则将导致器件损坏。除三态门外，不允许两个不同芯片输出端并联使用。

⑤ CMOS对输入信号U_I的要求。为了防止输入保护二极管因正向偏置而损坏，输入电压必须处在V_{DD}和V_{SS}之间，即$V_{SS} < U_I < V_{DD}$。没有接通电源的情况下，不允许有输入信号输入。

⑥ CMOS焊接时，一般用20W内热式电烙铁，而且烙铁要有良好的接地线。也可利用电烙铁断电后的余热快速焊接。禁止在电路通电的情况下焊接。

本章小结

（1）逻辑代数从理论上解决了输入变量到输出变量的逻辑关系问题。门电路从硬件上实现了输入到输出的逻辑关系。门电路是实现逻辑关系的电子电路。

（2）在逻辑代数中逻辑状态用1和0表示。在数字电路中逻辑状态是用电平来表示的。高电平和低电平都不是一个固定的电压值，而是一个电压范围。

（3）对于TTL集成门电路而言，高电平的典型值是3.6V，低电平的典型值是0.3V。

（4）在数字电路中，如果用1表示高电平，用0表示低电平，称为正逻辑赋值，简称正逻辑；如果用1表示低电平，用0表示高电平，称为负逻辑赋值，简称负逻辑。

（5）在数字电路中，晶体三极管工作在截止区或者饱和区，而放大区仅是一种转瞬即逝的工作状态。

（6）正逻辑的与门就是负逻辑的或门，正逻辑的或门就是负逻辑的与门。

（7）在TTL集成门电路中，当$R_I > R_{on}$时，输入端相当于接高电平，其逻辑状态为1；当$R_I < R_{off}$时，输入端相当于接低电平，其逻辑状态为0；如果$R_{off} < R_I < R_{on}$，则TTL集成门电路将处于非正常状态，可能是1也可能是0，这种情况是不允许的。

（8）在一般的TTL门电路中，无论输出是高电平还是低电平，其输出电阻都很小。所以不允许将输出端直接并联使用，只有OC门和三态门的输出端才能并联使用。

（9）三态门的输出有3种可能的状态，除了可以输出高、低电平的状态以外，还有高阻态。

（10）三态门常常被用来构成数据总线、信号双向传输、多路开关等电路。

（11）集成门电路除了TTL外，还有CMOS。CMOS逻辑门电路具有耗电少、抗干扰能力强、体积小、工艺简单等优点。与TTL双极型逻辑门电路相比，CMOS逻辑门电路的主要缺点是开关速度较慢、驱动能力弱。

（12）不管是TTL逻辑门电路还是CMOS逻辑门电路，一定要规范使用，注意相关事项。

习题

一、选择题

3.1 关于逻辑电路中的高、低电平，描述正确的是（　　）。

A．高、低电平是一个确定的电压值

B．高、低电平不是一个确定的电压，只是一个电压范围

C．高电平是确定的电压值，而低电平是一个电压范围

D．低电平是确定的电压值，而高电平是一个电压范围

3.2 正逻辑是指（　　）。

A．高电平用1表示　　　　　　　　　　B．低电平用0表示

C．高电平用1表示，低电平用0表示　　　D．高电平用0表示，低电平用1表示

3.3 习题3.3图实现的逻辑表达式是（　　）。

A. $Y = AB + C$ B. $Y = (A + B)C$ C. $Y = A + B + C$ D. $Y = ABC$

3.4 习题3.4图所示门电路实现的逻辑关系是（　　　）。

A. $Y = ABCD$ B. $Y = \overline{A + B + C + D}$ C. $Y = \overline{ABC + D}$ D. $Y = \overline{ABCD}$

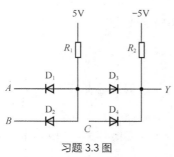 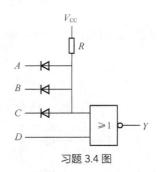

习题 3.3 图   习题 3.4 图

3.5 习题3.5图所示门电路的输出为（　　　）。

A. $Y = \overline{A}$ B. $Y = 1$ C. $Y = 0$ D. $Y = A$

3.6 习题3.6图所示门电路的输出为（　　　）。

A. $Y = Z$ B. $Y = 1$ C. $Y = 0$ D. 不能确定

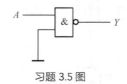 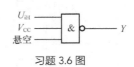

习题 3.5 图   习题 3.6 图

3.7 某TTL与非门有3个输入端A、B、C，在C输入端接一个电阻到地，要实现$Y = \overline{AB}$，那么这个电阻的取值应为（　　　）。

A. 可以任意取值   B. 大于2.5kΩ   C. 小于0.7kΩ   D. 不能确定

3.8 某TTL或门有3个输入端A、B、C，在C输入端接一个电阻到地，要实现$Y = A + B$，那么这个电阻的取值应为（　　　）。

A. 可以任意取值   B. 大于2.5kΩ   C. 小于0.7kΩ   D. 不能确定

3.9 TTL门电路在正逻辑系统中（　　　）相当于输入逻辑0。

A. 悬空   B. 通过电阻2.7kΩ接电源

C. 通过电阻2.7kΩ接地   D. 通过电阻510Ω接地

3.10 输出端可以直接连在一起实现"线与"逻辑功能的门电路是（　　　）。

A. OC门   B. 或非门   C. 三态门   D. 不存在

3.11 下列选项中不属于三态门的主要功能的是（　　　）。

A. 构成数据总线   B. 用于多路开关   C. 双向传输信号   D. 线与逻辑功能

3.12 习题3.12图所示的组合逻辑电路的逻辑表达式为（　　　）。

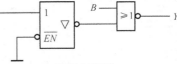

A. $Y = \overline{\overline{A}B}$ B. $Y = \overline{A}B$

C. $Y = \overline{\overline{A}\overline{B}}$ D. $Y = A\overline{B}$

习题 3.12 图

3.13 输出端可以并联使用的TTL门电路有（　　　）。

A. 三态门   B. OC门   C. 普通与非门   D. 普通异或门

二、分析应用题

3.14　请用Multisim软件仿真，试确定习题3.14图所示的电路中输出F和Y分别实现的逻辑函数。若$A = B = 0V$，$C = 5V$，二极管导通压降为0.7V，则输出F和Y分别为多少？对应高电平还是低电平呢？

3.15　如习题3.15图所示，试确定输出Y实现的逻辑函数。

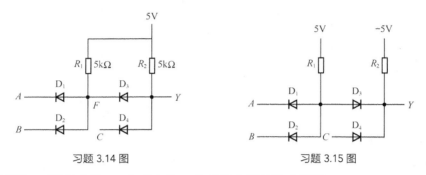

习题 3.14 图　　　　　　　　　　　　习题 3.15 图

3.16　习题3.16图所示是TTL集成电路，分析各分图的输出情况。

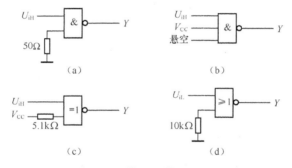

习题 3.16 图

第 **4** 章

组合逻辑电路

本章内容概要

本章介绍组合逻辑电路的分析和设计方法以及常用组合逻辑电路。

读者思考：如何求解已知电路的逻辑功能？如何设计实现规定逻辑功能的电路？计算机的加、减法运算如何实现？

⚙ 本章重点难点

组合逻辑电路的分析和设计方法；典型组合逻辑电路的结构特点分析；芯片功能正确使用。

⚙ 本章学习目标

（1）掌握组合逻辑电路的分析方法，会分析给定逻辑电路的功能；

（2）掌握组合逻辑电路的设计方法，会根据现实问题设计逻辑电路；

（3）掌握加法器、比较器电路的设计过程，会使用芯片；

（4）掌握编码器、译码器的功能，能通过译码器芯片设计实现逻辑函数；

（5）理解数据选择器和分配器的功能，能通过数据选择器芯片设计实现逻辑函数；

（6）理解组合逻辑电路中的竞争冒险，能判断险象，懂得消除险象的方法。

数字电路按逻辑功能的特点分为两大类，一类是组合逻辑电路（combinational logic circuit）；另一类是时序逻辑电路（sequential logic circuit）。**组合逻辑电路任意时刻的输出状态只取决于同一时刻的输入状态。时序逻辑电路任意时刻的输出状态不仅取决于同一时刻的输入状态，还与电路原来的状态息息相关。**

组合逻辑电路最大的特点是输入直接决定输出，输出状态只取决于该时刻的输入状态，与以前的输入没有任何关系。

通过组合逻辑电路的分析和设计可以解决一些现实中的逻辑问题。也可以通过译码器实现任何逻辑函数，这使解决逻辑问题的方法更丰富和简洁。组合逻辑电路是根据特殊的功能而设计的经典电路，如加法器、编码器、译码器、ROM等都是组合逻辑电路的典型代表。通过它们可以解决数值计算和信息输入、输出等数字电路的基本问题。

您知道吗？

组合逻辑电路的基本单元是门电路，时序逻辑电路的基本单元是触发器。

4.1　组合逻辑电路概述

4.1.1　组合逻辑电路的特点

组合逻辑电路任意时刻的输出状态是同一时刻输入状态的组合，而与电路原来的状态无关，与其他时间的状态也无关。图4.1.1所示为组合逻辑电路示意。

图 4.1.1　组合逻辑电路示意

其中输入信号$X_1, X_2, \cdots, X_n$为二值逻辑信号，输出信号$Y_1, Y_2, \cdots, Y_n$为输入变量的函数，输出变量与输入变量间的逻辑关系可以一般地表示为

$$Y_1 = F_1(X_1, X_2, \cdots, X_n)$$
$$Y_2 = F_2(X_1, X_2, \cdots, X_n)$$
$$\cdots$$
$$Y_n = F_n(X_1, X_2, \cdots, X_n)$$

组合逻辑电路具有如下特点。

（1）组合逻辑电路的输出是输入的逻辑函数，**组合逻辑电路任意时刻的输出状态只取决于同一时刻的输入状态。**

（2）**组合逻辑电路中信号是单向传递的，信号只是从输入到输出，没有从输出到输入的反馈回路。**

（3）组合逻辑电路只由门电路组成，不包含任何可以存储信息的记忆元件，不具有记忆功能。因此门电路是组合逻辑电路的基本单元。

4.1.2 组合逻辑电路的表示法和分类

前文讲过的逻辑函数的表示法同样适用于组合逻辑电路，如真值表、逻辑图、卡诺图、逻辑表达式、波形图等都可以用来表示组合逻辑电路的逻辑功能。

组合逻辑电路按照逻辑功能不同可划分为加法器、比较器、编码器、译码器、数据选择器、数据分配器、ROM等。组合逻辑电路按照开关元件种类不同可分为CMOS电路、TTL电路。

4.2 组合逻辑电路的分析和设计方法

> **您知道吗？**
>
> 组合逻辑电路的分析就是根据给定的组合逻辑电路图确定电路的逻辑功能的过程。组合逻辑电路的设计就是根据给定的实际逻辑问题，求得实现其逻辑功能的逻辑电路的过程。

4.2.1 组合逻辑电路的分析方法

组合逻辑电路的分析，具体而言就是根据给定的组合逻辑电路图，求解电路输出信号和输入信号之间的逻辑关系，最后确定电路的逻辑功能。图4.2.1所示为组合逻辑电路分析步骤。

分析组合逻辑电路时应该遵循的步骤如下。

（1）根据给定的组合逻辑电路图写出输出函数的逻辑表达式。

（2）化简逻辑函数，获取输出函数的最简与或逻辑表达式。

（3）列出输出函数的真值表。

（4）根据真值表或逻辑表达式确定电路的逻辑功能。

在设计完成后进行的分析，目的是确定输入变量在不同取值时的功能是否满足设计要求。

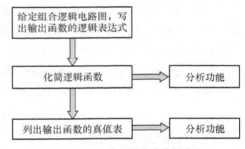

图 4.2.1 组合逻辑电路分析步骤

4.2.2 组合逻辑电路分析方法的实践与 Multisim 仿真

1．组合逻辑电路分析示例

例4.2.1 试分析图4.2.2所示组合逻辑电路的逻辑功能，并画出逻辑图。

解：按照组合逻辑电路的分析步骤进行。

（1）根据电路图写出函数对应的逻辑表达式为

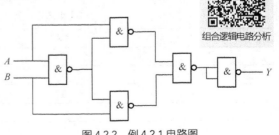

图 4.2.2 例 4.2.1 电路图

$$Y = \overline{\overline{\overline{\overline{A \cdot A \cdot B} \cdot \overline{B \cdot A \cdot B}}}}$$

（2）将逻辑表达式化简为

$$Y = \overline{\overline{\overline{\overline{A \cdot A \cdot B} \cdot \overline{B \cdot A \cdot B}}}} = \overline{\overline{A \cdot A \cdot B}} \cdot \overline{\overline{B \cdot A \cdot B}} = \overline{A \cdot A \cdot B} + \overline{B \cdot A \cdot B}$$

$$= \overline{\overline{A \cdot B}(A + B)} = \overline{(\overline{A} + \overline{B})(A + B)} = \overline{\overline{AB} + \overline{\overline{AB}}}$$

$$= AB + \overline{\overline{AB}}$$

（3）列出逻辑表达式对应的真值表，如表4.2.1所示。

表 4.2.1　逻辑表达式对应的真值表

输入		输出
A	B	Y
0	0	1
0	1	0
1	0	0
1	1	1

（4）分析逻辑功能。从真值表可看出，该电路的逻辑功能是输入信号A和B相同时，输出为1；A和B不相同时，输出为0。这是同或逻辑关系。

（5）画出逻辑功能对应的逻辑图，如图4.2.3所示。既可以画成图4.2.3（a）所示的同或形式，也可以画成图4.2.3（b）所示的异或非形式。

（a）同或逻辑图　　　　（b）异或非逻辑图

图 4.2.3　逻辑图

例4.2.2 试分析图4.2.4所示电路的逻辑功能。

解：（1）由电路图可以写出输出Y的逻辑表达式为

$$Y = \overline{\overline{AB} \cdot \overline{BC} \cdot \overline{AC}}$$

（2）将逻辑表达式化简为

$$Y = \overline{\overline{AB} \cdot \overline{BC} \cdot \overline{AC}} = AB + BC + AC$$

（3）列出逻辑表达式对应的真值表，如表4.2.2所示。

（4）分析逻辑功能。由真值表可知，输入信号A、B、C中只要2个及2个以上为1，输出就为1。所以该电路是多数表决逻辑功能电路。

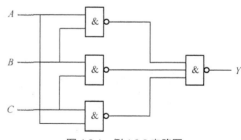

图 4.2.4　例 4.2.2 电路图

表 4.2.2　例 4.2.2 对应的真值表

输入			输出
A	B	C	Y
0	0	0	0
0	0	1	0
0	1	0	0
0	1	1	1

续表

输入			输出
A	B	C	Y
1	0	0	0
1	0	1	1
1	1	0	1
1	1	1	1

2．组合逻辑电路分析的Multisim仿真训练

例4.2.3 试用Multisim仿真软件分析图4.2.5所示电路的逻辑功能。

解：（1）由给定的电路图如实画出Multisim仿真验证图。

根据图4.2.5所示的电路图，可以画出图4.2.6所示的组合逻辑电路分析的功能Multisim仿真验证图。

组合逻辑电路分析的Multisim仿真

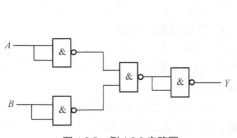

图 4.2.5 例 4.2.3 电路图

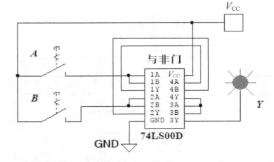

图 4.2.6 组合逻辑电路分析的功能 Multisim 仿真验证图

（2）通过运行仿真程序获得给定电路的真值表。

运行仿真程序，依次获取输入、输出的逻辑关系，最后可获得表4.2.3所示的Multisim仿真验证图对应的真值表。

表 4.2.3　Multisim 仿真验证图对应的真值表

输入		输出
A	B	Y
0	0	1
0	1	0
1	0	0
1	1	0

（3）根据真值表，分析逻辑功能。

由真值表可知，给定电路是或非电路，对应的逻辑表达式为 $Y = \overline{A+B}$。

4.2.3　组合逻辑电路的设计方法

组合逻辑电路的设计是根据给定的实际逻辑问题，求得实现其逻辑功能的逻辑电路的过程。必要时还需考虑器件情况，设计出能实现功能的最佳逻辑电路。

在设计逻辑电路的过程中常常遵循的基本方法和步骤如下。

1．进行逻辑抽象

（1）分析需求，确定输入、输出信号之间是否满足逻辑（因果）关系。

（2）设定变量，用字母表示变量。

（3）状态赋值，即用0和1表示信号的逻辑状态，一般按正逻辑处理。

（4）列出真值表，根据功能需求关系，把输入信号的所有可能取值和相应输出以表格的形式一一列出。**输入变量取值排列顺序常按二进制数递增排列，也可按循环码排列。**

2．进行必要的化简得到最简式

既可以用卡诺图化简，也可以用公式法化简。

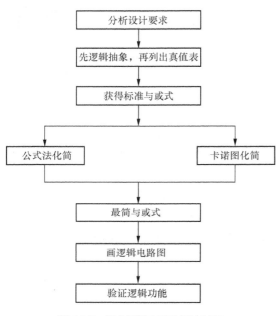

图 4.2.7　组合逻辑电路的设计过程

3．画逻辑电路图

（1）根据最简与或式，画出相应的逻辑电路图。

（2）如果需要考虑器件限制要求，那么在最简与或式的基础上变换为需要的表达式形式，再画出所需要的最简式对应的逻辑电路图。

4．验证逻辑功能

在设计的逻辑电路图上，根据设计要求验证逻辑功能满足情况，如有不足，及时修改直至满足要求。

简而言之，**组合逻辑电路的设计就是给定逻辑功能，求解逻辑电路的过程。** 组合逻辑电路的设计过程如图4.2.7所示。

一般希望所设计的组合逻辑电路为最简电路。这里的"最简"是指电路所用器件芯片最少，器件的种类最少，且器件之间的连线也最少。

4.2.4　组合逻辑电路设计方法的实践与 Multisim 仿真

1．组合逻辑电路设计的例题讲解

例4.2.4 试设计一个三人多数表决电路。

三人多数表决
电路设计与仿真

解： 表决电路是按照少数服从多数的原则对一项决议进行表决，并确定表决能否通过的电路。因为表决结果完全由参与表决成员的意见来决定，它们之间存在逻辑因果关系，所以可以用组合逻辑电路来实现。

（1）进行逻辑抽象。

若令逻辑变量A、B、C作为输入变量分别代表参加表决的3个成员，并规定成员赞成时输入变量取值为1，反对时取值为0。表决结果用逻辑函数Y表示，Y取值为0表示决议被否决，Y取值为1表示通过决议。

按照表决原则，3个成员中2个或2个以上同意时表决就通过。所以输出与输入之间的逻辑关系是当A、B、C中有2个或2个以上取值为1时，输出Y就为1，否则Y为0。因此可以列出表4.2.4所示的三人多数表决电路的真值表。

表 4.2.4　三人多数表决电路的真值表

输入			输出
A	B	C	Y
0	0	0	0
0	0	1	0
0	1	0	0
0	1	1	1
1	0	0	0
1	0	1	1
1	1	0	1
1	1	1	1

（2）根据真值表获取逻辑函数并化简，求最简与或式。

由真值表可写出 $Y(A,B,C)=\sum m(3,5,6,7)$，如果用图4.2.8所示的卡诺图化简逻辑函数，那么可得最简与或式为

$$Y = AB + BC + AC$$

（3）画逻辑电路图。

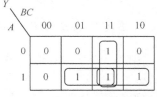

图 4.2.8　例 4.2.4 化简的卡诺图

根据最简与或式，可画出图4.2.9所示的三人多数表决逻辑电路图。

（4）如果芯片只能使用与非门实现，那么可根据

$$Y = AB + BC + AC = \overline{\overline{AB + BC + AC}} = \overline{\overline{AB}\cdot\overline{BC}\cdot\overline{AC}}$$

画出图4.2.10所示的逻辑电路图。

如果器件只能使用74LS00与非门，那么可根据 $Y = \overline{\overline{(\overline{AB}\cdot\overline{BC})}\cdot\overline{AC}}$，画出对应的逻辑电路图。

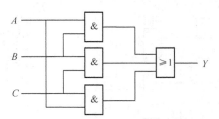

图 4.2.9　三人多数表决逻辑电路图

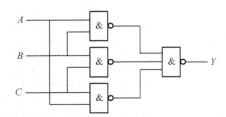

图 4.2.10　用与非门实现的三人多数表决逻辑电路图

例4.2.5　设计一个可由甲、乙两地的开关都能控制的照明控制电路，要求不管在甲地还是乙地都能打开或关闭电灯。

解：（1）设定变量和状态赋值。

设甲地开关为A，乙地开关为B，电灯为Y。并设A、B闭合时为1，断开时为0；灯亮时Y为1，灯灭时Y为0。

（2）根据需求功能列出真值表。

根据逻辑功能要求可列出表4.2.5所示的真值表。

表 4.2.5　例 4.2.5 对应的真值表

输入		输出
A	B	Y
0	0	0
0	1	1
1	0	1
1	1	0

（3）求逻辑表达式。

由真值表可得逻辑表达式为 $Y = \overline{A}B + A\overline{B} = A \oplus B$。显然，这已经是最简与或式，可以不用再化简。

（4）画逻辑电路图。

① 用异或门实现。

用异或门实现的逻辑电路如图4.2.11所示。

② 用与非门实现。

因为 $Y = \overline{A}B + A\overline{B} = \overline{\overline{\overline{A}B} \cdot \overline{A\overline{B}}}$ ，所以用与非门实现的逻辑电路如图4.2.12所示。

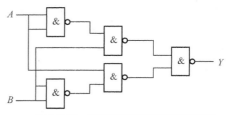

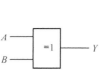

图 4.2.11　用异或门实现的逻辑电路图　　　图 4.2.12　用与非门实现的逻辑电路图

2. 组合电路设计的电路分析

例4.2.6 图4.2.13所示为四人抢答器的设计电路，您觉得它正确吗？试分析其功能，并确定图4.2.13中应该是哪位选手抢答成功了。

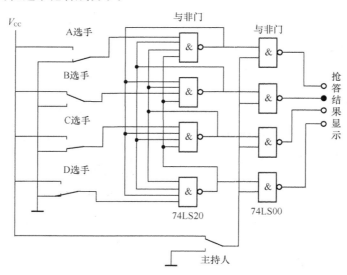

基于与非门的四人抢答器的设计电路分析与仿真

图 4.2.13　四人抢答器的设计电路

参考分析： 选手和主持人分别控制一个逻辑开关。当主持人开关接低电平时表示系统复位，不管选手的开关在什么位置，所有的指示灯都亮，验证指示灯能否正常工作。当主持人开关接高电平时，表示可以抢答。刚开始没有人进行抢答时，必须保证每个选手的抢答开关都接低电平，处于0状态，对应的74LS20与非门输出都为1。由于主持人开关已接高电平，所以抢答结果指示灯全部熄灭。如果有选手进行抢答，那么任意一位要抢答的选手将开关按下（接高电平）时，开关处于1状态，对应的74LS20与非门输出为低电平，处于0状态。此时后续的74LS00与非门输出将为高电平，使对应的抢答结果指示灯发光，显示抢答成功。同时由于74LS20与非门输出为低电平，将其余3个74LS20与非门锁死，使其他选手的抢答开关无效。

因此，图4.2.13中应该是B选手抢答成功。

> **您知道吗？**
>
> 在图4.2.13所示的基于与非门的四人抢答器的设计电路中，74LS20与非门的输出被引回输入端，电路已经具有反馈形式。此时的电路不再是组合逻辑电路，而转变成了时序逻辑电路。

3．组合电路设计的Multisim仿真训练

图4.2.14所示为四人抢答器的功能Multisim仿真验证图。它也是例4.2.6的一个仿真，读者可以试着验证一下，同时您认为该电路是否存在什么缺点？想想怎么完善？

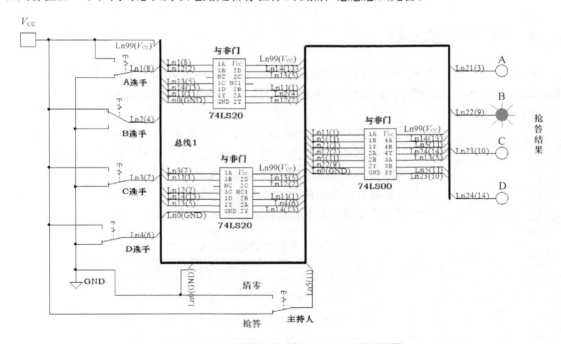

图 4.2.14　四人抢答器的功能 Multisim 仿真验证图

通过以上的设计与仿真，可以得到组合逻辑电路的设计过程示意如图4.2.15所示。

图 4.2.15　组合逻辑电路的设计过程示意

所以我们可以通过组合逻辑电路设计解决实际生活中的问题。

您知道吗？

计算机中的四则运算是通过逻辑运算实现的。

现在您能设计一个实现加法运算的电路吗？加法器怎么用逻辑运算来实现呢？

4.3 加法器

加、减、乘、除等算术运算是数字系统的基本功能，数字系统中加法器是进行求和运算的装置。加、减、乘、除都可以用加法器来实现。因此，加法器成为数字系统中基本的运算单元。

您知道吗？

两个1位二进制数加法的规则为0+0=0，0+1=1，1+0=1，1+1=10。

怎么用逻辑运算来实现两个1位二进制数加法规则呢？您想知道吗？

4.3.1　1位加法器

两个1位二进制数的加法器分为半加器和全加器。半加器是一种只考虑两个1位二进制数相加，而不考虑低位来的进位的加法电路。全加器不仅考虑两个加数本身，还考虑低位来的进位的加法电路。

1．半加器

十进制	二进制
4	100
+ 5	+ 101
9	1001

图 4.3.1　半加器运算示例

从二进制数加法的角度看，半加器只考虑了两个1位二进制数相加，并没有考虑低位来的进位，这也就是半加器一词的由来。图4.3.1所示为半加器运算示例。如果A_i和B_i表示两个同位相加的数，S_i表示两个同位数相加后本位的和，C_i表示两个同位数相加后向高位的进位，那么根据加法规则可得表4.3.1所示的半加器的真值表。

表 4.3.1　半加器的真值表

输入		输出	
A_i	B_i	S_i	C_i
0	0	0	0
0	1	1	0
1	0	1	0
1	1	0	1

根据真值表可得

$$S_i = \overline{A}_i B_i + A_i \overline{B}_i = A_i \oplus B_i$$
$$C_i = A_i B_i$$

因此，半加器电路图如图4.3.2所示，图4.3.3所示为半加器符号。

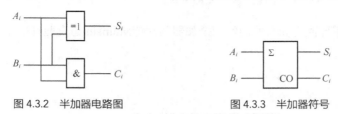

图 4.3.2　半加器电路图　　　　　　　图 4.3.3　半加器符号

2．全加器

在实际进行两个二进制数相加时，往往必须考虑从低位来的进位，这时可以采用全加器来实现。假设A_i、B_i是第i位上要进行相加的两个1位二进制数，同时还需考虑低位来的进位C_{i-1}，即相当于A_i、B_i、C_{i-1}这3个1位二进制数相加。如果设S_i为本位的和，C_i为本位向高位的进位，那么根据计算规则，全加器的真值表如表4.3.2所示。

表 4.3.2　全加器的真值表

输入			输出	
A_i	B_i	C_{i-1}	S_i	C_i
0	0	0	0	0
0	0	1	1	0
0	1	0	1	0
0	1	1	0	1
1	0	0	1	0
1	0	1	0	1
1	1	0	0	1
1	1	1	1	1

由真值表可以得到全加器的逻辑表达式为

$$S_i = \overline{A_i}\,\overline{B_i}C_{i-1} + \overline{A_i}B_i\overline{C_{i-1}} + A_i\overline{B_i}\,\overline{C_{i-1}} + A_iB_iC_{i-1} = A_i \oplus B_i \oplus C_{i-1}$$

$$C_i = \overline{A_i}B_iC_{i-1} + A_i\overline{B_i}C_{i-1} + A_iB_i\overline{C_{i-1}} + A_iB_iC_{i-1} = A_iB_i + B_iC_{i-1} + A_iC_{i-1}$$

因此，全加器的逻辑电路图如图4.3.4所示，全加器符号如图4.3.5所示。

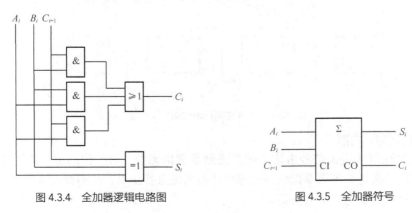

图 4.3.4　全加器逻辑电路图　　　　　　图 4.3.5　全加器符号

4.3.2 全加器的 Multisim 仿真

全加器的Multisim
仿真

图4.3.6所示为用异或门和与非门实现全加器的功能Multisim仿真验证的示例。读者可以自行验证。

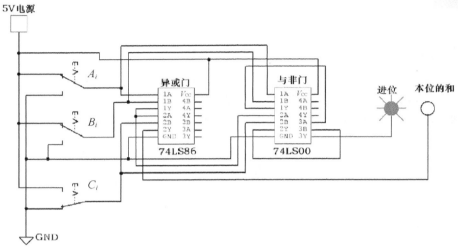

图 4.3.6 全加器的功能 Multisim 仿真验证示例

图4.3.6中按 $S_i = A_i \oplus B_i \oplus C_{i-1}$，$C_i = \overline{A_i B_i \, B_i C_{i-1} \, A_i C_i}$ 连线。请读者思考这里为什么用与非门，而不采用与门和或门？请读者画出采用与门和或门实现的仿真验证图，并进行对比。

4.3.3 多位加法器

能够实现多位二进制数相加的电路称为多位加法器。多位加法器根据进位方式的不同，分为串行进位加法器和超前进位加法器。

1. 串行进位加法器

串行进位加法器从最低位开始相加，高位相加必须在低位的进位产生后才能进行，因此也称为逐位进位加法器。图4.3.7所示为4位串行进位加法器原理，它由4个全加器级联而成。串行进位加法器虽然电路连接简单，但是运算速度慢。

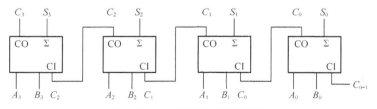

图 4.3.7 4 位串行进位加法器原理

2. 超前进位加法器

超前进位加法器的进位信号由输入的二进制数直接确定。每一位的进位都由并行输入的加数、被加数及进位决定，不再等低位进位逐次产生而是直接获得，从而有效地提高运算速度。因此，如何求取进位的表达式成为关键。

在4位超前进位加法器中，第1位全加器的输入进位信号的表达式为

$$C_0 = A_0B_0 + A_0C_{0-1} + B_0C_{0-1} = A_0B_0 + (A_0 + B_0)C_{0-1}$$

第2位全加器的输入进位信号的表达式为

$$C_1 = A_1B_1 + (A_1 + B_1)C_0 = A_1B_1 + (A_1 + B_1)[A_0B_0 + (A_0 + B_0)C_{0-1}]$$

第3位全加器的输入进位信号的表达式为

$$C_2 = A_2B_2 + (A_2 + B_2)C_1$$
$$= A_2B_2 + (A_2 + B_2)\{A_1B_1 + (A_1 + B_1)[A_0B_0 + (A_0 + B_0)C_{0-1}]\}$$

而4位超前进位加法器输出进位信号的表达式，即第3位加法运算时产生的要送往更高位的进位信号的表达式为

$$C_3 = A_3B_3 + (A_3 + B_3)C_2$$
$$= A_3B_3 + (A_3 + B_3)\{A_2B_2 + (A_2 + B_2)\{A_1B_1 + (A_1 + B_1)[A_0B_0 + (A_0 + B_0)C_{0-1}]\}\}$$

由此可见，加法器的进位可以直接由每一位加数、被加数及外部输入进位C_{0-1}的逻辑运算直接获得。图4.3.8所示为4位超前进位加法器的逻辑结构示意。它由4个全加器和相应的超前进位逻辑电路构成。

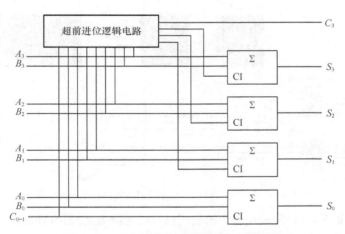

图 4.3.8　4 位超前进位加法器的逻辑结构示意

常用的4位超前进位加法器相应的TTL型号有74LS283、74LS83，CMOS型号有CC4008等。图4.3.9所示为4位超前进位加法器引脚排列示意。

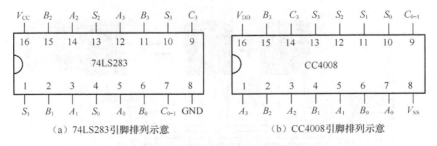

（a）74LS283引脚排列示意　　　　　　（b）CC4008引脚排列示意

图 4.3.9　4 位超前进位加法器引脚排列示意

4.3.4 加法器的实践与 Multisim 仿真

1．加法器的应用举例

例4.3.1 请用全加器实现从8421码转换成余3码。

解： 首先余3码和8421码都是二进制编码的形式，它们之间的关系是余3码在数值上总是比8421码大3（0011），或者说在8421码的基础上加上3就可得到余3码。如果8421码用$A_3A_2A_1A_0$表示，余3码用$S_3S_2S_1S_0$表示，那么图4.3.10所示为用全加器实现8421码转换为余3码的原理，其中应让$B_3B_2B_1B_0 = 0011$。请读者自行验证。

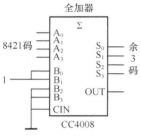

图 4.3.10 用全加器实现 8421 码转换为余 3 码的原理

2．加法器的Multisim仿真应用示例

（1）图4.3.11所示为4位超前进位加法器的功能Multisim仿真验证图。图中A的二进制数为0100，对应的十进制数是4，B的二进制数为0011，对应的十进制数是3，通过计算二进制数$A+B$，得到十进制数4+3=7的结果。请读者自行验证其他数值的计算。

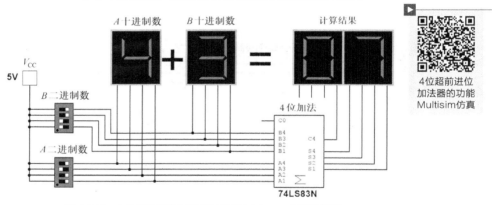

图 4.3.11 4 位超前进位加法器的功能 Multisim 仿真验证图

当然，也可以把图4.3.11看成用全加器实现8421码转换为余3码的Multisim仿真过程。如果把A作为8421码，那么输出就是余3码了。

（2）图4.3.12所示为利用Multisim仿真软件实现十进制7+6的加法运算仿真程序示例。为什么显示的是7+6=d，而不是7+6=13呢？如果想让得到的加法结果按照人们的习惯显示，应该怎么改进呢？

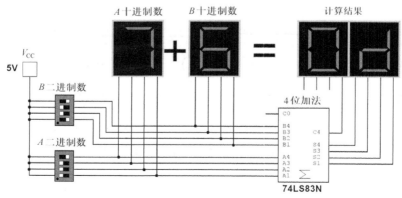

图 4.3.12 十进制 7+6 的加法运算的功能 Multisim 仿真验证图

4.4 比较器

在数字系统中往往需要对两个数进行大小比较，一般采用数值比较器。完成两个二进制数的大小比较的逻辑电路称为数值比较器，简称比较器。

4.4.1 4 位比较器

4 位比较器用于比较两个4位二进制数 $A = A_3A_2A_1A_0$ 和 $B = B_3B_2B_1B_0$ 的数值大小。如果比较结果用 L、G、M 表示，那么 $A > B$ 时，$L = 1$；$A = B$ 时，$G = 1$；$A < B$ 时，$M = 1$。

1．比较方法和输入输出之间因果关系分析

从最高位开始比较，依次逐位进行，直到比较出结果为止。

① 若 $A_3 > B_3$，即 $L_3 = 1$，则 $A > B$，$L = 1$、$G = M = 0$。

② 当 $A_3 = B_3$（即最高位相等，$G_3 = 1$）时，比较次高位。若 $A_2 > B_2$，即 $L_2 = 1$，则 $A > B$，$L = 1$、$G = M = 0$。

③ 当 $A_3 = B_3$、$A_2 = B_2$（即 $G_3 = G_2 = 1$）时，若 $A_1 > B_1$，即 $L_1 = 1$，则 $A > B$，$L = 1$、$G = M = 0$。

④ 当 $A_3 = B_3$、$A_2 = B_2$、$A_1 = B_1$（即 $G_3 = G_2 = G_1 = 1$）时，若 $A_0 > B_0$，即 $L_0 = 1$，则 $A > B$，$L = 1$、$G = M = 0$。

对于 $A > B$ 即 $L = 1$，上述4种情况是或逻辑关系。

⑤ 只有当 $A_3 = B_3$、$A_2 = B_2$、$A_1 = B_1$、$A_0 = B_0$（即 $G_3 = G_2 = G_1 = G_0 = 1$）时，才有 $A = B$，即 $G = 1$。显然，对于 $A = B$ 即 $G = 1$，G_3、G_2、G_1、G_0 是与逻辑关系。

⑥ 如果 A 既不大于 B 也不等于 B，即 $L = G = 0$，则 $A < B$ 即 $M = 1$。

2．逻辑表达式

根据上述比较方法和输入输出之间因果关系分析，可以直接写出 L、G、M 的逻辑表达式。

$$L = L_3 + G_3L_2 + G_3G_2L_1 + G_3G_2G_1L_0$$
$$G = G_3G_2G_1G_0$$
$$M = \overline{L}\,\overline{G} = \overline{L + G}$$

4.4.2 集成比较器

表4.4.1所示为集成4位比较器的真值表。其中输出 $F_{A>B}$、$F_{A=B}$、$F_{A<B}$ 分别对应逻辑表达式中的输出 L、G、M。

表 4.4.1 集成 4 位比较器的真值表

比较输入				级联输入			输出		
A_3　B_3	A_2　B_2	A_1　B_1	A_0　B_0	$A<B$	$A=B$	$A>B$	$F_{A<B}$	$F_{A=B}$	$F_{A>B}$
$A_3>B_3$	×	×	×	×	×	×	0	0	1
$A_3=B_3$	$A_2>B_2$	×	×	×	×	×	0	0	1
$A_3=B_3$	$A_2=B_2$	$A_1>B_1$	×	×	×	×	0	0	1

续表

比较输入				级联输入			输出		
A_3　B_3	A_2　B_2	A_1　B_1	A_0　B_0	$A<B$	$A=B$	$A>B$	$F_{A<B}$	$F_{A=B}$	$F_{A>B}$
$A_3=B_3$	$A_2=B_2$	$A_1=B_1$	$A_0>B_0$	×	×	×	0	0	1
$A_3=B_3$	$A_2=B_2$	$A_1=B_1$	$A_0=B_0$	0	0	1	0	0	1
$A_3=B_3$	$A_2=B_2$	$A_1=B_1$	$A_0=B_0$	0	1	0	0	1	0
$A_3=B_3$	$A_2=B_2$	$A_1=B_1$	$A_0=B_0$	1	0	0	1	0	0
$A_3<B_3$	×	×	×	×	×	×	1	0	0
$A_3=B_3$	$A_2<B_2$	×	×	×	×	×	1	0	0
$A_3=B_3$	$A_2=B_2$	$A_1<B_1$	×	×	×	×	1	0	0
$A_3=B_3$	$A_2=B_2$	$A_1=B_1$	$A_0<B_0$	×	×	×	1	0	0

图4.4.1所示为4位比较器引脚排列示意，其中图4.4.1（a）所示为TTL类型的74LS85引脚排列示意，图4.4.1（b）所示为CMOS类型的CC4585和CC14585引脚排列示意。

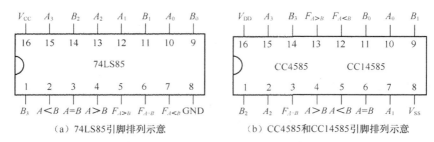

（a）74LS85引脚排列示意　　　　　　（b）CC4585和CC14585引脚排列示意

图 4.4.1　4 位比较器引脚排列示意

4.4.3　比较器的实践与 Multisim 仿真

1．比较器的功能Multisim仿真验证

图4.4.2所示为4位二进制比较器的功能Multisim仿真验证图。请读者自行验证。

4位二进制
比较器的功能
Multisim仿真

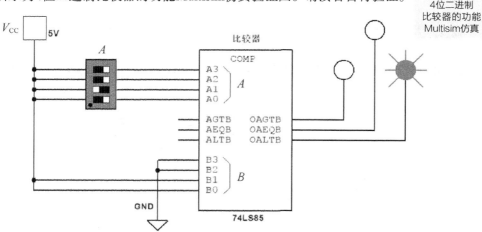

图 4.4.2　4 位二进制比较器的功能 Multisim 仿真验证图

图4.4.2中参与比较的两个数A（0010）为2，B（0011）为3。显然$A < B$，小于输出端输出为1，对应指示灯亮。

> **您知道吗？**
>
> 在比较器的Multisim仿真中，比较的两个数相同时，大于和小于两个输出端都输出高电平，即都为1。请一定要注意。

2．比较器的应用举例

例4.4.1　请用比较器修正二进制加法器显示结果。

图4.4.3所示为利用比较器修正加法器显示结果的Multisim仿真图。

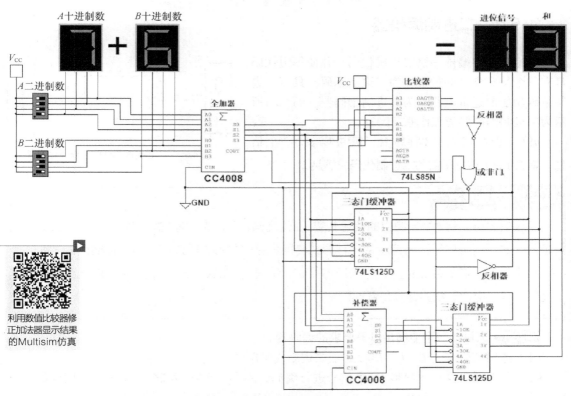

利用数值比较器修正加法器显示结果的Multisim仿真

图 4.4.3　利用比较器修正加法器显示结果的 Multisim 仿真图

图4.3.12中数值按十六进制显示，当结果有进位时，就会造成出错的假象。因此，可按图4.4.3对图4.3.12进行改造，只要把计算结果和10进行比较，如果有进位（大于9），就进行修正（在原来的数值上加6）；如果没有进位（不大于9），就直接显示结果。

4.5　编码器

为了区分不同的事物并且唯一标识事物，人们将每个事物用一个特定代码表示，这就是编码。编码时一般用文字、符号或数字表示特定的对象、事物、信息。**编码的目的是便于运算或处理，易于保密和识别**。在日常生活中，如公安部门给每位公民的身份证号、学校给每位入学的学生编制的学号、家长给孩子取的名字等都是一种编码形式。身份证号、学号是以十进制数编码的，姓名是以文字形式编码的。数字系统中采用二进制形式进行编码，相应的二进制编码称为二进制代码。

⚙ 您知道吗？

计算机编码是指将信息转换为二进制代码的过程。

许多信息是通过键盘输入的，您知道键盘的工作原理吗？

4.5.1　二进制编码器

按特定规律编排一组二进制代码，并使每组代码具有一个特定含义的过程称为二进制编码。具有二进制编码功能的逻辑电路称为二进制编码器。图4.5.1所示为二进制编码器的工作原理示意。

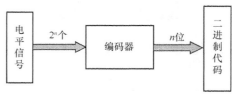

图 4.5.1　二进制编码器的工作原理示意

n位二进制代码有2^n种组合，就可以表示2^n个信息。要表示N个信息所需的二进制代码应满足$2^n \geqslant N$。

⚙ 您知道吗？

编码器可以将2^n个待编码的信息转变成n位代码，所以编码器的输出端数目一定会少于输入端数目。编码是指将信息从一种形式转换为另一种形式的过程。对于存储而言，编码缩小了信息所需的存储空间；对于通信而言，编码使传输更高效、更安全；对于数据处理而言，编码更便于数据运算和管理。

例4.5.1 试设计一个能满足以下要求的编码器。

（1）将4个输入信号I_0、I_1、I_2、I_3编成二进制代码输出。

（2）要求编码器每次只能对1个信号进行编码，不会出现2个及2个以上信号同时编码的情况。

（3）哪个通道输入信号为高电平就说明该通道请求编码。

（4）输入、输出都是高电平有效。

解：（1）分析要求，确定输入、输出变量。

输入有4个信号（即$N=4$），根据$2^n \geqslant N$的关系，可得$n=2$，所以输出应为2位二进制代码。输入变量用I_0、I_1、I_2、I_3表示，输出变量用Y_0、Y_1表示。

（2）列出真值表。

由于编码器在任何时刻只能对1个输入信号进行编码，也就是说I_0、I_1、I_2、I_3是一组互斥的变量，因此可以列出表4.5.1所示的2位二进制编码器对应的真值表。

表 4.5.1 2 位二进制编码器对应的真值表

输入	输出	
	Y_1	Y_0
I_0	0	0
I_1	0	1
I_2	1	0
I_3	1	1

（3）根据真值表写出逻辑表达式。

因为 I_0、I_1、I_2、I_3 是一组互斥的变量，所以只需要将使函数值为1的变量进行或运算，便可得到相应输出的最简与或式。即

$$Y_1 = I_2 + I_3$$
$$Y_0 = I_1 + I_3$$

（4）根据表达式画出逻辑图。

从编码器的各个输出变量的逻辑表达式可以看出，输出的基本形式是输入变量的或运算，所以其组合逻辑电路是由或门组成的阵列。图4.5.2所示为由或门实现的编码器。

如果用与非门来实现，只要将输出表达式变换成与非式，就可画出图4.5.3所示的由与非门实现的编码器。此时的表达式为

$$Y_1 = I_2 + I_3 = \overline{\overline{I_2}\,\overline{I_3}}$$
$$Y_0 = I_1 + I_3 = \overline{\overline{I_1}\,\overline{I_3}}$$

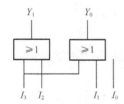

图 4.5.2 由或门实现的编码器

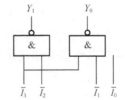

图 4.5.3 由与非门实现的编码器

此时，输入为反变量，即低电平有效。如果要求输出也为低电平有效，只要在每个输出端再加上反相器就可以了。

4.5.2 优先编码器

1. 优先编码器设计

编码器可分为普通编码器和优先编码器。普通编码器在任何时刻所有输入中只允许一个输入信号有效，有效电平既可以是高电平，也可以是低电平。但在实际工作中，有时会出现多个信号同时要求编码的情况。为了保证编码的正常进行，引入了优先编码器。**优先编码器是当有2个或2个以上的信号同时输入时，电路只会对其中一个优先级别高的信号进行编码。**优先编码器具有优先级别高的信号排斥优先级别低的信号的特性。

在3位二进制优先编码器的8个输入信号中，I_7的优先级别最高，I_6次之，以此类推，I_0最低。据此可列出3位二进制优先编码器的真值表，如表4.5.2所示（高电平有效）。表中"×"表示输入信号取值无论是1还是0都无所谓，对电路输出都没有影响。

表 4.5.2　3 位二进制优先编码器的真值表

输入								输出		
I_7	I_6	I_5	I_4	I_3	I_2	I_1	I_0	Y_2	Y_1	Y_0
1	×	×	×	×	×	×	×	1	1	1
0	1	×	×	×	×	×	×	1	1	0
0	0	1	×	×	×	×	×	1	0	1
0	0	0	1	×	×	×	×	1	0	0
0	0	0	0	1	×	×	×	0	1	1
0	0	0	0	0	1	×	×	0	1	0
0	0	0	0	0	0	1	×	0	0	1
0	0	0	0	0	0	0	1	0	0	0

根据真值表可以列出输出的逻辑表达式并化简。

$$Y_2 = I_7 + \overline{I_7}I_6 + \overline{I_7}\,\overline{I_6}I_5 + \overline{I_7}\,\overline{I_6}\,\overline{I_5}I_4$$
$$= I_7 + I_6 + I_5 + I_4$$
$$Y_1 = I_7 + \overline{I_7}I_6 + \overline{I_7}\,\overline{I_6}\,\overline{I_5}\,\overline{I_4}I_3 + \overline{I_7}\,\overline{I_6}\,\overline{I_5}\,\overline{I_4}\,\overline{I_3}I_2$$
$$= I_7 + I_6 + \overline{I_5}\,\overline{I_4}I_3 + \overline{I_5}\,\overline{I_4}I_2$$
$$Y_0 = I_7 + \overline{I_7}\,\overline{I_6}I_5 + \overline{I_7}\,\overline{I_6}\,\overline{I_5}\,\overline{I_4}I_3 + \overline{I_7}\,\overline{I_6}\,\overline{I_5}\,\overline{I_4}\,\overline{I_3}\,\overline{I_2}I_1$$
$$= I_7 + \overline{I_6}I_5 + \overline{I_6}\,\overline{I_4}I_3 + \overline{I_6}\,\overline{I_4}\,\overline{I_2}I_1$$

根据逻辑表达式可以画出图4.5.4所示的3位二进制优先编码器的逻辑图。

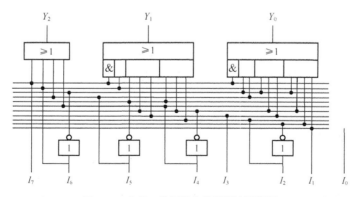

图 4.5.4　3 位二进制优先编码器的逻辑图

如果要求输出、输入均为反变量（即低电平有效），那么只需要在每个输入端和输出端都加上反相器就可以了。

因为3位二进制优先编码器有8根输入信号线，3根输出信号线，所以有时把3位二进制优先编码器称为8线-3线优先编码器。

2．集成8线-3线优先编码器

图4.5.5所示为8线-3线优先编码器74LS148的引脚排列示意和逻辑功能示意。

8线-3线优先编码器74LS148的 $\overline{S}$ 称为控制端或选通输入端，Y_S 为选通输出端，$\overline{Y}_{\mathrm{EX}}$ 为输出扩展端。$\overline{I}_0 \sim \overline{I}_7$ 是8个输入信号（编码对象），其中 $\overline{I}_7$ 的优先级别最高，$\overline{I}_0$ 的优先级别最低。编码输出是3位二进制代码，用 $\overline{Y}_2$、$\overline{Y}_1$、$\overline{Y}_0$ 表示。

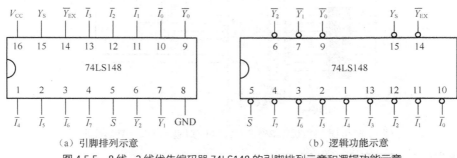

（a）引脚排列示意　　　　（b）逻辑功能示意

图 4.5.5　8 线 -3 线优先编码器 74LS148 的引脚排列示意和逻辑功能示意

当 $\overline{S} = 0$ 时，允许编码。

当 $\overline{S} = 1$ 时，$\overline{Y}_2$、$\overline{Y}_1$、$\overline{Y}_0$ 和 Y_S、$\overline{Y}_{\mathrm{EX}}$ 均被封锁，编码器 $\overline{Y}_{\mathrm{EX}}$ 被禁止。

Y_S 的功能是实现编码位数（输入信号数）的扩展，通常接至低位芯片的 $\overline{S}$ 端。Y_S 和 $\overline{S}$ 配合可以实现多级编码器之间优先级别的控制。

$\overline{Y}_{\mathrm{EX}}$ 是输出控制标志。$\overline{Y}_{\mathrm{EX}} = 0$ 表示属于编码输出，$\overline{Y}_{\mathrm{EX}} = 1$ 表示不属于编码输出。

表4.5.3所示为8线-3线优先编码器74LS148的真值表。输入、输出都是低电平有效。

表 4.5.3　8 线 -3 线优先编码器 74LS148 的真值表

输入									输出				
$\overline{S}$	$\overline{I}_7$	$\overline{I}_6$	$\overline{I}_5$	$\overline{I}_4$	$\overline{I}_3$	$\overline{I}_2$	$\overline{I}_1$	$\overline{I}_0$	$\overline{Y}_2$	$\overline{Y}_1$	$\overline{Y}_0$	$\overline{Y}_{\mathrm{EX}}$	Y_S
1	×	×	×	×	×	×	×	×	1	1	1	1	1
0	1	1	1	1	1	1	1	1	1	1	1	1	0
0	0	×	×	×	×	×	×	×	0	0	0	0	1
0	1	0	×	×	×	×	×	×	0	0	1	0	1
0	1	1	0	×	×	×	×	×	0	1	0	0	1
0	1	1	1	0	×	×	×	×	0	1	1	0	1
0	1	1	1	1	0	×	×	×	1	0	0	0	1
0	1	1	1	1	1	0	×	×	1	0	1	0	1
0	1	1	1	1	1	1	0	×	1	1	0	0	1
0	1	1	1	1	1	1	1	0	1	1	1	0	1

4.5.3　编码器的实践与 Multisim 仿真

1．8线-3线优先编码器74LS148的功能Multisim仿真验证

图4.5.6所示为8线-3线优先编码器74LS148的功能Multisim仿真验证图。其中

8线-3线优先
编码器74LS148
的功能Multisim
仿真

$\bar{S} = \overline{EI} = 0$，编码器工作在编码状态，同时 $\bar{I}_3 = 0$，其他输入端都接高电平，相当于 $\bar{I}_3$ 输入端有效。因此，编码输出 $\overline{Y_2 Y_1 Y_0} = 100$，$\overline{Y}_{EX} = 0$，$Y_S = 1$。读者也可以自行验证其他情况。

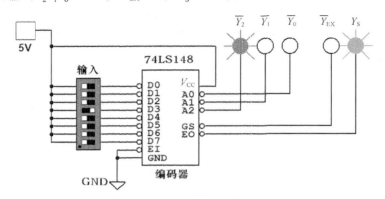

图 4.5.6　8 线 –3 线优先编码器 74LS148 的功能 Multisim 仿真验证图

2. 优先编码器级联应用举例

例4.5.2 请用两个8线-3线优先编码器74LS148级联实现16线-4线优先编码器。

解： 根据选通输出端 Y_S 的功能和选通输入端 $\bar{S}$ 的功能，可以将高位片的 Y_S 连接到低位片的 $\bar{S}$ 来实现级联。图4.5.7所示为使用两个8线-3线优先编码器74LS148级联实现16线-4线优先编码器的连线示意。

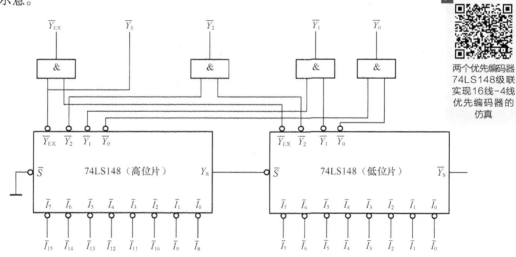

图 4.5.7　使用两个 8 线 –3 线优先编码器 74LS148 级联实现 16 线 –4 线优先编码器的连线示意

图4.5.7中 $\bar{I}_0 \sim \bar{I}_{15}$ 是编码器的输入信号，低电平有效，$\bar{I}_{15}$ 的优先级别最高，$\bar{I}_0$ 的优先级别最低。$\overline{Y_3 Y_2 Y_1 Y_0}$ 是输出4位二进制代码，它是反码，即低电平有效。

4.5.4　二 – 十进制编码器

二-十进制编码也就是BCD编码，它是用4位二进制数表示1位十进制数的编码方法。能够实现二-十进制编码的电路被称为二-十进制编码器，其对应的真值表如表4.5.4所示。表中输入是10

个互斥的数码，输出则是4位二进制代码。

表 4.5.4 二－十进制编码器的真值表

输入	输出			
I	Y_3	Y_2	Y_1	Y_0
I_0	0	0	0	0
I_1	0	0	0	1
I_2	0	0	1	0
I_3	0	0	1	1
I_4	0	1	0	0
I_5	0	1	0	1
I_6	0	1	1	0
I_7	0	1	1	1
I_8	1	0	0	0
I_9	1	0	0	1

图4.5.8所示为74LS147的引脚排列示意。其中输入、输出均为反变量，即低电平有效。

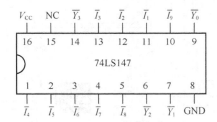

图 4.5.8 74LS147 的引脚排列示意

4.5.5 10 线−4 线优先编码器的 Multisim 仿真

图4.5.9所示为74LS147编码输入的加法器的Multisim仿真图，请用软件画出仿真图并自行验证，最后试说明其优缺点。

4.6 译码器

译码是编码的逆过程，可将代码还原成相应信息，这些信息可以是数字、文字、符号或控制信号等。能实现译码功能的数字电路称为译码器。译码器在数字系统中有广泛的应用，不仅用于代码的转换、终端的数字显示，还用于数据分配、存储器寻址和组合控制信号等。不同的用途可选用不同种类的译码器。译码器按用途分为通用译码器和显示译码器两大类。常用的译码器有二进制译码器、二-十进制译码器和显示译码器。

74LS147编码
输入的加法器的
Multisim仿真

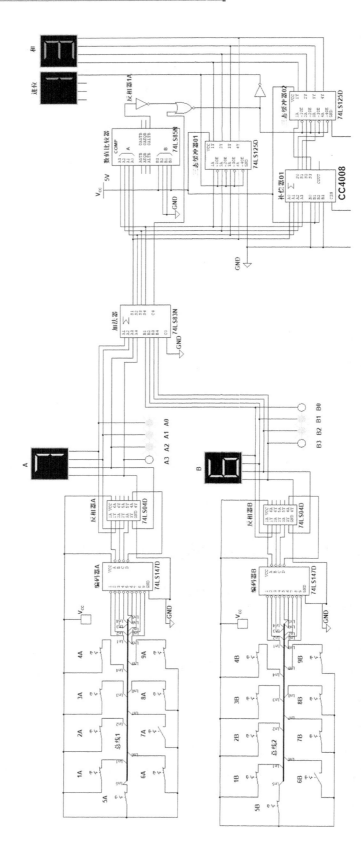

图 4.5.9　74LS147 编码输入的加法器的 Multisim 仿真图

4.6.1　二进制译码器

1．二进制译码器工作原理

把二进制代码的各种状态按其原意翻译成对应的输出信号的数字电路叫作二进制译码器。图4.6.1所示为二进制译码器工作原理示意。

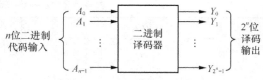

图 4.6.1　二进制译码器工作原理示意

对于译码器而言，如果有n位二进制代码输入，那么译码器就有2^n位译码输出。同时每一组输入代码有且只有一个有效输出与之对应。输入可以为8421码、二进制代码等，而输出则为一个信息或控制信号，可以是高电平有效，也可以是低电平有效。

设二进制译码器有n个输入端，那么其输出端就有2^n个，且对应输入代码的每一种状态，任何时刻2^n个输出中只会有一个有效，其余都失效。如果输出只有一个为1，其余全为0，此时为输出高电平有效；如果输出只有一个为0，其余全为1，此时为输出低电平有效。表4.6.1所示为两个输入的译码器在输出高电平有效或低电平有效时的真值表。

表 4.6.1　两个输入的译码器在输出高电平有效或低电平有效时的真值表

输入		输出高电平有效				输出低电平有效			
A_1	A_0	Y_3	Y_2	Y_1	Y_0	$\overline{Y_3}$	$\overline{Y_2}$	$\overline{Y_1}$	$\overline{Y_0}$
0	0	0	0	0	1	1	1	1	0
0	1	0	0	1	0	1	1	0	1
1	0	0	1	0	0	1	0	1	1
1	1	1	0	0	0	0	1	1	1

对于输出高电平有效的情况，输出端对应的逻辑表达式为

$$Y_0 = \overline{A_1}\,\overline{A_0} \quad Y_1 = \overline{A_1}A_0 \quad Y_2 = A_1\overline{A_0} \quad Y_3 = A_1A_0$$

对于输出低电平有效的情况，输出对应的逻辑表达式为

$$\overline{Y_0} = \overline{\overline{A_1}\,\overline{A_0}} \quad \overline{Y_1} = \overline{\overline{A_1}A_0} \quad \overline{Y_2} = \overline{A_1\overline{A_0}} \quad \overline{Y_3} = \overline{A_1A_0}$$

2．集成2线-4线译码器

常用的集成2线-4线译码器是在低电平有效的基础上增加了选通控制端而构成的。图4.6.2所示为2线-4线译码器74LS139的引脚排列示意和逻辑功能示意。

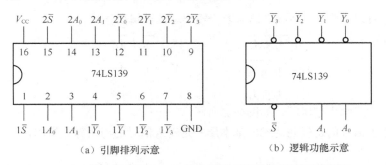

（a）引脚排列示意　　　　　（b）逻辑功能示意

图 4.6.2　2 线–4 线译码器 74LS139 的引脚排列示意和逻辑功能示意

表4.6.2所示为2线-4线译码器74LS139的真值表，其中"×"表示可取任意逻辑值，A_1、A_0为2线译码输入端，$\overline{Y_0} \sim \overline{Y_3}$为4线译码输出端，低电平有效，$\overline{S}$是输入选通控制端。

表 4.6.2　2 线-4 线译码器 74LS139 的真值表

输入			输出			
$\overline{S}$	A_1	A_0	$\overline{Y_3}$	$\overline{Y_2}$	$\overline{Y_1}$	$\overline{Y_0}$
1	×	×	1	1	1	1
0	0	0	1	1	1	0
0	0	1	1	1	0	1
0	1	0	1	0	1	1
0	1	1	0	1	1	1

当$\overline{S} = 0$时，译码器工作；当$\overline{S} = 1$时，译码器被禁止，$\overline{Y_0} \sim \overline{Y_3}$都为1。

3．3位二进制译码器

3位二进制译码器有8个信息输出，此时译码器有3根输入线、8根输出线，所以3位二进制译码器又被称为3线-8线译码器。表4.6.3所示为3线-8线译码器的真值表。输入是A_2、A_1、A_0，输出是$Y_0 \sim Y_7$等8个译码状态。

表 4.6.3　3 线-8 线译码器的真值表

输入			输出							
A_2	A_1	A_0	Y_7	Y_6	Y_5	Y_4	Y_3	Y_2	Y_1	Y_0
0	0	0	0	0	0	0	0	0	0	1
0	0	1	0	0	0	0	0	0	1	0
0	1	0	0	0	0	0	0	1	0	0
0	1	1	0	0	0	0	1	0	0	0
1	0	0	0	0	0	1	0	0	0	0
1	0	1	0	0	1	0	0	0	0	0
1	1	0	0	1	0	0	0	0	0	0
1	1	1	1	0	0	0	0	0	0	0

根据真值表可以得到 3 线-8 线译码器各个输出端的逻辑表达式：

$$Y_0 = \overline{A_2 \, A_1 \, A_0} \qquad\qquad Y_1 = \overline{A_2 \, A_1} A_0 \qquad\qquad Y_2 = \overline{A_2} A_1 \overline{A_0}$$

$$Y_3 = \overline{A_2} A_1 A_0 \qquad\qquad Y_4 = A_2 \overline{A_1 \, A_0} \qquad\qquad Y_5 = A_2 \overline{A_1} A_0$$

$$Y_6 = A_2 A_1 \overline{A_0} \qquad\qquad Y_7 = A_2 A_1 A_0$$

根据逻辑表达式画出逻辑图，如图4.6.3所示。

由于各个输出信号的逻辑表达式的基本形式是输入信号的与运算，所以译码器电路由与门阵列构成。

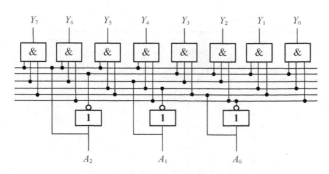

图 4.6.3　3 线–8 线译码器逻辑图

> **您知道吗?**
>
> 　　一个3线–8线译码器能产生3变量函数的全部最小项。因此可以用它方便地实现3变量逻辑函数。

　　如果把图4.6.3所示电路中的与门换成与非门，同时把输出变量写成反变量，那么所得到的就是由与非门构成的输出为反变量（低电平有效）的3线-8线译码器。

4．集成3线-8线译码器

　　图4.6.4所示为3线-8线译码器74LS138的引脚排列示意和逻辑功能示意。

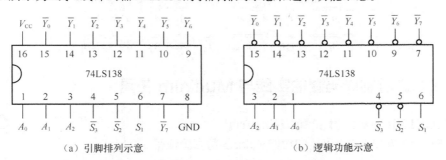

（a）引脚排列示意　　　　　　　（b）逻辑功能示意

图 4.6.4　3 线–8 线译码器 74LS138 的引脚排列示意和逻辑功能示意

　　其中A_2、A_1、A_0为译码输入端，$\overline{Y_0} \sim \overline{Y_7}$为译码输出端，输出端低电平有效。$S_1$、$\overline{S_2}$、$\overline{S_3}$是3个输入选通控制端。表4.6.4所示为3线-8线译码器74LS138的真值表，其中"×"表示可取任意逻辑值。

表 4.6.4　3 线-8 线译码器 74LS138 的真值表

输入					输出							
S_1	$\overline{S_2}+\overline{S_3}$	A_2	A_1	A_0	$\overline{Y_7}$	$\overline{Y_6}$	$\overline{Y_5}$	$\overline{Y_4}$	$\overline{Y_3}$	$\overline{Y_2}$	$\overline{Y_1}$	$\overline{Y_0}$
1	0	0	0	0	1	1	1	1	1	1	1	0
1	0	0	0	1	1	1	1	1	1	1	0	1
1	0	0	1	0	1	1	1	1	1	0	1	1
1	0	0	1	1	1	1	1	1	0	1	1	1

续表

输入					输出							
S_1	$\overline{S_2}+\overline{S_3}$	A_2	A_1	A_0	$\overline{Y_7}$	$\overline{Y_6}$	$\overline{Y_5}$	$\overline{Y_4}$	$\overline{Y_3}$	$\overline{Y_2}$	$\overline{Y_1}$	$\overline{Y_0}$
1	0	1	0	0	1	1	1	0	1	1	1	1
1	0	1	0	1	1	1	0	1	1	1	1	1
1	0	1	1	0	1	0	1	1	1	1	1	1
1	0	1	1	1	0	1	1	1	1	1	1	1
0	×	×	×	×	1	1	1	1	1	1	1	1
×	1	×	×	×	1	1	1	1	1	1	1	1

当$S_1 = 1$，$\overline{S_2}+\overline{S_3} = 0$（$S_1$端接高电平，$\overline{S_2}$、$\overline{S_3}$端都接低电平）时，译码器执行译码操作。74LS138芯片地址码对应的输出端有信号输出（低电平有效）。不论输入A_2、A_1、A_0为何状态，输出$\overline{Y_0} \sim \overline{Y_7}$中有且仅有1个输出为低电平（有效电平），有效输出端的下标序号与输入二进制代码所对应的十进制数相同。其他所有输出端均无信号输出（为高电平）。

当输入选通控制端$S_1 = 0$或$\overline{S_2}+\overline{S_3} = 1$（$S_1$端接低电平或$\overline{S_2}$、$\overline{S_3}$输入端中有1个或2个接高电平）时，译码器被禁止，所有端输出无效电平，此时都为高电平。

根据表4.6.4所示的真值表可得逻辑表达式：

$$\overline{Y_0} = \overline{\overline{A_2}\,\overline{A_1}\,\overline{A_0}} \qquad \overline{Y_1} = \overline{\overline{A_2}\,\overline{A_1}\,A_0} \qquad \overline{Y_2} = \overline{\overline{A_2}\,A_1\,\overline{A_0}} \qquad \overline{Y_3} = \overline{\overline{A_2}\,A_1\,A_0}$$

$$\overline{Y_4} = \overline{A_2\,\overline{A_1}\,\overline{A_0}} \qquad \overline{Y_5} = \overline{A_2\,\overline{A_1}\,A_0} \qquad \overline{Y_6} = \overline{A_2\,A_1\,\overline{A_0}} \qquad \overline{Y_7} = \overline{A_2\,A_1\,A_0}$$

4.6.2　二进制译码器的实践与 Multisim 仿真

74LS138译码器
功能Multisim仿真

1．74LS138译码器功能Multisim仿真

图4.6.5所示为74LS138译码器的功能Multisim仿真验证图。

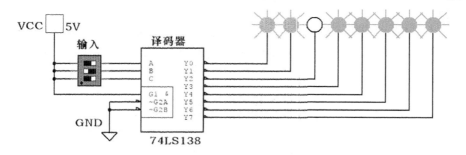

图 4.6.5　74LS138 译码器的功能 Multisim 仿真验证图

可以看到输入选通控制端$S_1 = G_1 = 1$，$\overline{S_2}+\overline{S_3} = \overline{G_{2A}}+\overline{G_{2B}} = 0$（$S_1$接高电平，同时$\overline{S_2}$、$\overline{S_3}$都接低电平），此时74LS138译码器将工作在译码状态。由于输入代码$A_2A_1A_0 = 010$接到译码器输入端C、B、A，所以输出端$\overline{Y_2} = 0$，其余端子输出高电平。其他情况请读者自行验证。

2．二进制译码器的级联

当输入二进制代码的位数较多时，人们往往把多个二进制译码器级联起来完成多位译码操作。图4.6.6所示为使用两个74LS138译码器级联实现4线-16线译码器的连线示意。

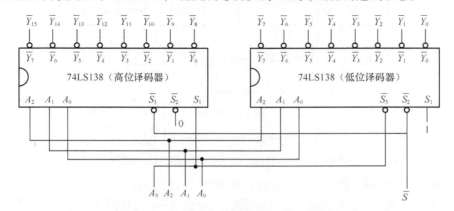

图 4.6.6　两个 74LS138 译码器级联实现 4 线–16 线译码器的连线示意

整个级联电路中 $\overline{S}$ 端是控制端，如果 $\overline{S}=0$，那么级联译码电路工作在译码状态，可以完成对输入的4位代码 $A_3A_2A_1A_0$ 的译码任务；如果 $\overline{S}=1$，那么整个级联电路将被禁止，$\overline{Y_0} \sim \overline{Y_{15}}$ 输出端都为无效电平（这里为高电平）。

当输入4位二进制代码中 $A_3=0$ 时，低位译码器的 $\overline{S_3}=A_3=0$、$\overline{S_2}=0$、$S_1=1$，所以低位译码器工作在译码状态；高位译码器 $S_1=A_3=0$，从而被禁止。此时输出是低8位对应的译码值，即 $A_2A_1A_0$ 对应的输出译码 $\overline{Y_0} \sim \overline{Y_7}$ 中的一个有效。如输入为 $A_3A_2A_1A_0=0110$，那么 $\overline{Y_6}=0$ 输出有效，其他端输出为高电平。

当输入4位二进制代码中 $A_3=1$ 时，低位译码器的 $\overline{S_3}=A_3=1$，从而被禁止；因为高位译码器 $\overline{S_3}=\overline{S_2}=0$、$S_1=A_3=1$，所以高位译码器工作在译码状态。此时输出是高8位对应的译码值，即 $A_2A_1A_0$ 对应的输出译码 $\overline{Y_8} \sim \overline{Y_{15}}$ 中的一个有效。如果输入为 $A_3A_2A_1A_0=1110$，那么 $\overline{Y_{14}}=0$ 输出有效，其他端输出为高电平。

3．74LS138译码器的应用举例

例4.6.1 图4.6.7所示为利用译码器分时将数据送入计算机的数据总线结构原理，试分析其工作情况。

解：图4.6.7所示为由译码器分时控制的数据总线结构原理，可以分时将采样数据送入计算机以实现数据传输功能。当 $A_1A_0=00$ 时，2线-4线译码器只有 $\overline{Y_0}=0$，译码器的其他输出端都为1，即 $\overline{Y_1}=\overline{Y_2}=\overline{Y_3}=1$。对于三态门而言，三态门0有 $\overline{E_0}=\overline{Y_0}=0$，即输入为有效电平，而其他三态门 $\overline{E_1}=\overline{E_2}=\overline{E_3}=1$，使能失效。所以，此时只有左边第一个三态门0打开，采样数据0经三态门0通过独占形式使用总线将数据送入计算机，而其他三态门都处于高阻态，数据无法向计算机传输。

同理，当 $A_1A_0=01$ 时，$\overline{Y_1}=0$ 使 $\overline{E_1}=0$ 使能有效，三态门1被打开，采样数据1将经三态门1通过独占形式使用总线传送数据到计算机中。以此类推，只要改变控制代码 A_1A_0 的值，利用译码器就可以将采样数据分时依次送入计算机。

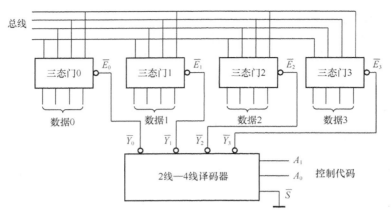

图 4.6.7　利用译码器分时控制的数据总线结构原理

　　图4.6.8所示为利用译码器和三态门实现总线控制的功能Multisim仿真验证图。其中控制代码（以后会称为地址）为10，让对应的三态门2使能，从而把数据2（1100）传送到总线上，总线上数据为1100，数码显示为"C"。以后会把这样的操作称为把地址10单元的数据1100传输到总线。只要改变地址（控制代码）就可传输不同的数据。

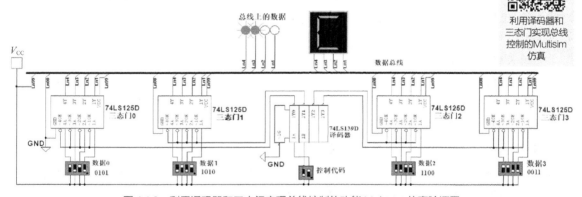

图 4.6.8　利用译码器和三态门实现总线控制的功能 Multisim 仿真验证图

> **您知道吗?**
>
> 　　逻辑电路设计和技术革新使集成芯片批量生产成为可能，集成芯片批量生产后又会反作用于电路设计，使电路设计更便捷、有效。您知道利用译码器实现逻辑函数的方法吗?

4.6.3　用二进制译码器实现组合逻辑函数

1．二进制译码器的特点

　　由于二进制译码器是全译码器，因此二进制译码器的输出提供了输入变量的全部最小项。同时集成二进制译码器74LS138、74LS139的输出信号都是反变量（低电平有效）。换句话说，**集成二进制译码器74LS138、74LS139的输出端所提供的是输入变量最小项的反函数**。所以译码器的输出信号表达式的一般形式为 $\overline{Y_i} = \overline{m_i}$。

2．任何组合逻辑函数可以表示为最小项与非-与非式的形式

首先任何逻辑函数都可以表示为最小项之和的标准与或式的形式，然后通过逻辑函数转换方法很容易就变成最小项的与非-与非式。

例如，$Y = AB + \overline{B}C$，其标准与或式为

$$Y = ABC + AB\overline{C} + A\overline{B}C + \overline{A}\overline{B}C = m_7 + m_6 + m_5 + m_1$$

最后通过两次取反，再利用德摩根定理去掉下面的非号，可得

$$Y = \overline{\overline{Y}} = \overline{\overline{m_7 + m_6 + m_5 + m_1}} = \overline{\overline{m_7} \cdot \overline{m_6} \cdot \overline{m_5} \cdot \overline{m_1}}$$

总的来说，集成二进制译码器的输出提供了输入变量最小项的反函数，而任何组合逻辑函数又总是可以转换成与非-与非式的形式，所以利用集成译码器和与非门就能实现任何组合逻辑函数。也就是只要用与非门把译码器相应输出信号组合起来，就可以实现组合逻辑函数。

> **⚙ 您知道吗？**
>
> 译码器的输出提供了输入变量的全部最小项，因此译码器可以实现逻辑函数。
> 您知道译码器实现逻辑函数的过程吗？

3．用二进制译码器实现逻辑函数的基本步骤

用二进制译码器实现逻辑函数必须要遵循的基本原则和基本步骤如下。

（1）确定译码器的类型和规格。

根据给定的实际问题进行逻辑抽象确定输入变量和输出变量，然后根据逻辑函数中变量的个数与译码器输入变量相等的原则，选择合适的集成二进制译码器的类型和规格。

（2）写出逻辑函数的标准与非-与非式。

由逻辑函数先求得标准与或式（逻辑函数最小项之和的表达式），再利用两次取反转换成与非-与非式。

（3）确认译码器和与非门对应的输入信号的表达式。

在确认译码器的输入信号时一定要特别注意变量的排列顺序，如果在写函数标准与非-与非式时按 A、B……的顺序排列，那么在确认译码器的输入地址变量时，A 对应为最高位，B 次之……因为在译码器中地址变量排列的下标数值越大优先级别越高，所以 A_0 是最低位，A_1 的优先级别比 A_0 的高。

与非门的输入信号应根据函数标准与非-与非式中最小项的反函数的情况来确定。如果逻辑函数标准与非-与非式中含有 $\overline{m_i}$，那么直接把译码器对应的输出端 $\overline{Y_i}$ 接到与非门的输入端。

（4）画连线图。

根据译码器和与非门输入信号的表达式画连线图，获得所求逻辑电路。

4.6.4　二进制译码器实现组合逻辑函数的实践与 Multisim 仿真

例4.6.2 试用集成译码器设计一个全加器。

解：（1）选择译码器。

全加器有3个输入信号、2个输出信号，可以选择3线-8线译码器74LS138。

（2）写出输出函数并转换成最小项的与非-与非式。

按 A_i、B_i、C_{i-1} 的顺序排列变量，则全加器的逻辑表达式为

$$S_i = \overline{A_i}\,\overline{B_i}C_{i-1} + \overline{A_i}B_i\overline{C_{i-1}} + A_i\overline{B_i}\,\overline{C_{i-1}} + A_iB_iC_{i-1} = m_1 + m_2 + m_4 + m_7 = \overline{\overline{m_1}\,\overline{m_2}\,\overline{m_4}\,\overline{m_7}}$$

$$C_i = \overline{A_i}B_iC_{i-1} + A_i\overline{B_i}C_{i-1} + A_iB_i\overline{C_{i-1}} + A_iB_iC_{i-1}$$
$$= m_3 + m_5 + m_6 + m_7 = \overline{\overline{m_3}\,\overline{m_5}\,\overline{m_6}\,\overline{m_7}}$$

（3）确认输入信号的表达式。

对于译码器：$A_2 = A_i$，$A_1 = B_i$，$A_0 = C_{i-1}$，

$$\overline{S_3} = \overline{S_2} = 0, \quad S_1 = 1$$

对于与非门：$S_i = \overline{\overline{Y_1}\,\overline{Y_2}\,\overline{Y_4}\,\overline{Y_7}}$

$$C_i = \overline{\overline{Y_3}\,\overline{Y_5}\,\overline{Y_6}\,\overline{Y_7}}$$

（4）画出连线图，如图4.6.9所示。

图4.6.10所示为74LS138实现全加器的Multisim仿真图。

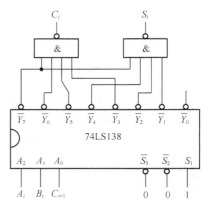

图 4.6.9　用译码器实现的全加器连线图

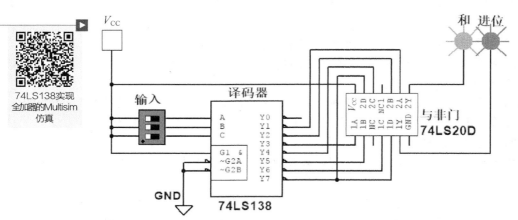

图 4.6.10　74LS138 实现全加器的 Multisim 仿真图

例4.6.3 试用集成译码器设计一个三人表决器。

解：（1）选择译码器。

三人表决器有3个输入信号、1个输出信号，可以选择3线-8线译码器74LS138来实现。

（2）写出输出函数，并转换成最小项的与非-与非式。

按 A、B、C 的顺序排列变量，则三人表决器的逻辑表达式为

$$Y = \overline{A}BC + A\overline{B}C + AB\overline{C} + ABC = m_3 + m_5 + m_6 + m_7 = \overline{\overline{m_3}\,\overline{m_5}\,\overline{m_6}\,\overline{m_7}}$$

（3）确认输入信号的表达式。

对于译码器：$A_2 = A$，$A_1 = B$，$A_0 = C$，$\overline{S_3} = \overline{S_2} = 0$，$S_1 = 1$

对于与非门：$Y = \overline{\overline{Y_3}\,\overline{Y_5}\,\overline{Y_6}\,\overline{Y_7}}$

（4）画出电路连线图，如图4.6.11所示。

例4.6.4 图4.6.12所示为用74LS138译码器实现的逻辑函数的连线图，试求这个逻辑函数。

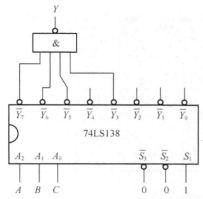
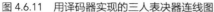

图 4.6.11 用译码器实现的三人表决器连线图

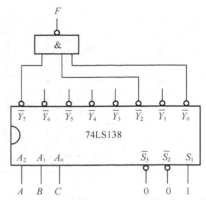

图 4.6.12 用译码器实现的逻辑函数连线图

解：（1）分析与非门输出和译码器输入的情况。

观察连线图，对于与非门，输出为 $F = \overline{\overline{Y_0}\,\overline{Y_2}\,\overline{Y_7}}$ ；对于译码器，因为 $\overline{S_3} = \overline{S_2} = 0$、$S_1 = 1$，所以其工作在译码状态，同时输入端 $A_2 = A$、$A_1 = B$、$A_0 = C$ 。

（2）确定输入输出的函数关系。

$$F = \overline{\overline{Y_0}\,\overline{Y_2}\,\overline{Y_7}} = \overline{\overline{m_0}\,\overline{m_2}\,\overline{m_7}} = m_0 + m_2 + m_7$$
$$= \overline{A}\,\overline{B}\,\overline{C} + \overline{A}B\overline{C} + ABC = \overline{AC} + ABC$$

因此，图中74LS138译码器实现的逻辑函数为 $F = \overline{AC} + ABC$ 。

4.6.5 二-十进制译码器

将BCD码翻译成对应的10个输出信号的电路被称为二-十进制译码器。因为BCD码由4位二进制代码组成，所以二-十进制译码器有4个输入信号、10个输出信号。因此，常把二-十进制译码器称作4线-10线译码器。集成4线-10线译码器74LS42的引脚排列示意和逻辑功能示意如图4.6.13所示，其真值表如表4.6.5所示。

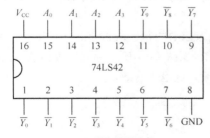

（a）引脚排列示意

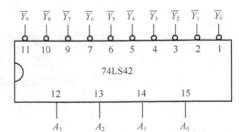

（b）逻辑功能示意

图 4.6.13 集成 4 线–10 线译码器 74LS42 的引脚排列示意和逻辑功能示意

表 4.6.5 集成 4 线–10 线译码器 74LS42 的真值表

输入				输出									
A_3	A_2	A_1	A_0	$\overline{Y_9}$	$\overline{Y_8}$	$\overline{Y_7}$	$\overline{Y_6}$	$\overline{Y_5}$	$\overline{Y_4}$	$\overline{Y_3}$	$\overline{Y_2}$	$\overline{Y_1}$	$\overline{Y_0}$
0	0	0	0	1	1	1	1	1	1	1	1	1	0
0	0	0	1	1	1	1	1	1	1	1	1	0	1
0	0	1	0	1	1	1	1	1	1	1	0	1	1

续表

输入				输出									
A_3	A_2	A_1	A_0	$\overline{Y_9}$	$\overline{Y_8}$	$\overline{Y_7}$	$\overline{Y_6}$	$\overline{Y_5}$	$\overline{Y_4}$	$\overline{Y_3}$	$\overline{Y_2}$	$\overline{Y_1}$	$\overline{Y_0}$
0	0	1	1	1	1	1	1	1	1	0	1	1	1
0	1	0	0	1	1	1	1	1	0	1	1	1	1
0	1	0	1	1	1	1	1	0	1	1	1	1	1
0	1	1	0	1	1	1	0	1	1	1	1	1	1
0	1	1	1	1	1	0	1	1	1	1	1	1	1
1	0	0	0	1	0	1	1	1	1	1	1	1	1
1	0	0	1	0	1	1	1	1	1	1	1	1	1

4.6.6 显示译码器

数字显示电路是数字系统中不可缺少的部分，目前数字显示有3种方法。第一种是字形重叠法，它将不同字符的电极重叠在一起，要显示某字符，只需使相应的电极发光即可；第二种是分段显示法，数码由分布在同一平面上若干段发光的线组成；第三种是点阵显示法，它由按一定规律排列的可发光的点阵组成，利用光点的不同组合可显示不同的数码、字符。

1．数码显示器

常用的数码显示器有半导体显示器（LED）和液晶显示（liquid crystal displⱭy，LCD）器件两种。LED采用磷砷化镓等半导体材料做成的PN结，当外加电压时就会发光。LED既可以封装成单个的发光二极管，又可以封装成分段式或点阵式的显示器件。LED可以用三极管驱动，也可以用TTL电路驱动。LCD器件是一种平板薄型显示器件，采用CMOS电路驱动，用于组成微功耗系统，常应用于电子表、电子计算器及各种仪器仪表。但是LCD器件本身不发光，在黑暗环境下不能显示。

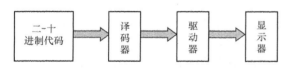

图 4.6.14　二 – 十进制显示译码器的工作原理示意

2．二-十进制显示译码器

在数字系统电路中，常常需要把二进制运算结果用人们习惯的十进制数形式直观地显示出来，这就要用二-十进制显示译码器。二-十进制显示译码器的工作原理示意如图4.6.14所示。

3．七段LED

七段LED是目前使用最多的分段数字显示器。七段LED的每一段都是一个LED。图4.6.15所示为七段LED。其中图4.6.15（a）所示为符号功能；图4.6.15（b）所示为共阴极接法，此时输入高电平有效；图4.6.15（c）所示为共阳极接法，此时输入低电平有效。

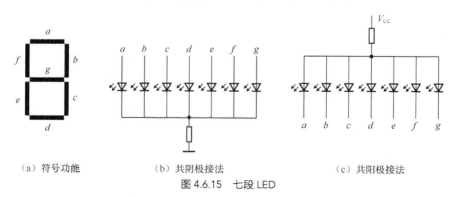

（a）符号功能　　　　　（b）共阴极接法　　　　　（c）共阳极接法

图 4.6.15　七段 LED

对于共阴极接法的数码管，如果$c = f = 0$，$a = b = d = e = g = 1$，则可以显示图4.6.16所示的"2"。

对于共阳极接法的数码管，只有$c = f = 1$，$a = b = d = e = g = 0$，才会显示图4.6.16所示的"2"。

小型数码管每段LED的正向压降随显示光（通常为红、绿、黄、橙、白、蓝）的颜色不同略有差别，通常约为1.5～2.5V，每段LED的发光电流为5～10mA。

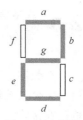

图 4.6.16　七段
LED 显示示例

LED要显示数字，就需要有一个专门的显示译码器。**显示译码器将输入的4位二进制数转变成7位二进制数来驱动数码管。**所以译码器不但要完成译码功能，还要有一定的驱动能力。七段LED工作原理示意如图4.6.17所示。

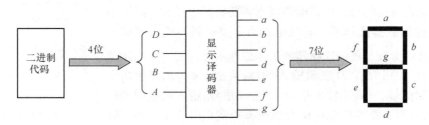

图 4.6.17　七段 LED 工作原理示意

常用的七段译码驱动器型号有74LS47（共阳）、74LS48（共阴）、CC4511（共阴）等。表4.6.6所示为集成七段LED的真值表。

表 4.6.6　集成七段 LED 的真值表

编码输入				译码输出							显示数码
D	C	B	A	a	b	c	d	e	f	g	
0	0	0	0	1	1	1	1	1	1	0	0
0	0	0	1	0	1	1	0	0	0	0	1
0	0	1	0	1	1	0	1	1	0	1	2
0	0	1	1	1	1	1	1	0	0	1	3
0	1	0	0	0	1	1	0	0	1	1	4
0	1	0	1	1	0	1	1	0	1	1	5
0	1	1	0	1	0	1	1	1	1	1	6
0	1	1	1	1	1	1	0	0	0	0	7
1	0	0	0	1	1	1	1	1	1	1	8
1	0	0	1	1	1	1	1	0	1	1	9
1	0	1	0	1	1	1	0	1	1	0	A
1	0	1	1	0	0	1	1	1	1	1	b
1	1	0	0	1	0	0	1	1	1	0	C
1	1	0	1	0	1	1	1	1	0	1	d
1	1	1	0	1	0	0	1	1	1	1	E
1	1	1	1	1	0	0	0	1	1	1	F

4.7 数据选择器和数据分配器

在数字电路中，当需要进行远程多路数字信息传输时，人们为了减少传输线的数量，往往通过一条公共传输线分时发送数据。一般在发送端采用多路数据选择器来选择其中一路数据进行传输；在接收端通常会利用多路数据分配器将数据分配给多路输出其中的一路进行接收。

4.7.1 数据选择器

1．基本概念

在多路数据传送的过程中，能够根据需要将其中任意一路挑选出来的电路称作数据选择器，有时也称为多路选择器或者多路开关。图4.7.1所示为4选1数据选择器的工作原理示意。其中 $\overline{S}$ 表示选通输入端，D_3、D_2、D_1、D_0 表示输入的4路数据，A_1、A_0 表示两个数据选择控制信号，Y 表示输出信号。Y 可以是4路输入数据中的任意1路，究竟是哪一路输出完全由数据选择控制信号决定。表4.7.1所示为4选1数据选择器的真值表。

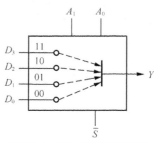

图 4.7.1　4 选 1 数据选择器的工作原理示意

表 4.7.1　4 选 1 数据选择器的真值表

	输入		输出
D	A_1	A_0	Y
D_0	0	0	D_0
D_1	0	1	D_1
D_2	1	0	D_2
D_3	1	1	D_3

当 $A_1 A_0 = 00$ 时，$Y = D_0$，数据从 D_0 通道流向输出 Y。

当 $A_1 A_0 = 01$ 时，$Y = D_1$，数据从 D_1 通道流向输出 Y。

当 $A_1 A_0 = 10$ 时，$Y = D_2$，数据从 D_2 通道流向输出 Y。

当 $A_1 A_0 = 11$ 时，$Y = D_3$，数据从 D_3 通道流向输出 Y。

所以输出的表达式可以写为

$$Y = D_0 \overline{A_1}\,\overline{A_0} + D_1 \overline{A_1} A_0 + D_2 A_1 \overline{A_0} + D_3 A_1 A_0$$

因此，有时也把 A_1、A_0 称为地址码或地址控制信号。

2．集成8选1数据选择器

集成8选1数据选择器有8个数据输入端、3个地址输入端、1个选通输入端和2个互补输出端。图4.7.2所示是集成8选1数据选择器的引脚排列示意和逻辑功能示意。

当选通输入端 $\overline{S} = 1$ 时，数据选择器被禁止，输入数据和地址都不起作用；当选通输入端 $\overline{S} = 0$ 时，数据选择器工作（使能），此时数据选择器输出信号的表达式为

$$Y = D_0 \overline{A_2}\,\overline{A_1}\,\overline{A_0} + D_1 \overline{A_2}\,\overline{A_1} A_0 + \cdots + D_7 A_2 A_1 A_0 = \sum_{i=0}^{2^n-1} D_i m_i$$

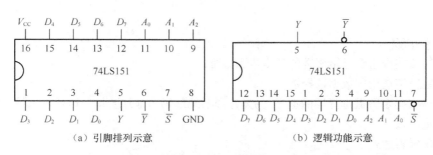

图 4.7.2 集成 8 选 1 数据选择器的引脚排列示意和逻辑功能示意

表4.7.2所示为集成8选1数据选择器的真值表。

表 4.7.2 集成 8 选 1 数据选择器的真值表

输入					输出	
$\overline{S}$	D	A_2	A_1	A_0	Y	$\overline{Y}$
1	×	×	×	×	0	1
0	D_0	0	0	0	D_0	$\overline{D_0}$
0	D_1	0	0	1	D_1	$\overline{D_1}$
0	D_2	0	1	0	D_2	$\overline{D_2}$
0	D_3	0	1	1	D_3	$\overline{D_3}$
0	D_4	1	0	0	D_4	$\overline{D_4}$
0	D_5	1	0	1	D_5	$\overline{D_5}$
0	D_6	1	1	0	D_6	$\overline{D_6}$
0	D_7	1	1	1	D_7	$\overline{D_7}$

4.7.2 数据选择器实现组合逻辑函数

1. 基本原理
数据选择器输出信号的表达式的特点如下。

（1）具有标准与或式的形式，即 $Y = \sum_{i=0}^{2^n-1} D_i m_i$。

（2）提供了地址变量的全部最小项。

（3）受选通输入端 $\overline{S}$ 的控制，$\overline{S}=1$ 时 $Y=0$，$\overline{S}=0$ 时数据选择器工作。

因为任何组合逻辑函数总能用最小项之和的标准形式构成，所以**利用数据选择器的输入D_i来选择地址变量组成的最小项m_i，可以实现任何所需的组合逻辑函数**。$D_i=1$时表示选中对应的最小项，$D_i=0$时表示舍去对应的最小项。当然也可以把D_i当作一个变量。

比较逻辑函数和数据选择器输出信号的表达式，确定各个输入变量的关系，然后可以用数据选择器来实现任意组合逻辑函数。

假设函数的变量个数为k，如果把D_i当作一个变量，那么应选用地址变量数$n=k-1$的数据选择器。如果不把D_i当作一个变量，D_i的取值只为1或0，那么应选用地址变量数$n=k$的数据选择器。

2．基本步骤

数据选择器实现组合逻辑函数的基本步骤如下。

（1）确定应该选用的数据选择器。

根据$n = k-1$确定数据选择器的型号，n是选择器地址码（地址变量、地址输入端）的位数，k是函数的变量个数。

（2）写逻辑表达式。

写出函数的标准与或式和数据选择器输出信号的表达式。

（3）求选择器输入变量的表达式。

通过比较确定数据选择器各个输入变量的表达式。

（4）画连线图。

根据选用的数据选择器和确定的输入变量的表达式，画出连线图。

4.7.3　数据选择器的实践

例4.7.1 试用数据选择器实现逻辑函数 $F = \overline{A}\,\overline{B}\,\overline{C} + \overline{A}BC + A\overline{B}C + ABC$ 。

解：（1）选用数据选择器。

因为逻辑函数的变量个数为3，即$k = 3$，那么$n = k-1 = 2$，所以数据选择器可以选用4选1数据选择器74LS153。

（2）写逻辑表达式。

$$F = \overline{A}\,\overline{B}\,\overline{C} + \overline{A}BC + A\overline{B}C + ABC$$

其已经是标准与或式。

4选1数据选择器的输出表达式为

$$Y = \overline{A_1}\,\overline{A_0}D_0 + \overline{A_1}A_0D_1 + A_1\overline{A_0}D_2 + A_1A_0D_3$$

（3）求数据选择器输入变量的表达式。

对比逻辑表达式和数据选择器的输出表达式，可以将变量A、B分别对应地址码A_1、A_0，变量C对应输入数据D，同时Y作为函数输出F。

那么可得 $D_0 = \overline{C}$ ， $D_1 = D_2 = D_3 = C$。为了保证数据选择器能正常工作，选通输入端接地，即 $\overline{S} = 0$ 。

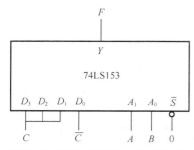

图 4.7.3　用数据选择器实现逻辑函数的连线图

（4）画连线图。

根据以上分析，可以画出图4.7.3所示的连线图。

例4.7.2 试用数据选择器实现逻辑函数$F = AB + BC + CA$。

方法1　解：（1）选用数据选择器。

因为函数变量个数为3，所以根据$n = k-1 = 2$，数据选择器可以选用4选1数据选择器74LS153。

（2）将逻辑表达式用最小项表示，即

$$F = AB + BC + CA = AB(C + \overline{C}) + BC(A + \overline{A}) + CA(B + \overline{B})$$
$$= \overline{A}BC + A\overline{B}C + AB\overline{C} + ABC$$

而数据选择器的标准与或式为

$$Y = \overline{A_1}\,\overline{A_0}D_0 + \overline{A_1}A_0D_1 + A_1\overline{A_0}D_2 + A_1A_0D_3$$

（3）确定输入变量的表达式。

如果函数变量按A、B、C顺序排列，保持A、B在表达式中的形式，F变换为

$$F = \overline{A}BC + A\overline{B}C + AB\overline{C} + ABC = \overline{A}\,\overline{B}\cdot 0 + \overline{A}BC + A\overline{B}C + AB(\overline{C}+C)$$

比较Y和F函数，可得$A_1 = A$、$A_0 = B$、$D_0 = 0$、$D_1 = D_2 = C$、$D_3 = 1$。

（4）画出连线图，如图4.7.4所示。

方法2　解：（1）选用数据选择器。

先令D的取值不是1就是0，而函数变量个数为3，根据$n = k = 3$，确定选用8选1数据选择器74LS151。同时让$A_2 = A$、$A_1 = B$、$A_0 = C$。

（2）将逻辑表达式用最小项表示，即

$$F = AB(C+\overline{C}) + BC(A+\overline{A}) + CA(B+\overline{B})$$
$$= \overline{A}BC + A\overline{B}C + AB\overline{C} + ABC = m_3 + m_5 + m_6 + m_7$$

（3）函数变量按A、B、C顺序排列，保持A、B、C在表达式中的形式，比较可得

$$D_3 = D_5 = D_6 = D_7 = 1 \qquad D_0 = D_1 = D_2 = D_4 = 0$$

（4）画出连线图，如图4.7.5所示。

您更喜欢哪一种方法呢？

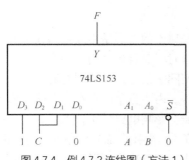

图 4.7.4　例 4.7.2 连线图（方法 1）

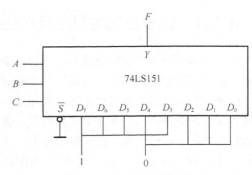

图 4.7.5　例 4.7.2 连线图（方法 2）

4.7.4　数据分配器

能够将1路输入数据根据需要传送到m路输出中的任何一路作为输出的电路叫作数据分配器，又称为多路数据分配器，其逻辑功能正好与数据选择器的相反。数据分配器能将一个数据分时分别送到多个输出端。

如图4.7.6所示，输入的数据用D表示，4路输出信号分别用Y_3、Y_2、Y_1、Y_0表示，两个选择控制信号端用A_1、A_0表示；输入数据究竟是由哪一路输出完全由选择控制信号决定。

当$A_1A_0 = 00$时，$Y_0 = D$。

当$A_1A_0 = 01$时，$Y_1 = D$。

当$A_1A_0 = 10$时，$Y_2 = D$。

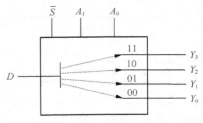

图 4.7.6　4 路输出的数据分配器原理示意

当 $A_1A_0 = 11$ 时，$Y_3 = D$。

因此把 A_1、A_0 称为地址码或地址控制信号。表4.7.3所示为4路输出的数据分配器的真值表。

表 4.7.3　4 路输出的数据分配器的真值表

	输入		输出			
	A_1	A_0	Y_3	Y_2	Y_1	Y_0
D	0	0	0	0	0	D
	0	1	0	0	D	0
	1	0	0	D	0	0
	1	1	D	0	0	0

4.8　组合逻辑电路中的竞争冒险

在组合逻辑电路中，当输入信号状态改变时，输出端可能出现虚假错误信号，这种现象叫作竞争冒险。

4.8.1　竞争冒险的概念及产生原因

在分析和设计组合逻辑电路时，我们都是以理想信号来讨论的。但是实际电路在工作时，一方面，信号不可能突变；另一方面，门电路对信号会产生延时，而且各个门电路的延时也不尽相同。因此，输入信号恰到好处地同时变化是不可能的，即使同一信号经过不同的通路到达某个门的输入端也会有先有后，于是会产生时差，也就会产生竞争。由于竞争的存在，电路在输出信号达到稳定之前，可能出现短暂的错误输出。这种错误有可能会影响电路的正常工作。人们把能产生错误输出的竞争称为"临界竞争"，否则称"非临界竞争"。当存在临界竞争时，输入信号的变化会引起短暂的错误输出。人们把这种输出出现的短暂错误现象称为"冒险"或者"险象"。

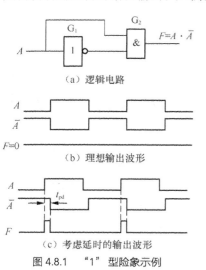

（a）逻辑电路

（b）理想输出波形

（c）考虑延时的输出波形

图 4.8.1　"1"型险象示例

图4.8.1所示为"1"型险象示例，根据图4.8.1（a）所示的逻辑电路，其输出应该为 $F = A\overline{A} = 0$。

理想情况下逻辑函数的输出波形如图4.8.1（b）所示，始终为0（低电平）。

但是如果考虑逻辑门的延时，那么在图4.8.1（c）中，在特定的时刻输出出现了短暂为"1"的情况，即会出现短暂的错误输出。具体来说，由于逻辑门G_1存在传输延时（设为t_{pd}），对于逻辑门G_2而言，A信号先到达，而$\overline{A}$信号后到达，所以在A信号由0变为1时，在输出端将会出现短暂的错误。但是在A信号由1变为0时，却不会出现错误输出的情况。

可见，**在组合逻辑电路中，竞争冒险主要是由门电路的延迟造成的。**如果一个门电路的输入信号是两个向相反方向变化的互补信号，那么在输出端有可能会产生短暂的错误输出，即有竞争冒险现象发生。

当然，**我们说电路存在竞争，并不等于在输出端一定就有虚假信号（干扰脉冲）产生，即有竞争不一定有冒险**。

> **您知道吗？**
>
> 时延会产生竞争，但有竞争不一定有冒险。您知道险象该怎么判断吗？或者说在什么情况下电路有可能存在险象？

4.8.2　险象的判断

判断一个电路是否存在险象一般有两种方法，即代数法和卡诺图法。

1．代数法

如果一个函数在输入信号的某种组合下，输出函数会出现 $A + \bar{A}$ 或 $A\bar{A}$ 的形式，那么该电路就可能出现险象。

例4.8.1 检查图4.8.2所示电路是否有可能存在险象。

解：根据逻辑电路可得逻辑函数为 $F = A\bar{B} + BC$，如果令 $A = C = 1$，那么 $F = \bar{B} + B$。所以在输入信号的某种组合下，输出函数出现了 $A + \bar{A}$ 的形式，即该电路将有可能出现险象，而且是"0"型险象。

例4.8.2 检查图4.8.3所示电路是否有可能存在险象。

解：根据逻辑电路可得逻辑函数为 $F = (A + \bar{B})(B + C)$，如果令 $A = C = 0$，那么 $F = \bar{B}B$。所以在输入信号的特定组合下，输出函数出现了 $A\bar{A}$ 的形式，即该电路将有可能出现险象，而且是"1"型险象。

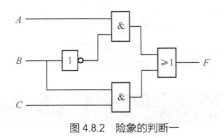

图 4.8.2　险象的判断一　　　　　图 4.8.3　险象的判断二

2．卡诺图法

画出电路输出的卡诺图，如果所画卡诺圈有相切而不相交的现象，那么该电路有可能存在险象。

例4.8.3 已知某组合逻辑电路的逻辑表达式为 $Y = BD + AB\bar{C} + \overline{ABC}$，试用卡诺图法判断该电路是否有可能存在险象。

解：图4.8.4所示为根据表达式画出的函数卡诺图。从图中可以看出 m_3 和 m_7 是相邻的最小项，而且又不在同一个卡诺圈内。因此，这两个卡诺圈属于相切而不相交的情况，该电路有可能存在险象。

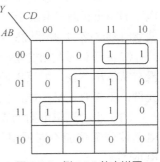

图 4.8.4　例 4.8.3 的卡诺图

4.8.3　消除竞争冒险的方法

由于险象可能导致逻辑电路不能正常工作，因此必须设法避开或尽量消除竞争冒险现象。常用的消除竞争冒险的方法主要有引入封锁脉冲、引入选通脉冲、接入滤波电容、增加冗余项等。

1．引入封锁脉冲

在发生竞争的时间内在输入端引入封锁脉冲，把有可能产生冒险的逻辑门封住，只有在电路达到新的稳态之后，才允许电路输出。

2．引入选通脉冲

在门电路的输出端引入选通脉冲，当竞争冒险出现时不允许输出信号送到下一级电路，在虚假输出消失后，再把输出信号送到下一级电路。

3．接入滤波电容

有时可以在输出端接入滤波电容来消除竞争冒险。但是在实际设计电路时，R 和 C 的大小要经过试验才能确定。因为 R、C 太小就起不到消除险象的作用，R、C 太大又会使输出信号的边沿变坏，即陡度变差。

4．增加冗余项

通过增加适当的冗余项可以消除竞争冒险，简单来说，就是增加冗余项，消除相切而不相交的卡诺圈。具体操作方法是增加一个搭接的卡诺圈，把原来相切而不相交的卡诺圈变成相交的卡诺圈。

例4.8.4 请用增加冗余项的方法消除图4.8.5所示卡诺图对应的险象。

解：在图4.8.5所示的卡诺图里，卡诺圈有相切而不相交的情况，所以有可能存在险象。为了消除竞争冒险，采用增加冗余项的方法，可以得到图4.8.6所示的卡诺图。其对应的表达式为 $Y = A\bar{B} + BC + AC$，从而消除有可能存在的险象。

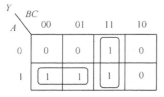

图 4.8.5　例 4.8.4 的卡诺图

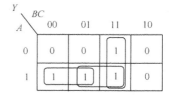

图 4.8.6　增加冗余项后的卡诺图

📝 本章小结

（1）数字电路按逻辑功能、特点分为组合逻辑电路和时序逻辑电路。组合逻辑电路是任意时刻电路的输出状态只取决于同一时刻的输入状态，而与电路原来的状态无关的电路。时序逻辑电路是任意时刻电路的输出状态不仅取决于同一时刻的输入状态，还与电路原来的状态息息相关的电路。

（2）任意时刻组合逻辑电路的输出状态只取决于同一时刻的输入状态，信号是单向传输的，没有从输出到输入的反馈回路。组合逻辑电路只由门电路组成，不包含任何可以存储信息的记忆元件，不具有记忆功能。门电路是组合逻辑电路的基本单元。

（3）组合逻辑电路的表示法有真值表、逻辑图、卡诺图、逻辑表达式、波形图等。组合逻辑电路按逻辑功能不同可划分为加法器、比较器、编码器、译码器、数据选择器、数据分配器、ROM等。

（4）组合逻辑电路的分析是指根据给定的逻辑电路图获取电路的逻辑功能的过程。组合逻辑电路的设计是指根据给定的实际逻辑问题，求得实现其逻辑功能的逻辑电路的方法。

（5）加法器是数字系统中基本的运算单元。加法器分为半加器和全加器，它可以通过组合逻辑电路设计方法实现。比较器是用来完成两个二进制数的大小比较的逻辑电路。

（6）编码器可以将2^n个信息转换成n位代码。编码是指将信息从一种形式或格式转换为另一种形式的过程。对于存储而言，编码缩小了信息的存储空间；对于通信而言，编码使传输更高效、更安全；对于数据处理而言，编码更便于数据运算和管理。

（7）译码是编码的逆过程，可将代码还原成相应的数字、文字、符号或控制信号。译码器可分为通用译码器和显示译码器两大类。常用的译码器有二进制译码器、二-十进制译码器和显示译码器。

（8）译码器的输出提供了输入变量的全部最小项。集成二进制译码器的输出是输入变量最小项的反函数。而任何组合逻辑函数又总是可以转换成与非-与非式的形式。所以利用集成译码器和与非门就能实现任何组合逻辑函数。

（9）数据选择器能够根据需要从多路数据中任意挑选一路出来；数据分配器能将一个数据分时分别送到多个输出端。

（10）在组合逻辑电路中，竞争冒险主要是由门电路的延迟造成的。判断一个电路是否存在险象，可以采用代数法和卡诺图法。常用的消除竞争冒险的方法主要有引入封锁脉冲、引入选通脉冲、接入滤波电容、增加冗余项等。

习题

一、选择题

4.1 组合逻辑电路（　　）。

A．具有记忆功能　　　　　　　　　　B．没有记忆功能

C．有时有记忆功能，有时没有　　　　D．以上都不对

4.2 组合逻辑电路由（　　）构成。

A．门电路　　　　　B．触发器　　　　C．门电路和触发器　　　D．计数器

4.3 下列说法正确的是（　　）。

A．组合逻辑电路是指电路在任意时刻的稳定输出状态和同一时刻电路的输入信号以及输入信号作用前的电路状态均有关

B．组合逻辑电路的特点是电路中没有反馈，信号是单向传输的

C．当只有一个输出信号时，电路为多输入、多输出逻辑电路

D．以上都不对

4.4 编码器、译码器、数据选择器都属于（　　）。

A．门电路　　　　　B．组合逻辑电路　　C．时序逻辑电路　　D．触发器

4.5 组合逻辑电路与原来的状态（　　）。

A．相关　　　　　　B．不相关　　　　　C．看情况　　　　　D．事先不能确定

4.6 组合逻辑电路的分析是指（　　）。

A．已知逻辑图，求解逻辑表达式的过程

B．已知真值表，求解逻辑功能的过程

C．已知逻辑图，求解逻辑功能的过程

4.7 组合逻辑电路的设计是指（ ）。

A．已知逻辑要求，求解逻辑表达式并画逻辑图的过程

B．已知逻辑要求，列真值表的过程

C．已知逻辑图，求解逻辑功能的过程

4.8 根据给定的组合逻辑电路图获取电路的逻辑功能的过程是（ ）。

A．设计分析 　　　B．分析 　　　　C．设计 　　　　D．函数转换

4.9 由异或门组成的电路如习题4.9图所示，A、B、C、D为输入二进制代码，Y为输出，该电路具有（ ）逻辑功能。

A．偶校验电路 　　B．奇校验电路 　　C．比较器 　　　D．数据分配器

4.10 如习题4.10图所示，它的逻辑功能为（ ）。

A．全加器 　　　　B．半加器 　　　　C．译码器 　　　D．编码器

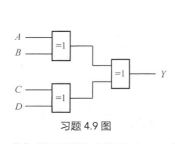

习题 4.9 图

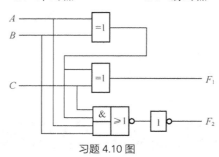

习题 4.10 图

4.11 半加器的逻辑功能是（ ）。

A．两个同位的二进制数相加

B．两个二进制数相加

C．两个同位的二进制数及低位来的进位三者相加

D．两个二进制数的和的一半

4.12 全加器的逻辑功能是（ ）。

A．两个同位的二进制数相加

B．两个二进制数相加

C．两个同位的二进制数及低位来的进位三者相加

D．不带进位的两个二进制数相加

4.13 对于两个4位二进制数$A(A_3A_2A_1A_0)$和$B(B_3B_2B_1B_0)$，下列说法正确的是（ ）。

A．如果$A_3 > B_3$，则$A > B$ 　　　　　　　B．如果$A_3 < B_3$，则$A > B$

C．如果$A_0 > B_0$，则$A > B$ 　　　　　　　D．如果$A_0 < B_0$，则$A > B$

4.14 对于8421码优先编码器，下列说法正确的是（ ）。

A．有10根输入线，4根输出线 　　　　　　B．有16根输入线，4根输出线

C．有4根输入线，10根输出线 　　　　　　D．有4根输入线，16根输出线

4.15 对于8线-3线优先编码器，下列说法正确的是（ ）。

A．有3根输入线，8根输出线 　　　　　　　B．有8根输入线，3根输出线

C．有8根输入线，8根输出线 　　　　　　　D．有3根输入线，3根输出线

4.16　优先编码器74LS148有8根输入线0～7，3根输出线$\overline{Y_2}$、$\overline{Y_1}$、$\overline{Y_0}$，当编码器输出有效时，允许编码。请问当输入线6为0，其余输入线为1时，$\overline{Y_2}$、$\overline{Y_1}$、$\overline{Y_0}$的状态为（　　　）。

　　A．111　　　　　　　B．001　　　　　　　C．110　　　　　　　D．101

4.17　显示译码器74LS48驱动共阴极LED数码管。当74LS48的输入端的$DCBA$为0101时，LED显示的数字是（　　　）。

　　A．0　　　　　　　　B．1　　　　　　　　C．5　　　　　　　　D．2

4.18　一个3线-8线译码器74LS138，当输入端$A=0$、$B=0$、$C=1$时，输出端$\overline{Y_1}$和$\overline{Y_7}$的状态分别为（　　　）。

　　A．0和0　　　　　　B．0和1　　　　　　C．1和0　　　　　　D．1和1

4.19　编码电路和译码电路中，（　　　）电路的输出是二进制代码。

　　A．编码　　　　　　B．译码　　　　　　C．编码和译码　　　D．以上都不对

4.20　实现多输入、单输出逻辑函数，应选（　　　）。

　　A．编码器　　　　　B．译码器　　　　　C．数据选择器　　　D．数据分配器

4.21　1线-4线数据分配器有（　　　）。

　　A．1个数据输入端，2个选择控制端，4个数据输出端

　　B．4个数据输入端，2个选择控制端，1个数据输出端

　　C．1个数据输入端，1个选择控制端，4个数据输出端

　　D．4个数据输入端，2个选择控制端，1个数据输出端

4.22　组合逻辑电路的竞争冒险是指（　　　）。

　　A．输入信号有干扰时，在输出端产生了干扰脉冲

　　B．输入信号状态改变时，输出端可能出现的虚假信号

　　C．输入信号不变时，输出端可能出现的虚假信号

　　D．信号有时延时，输入端可能出现的虚假信号

4.23　（　　　）可以消除组合逻辑电路的竞争冒险。

　　A．输入状态不变　　B．加精密的电源　　C．接入滤波电容

4.24　组合逻辑电路（　　　）。

　　A．可能出现竞争冒险　　　　　　　　　B．一定出现竞争冒险

　　C．信号状态改变时，可能出现竞争冒险

4.25　逻辑电路的输出函数$Y=\overline{A}\,\overline{B}+B\overline{C}$，则该电路（　　　）。

　　A．不会出现竞争冒险　　　　　　　　　B．可能出现竞争冒险

　　C．当信号状态改变时，可能出现竞争冒险

二、分析设计题

4.26　组合逻辑电路图如习题4.26图所示。要求：

（1）写出逻辑电路对应的逻辑表达式，并将其化简成最简与或式。

（2）列出输出R对应的真值表。

（3）说明该电路的逻辑功能。

4.27　电路图如习题4.27图所示。要求：

（1）写出图中Y_1、Y_2、Y的逻辑表达式。

（2）列出真值表，并说明电路功能。

（3）画出该逻辑表达式的最简单的逻辑电路（所用门电路最少）。

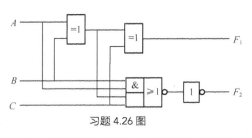
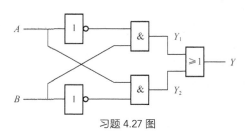

习题 4.26 图　　　　　　　　　　　习题 4.27 图

4.28　电路图如习题4.28图所示。要求：

（1）写出F的表达式。

（2）列出F的真值表。

（3）说明电路的逻辑功能。

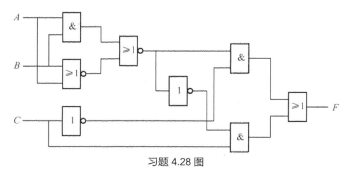

习题 4.28 图

4.29　组合逻辑电路图如习题4.29图所示。要求：

（1）写出Y_1、Y_2、Y的逻辑表达式。

（2）把Y化简成最简式。

（3）分析电路功能。

4.30　试用Multisim仿真软件分析习题4.27图、习题4.29图所示电路图的功能。

习题 4.29 图

4.31　试用与非门分别实现或非运算和异或运算。

4.32　习题4.32图所示为A、B两地控制一个照明灯的电路。当$Y = 1$时灯亮，当$Y = 0$时灯灭。请列出Y的真值表，并分析其工作原理。

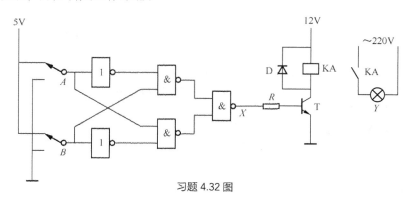

习题 4.32 图

4.33 写出习题4.33图所示电路的逻辑表达式，并化简成最简与或式。

4.34 分析习题4.34图所示电路。要求：

（1）写出电路的逻辑表达式并化简成最简与或式。

（2）列出真值表。

（3）说明该电路逻辑功能。

（4）画出最简单的逻辑图。

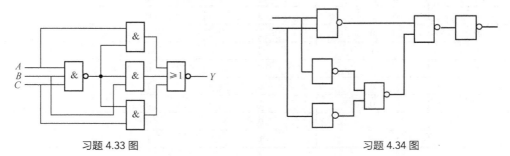

习题 4.33 图 　　　　　　　　　　　　　　　习题 4.34 图

4.35 设计一个组合逻辑电路，其输入是2位二进制数 $A = A_1A_0$，输出 $Y = 3A$（输出是输入的3倍），Y 也是二进制数。

4.36 请设计一个能实现习题4.36表所示的真值表的逻辑电路，并利用Multisim仿真程序验证。

习题 4.36 表

A	B	Y
0	0	0
0	1	1
1	1	1
1	0	0

4.37 请设计一个能实现习题4.37表所示的真值表的逻辑电路，并用Multisim仿真程序验证。其中 A、B 为输入，X、Y 为输出。

习题 4.37 表

A	B	Y	X
0	0	0	0
0	1	1	0
1	0	1	0
1	1	0	1

4.38 设计一个三叉路口的路灯控制电路，要求实现的功能：当电源开关闭合时，安装在3个不同出、入口的3个开关都能独立地将装在交叉处的路灯打开或熄灭；当电源开关断开时，路灯不亮。最后要求基于异或门来实现该电路。

4.39 请使用加法器实现补码计算电路。

提示：正数的补码是其本身，负数的补码是反码加1。

4.40 按照全加器的方法，试设计一个能实现全减器的电路。

提示：A_i为被减数，B_i为减数，C_{i-1}为低位来的借位，S_i为本位的差，C_i为向高位的借位。根据计算规则可列出习题4.40表所示的全减器功能真值表。

习题 4.40 表

输入			输出	
A_i	B_i	C_{i-1}	S_i	C_i
0	0	0	0	0
0	0	1	1	1
0	1	0	1	1
0	1	1	0	1
1	0	0	1	0
1	0	1	0	0
1	1	0	0	0
1	1	1	1	1

4.41 8线-3线优先编码器74LS148的输入为$\overline{I_0} \sim \overline{I_7}$，其优先级别依次增加。当$\overline{I_3}$和$\overline{I_0}$选通控制端都有效时，其输出$\overline{Y_2}\,\overline{Y_1}\,\overline{Y_0}$是什么？

4.42 学校进行学生学籍管理系统建设，可以采用姓名管理，也可以采用学号管理，您觉得采用哪种更好？请简述原因。

4.43 在74LS148优先编码器的真值表中，当全部输入端都为1或$\overline{I_0}=0$时，输出端都为$\overline{Y_2}\overline{Y_1}\overline{Y_0}=111$，为什么？怎么区分这两种情况？

4.44 请画出10线-4线优先编码器74LS147的Multisim仿真图，验证功能。

4.45 请用10线-4线优先编码器74LS147设计一个10人用的抢答器。

4.46 习题4.46图所示是由三变量74LS138译码器实现的某逻辑函数，试分析该电路所产生的逻辑函数？

4.47 试用74LS138译码器实现全减器电路。

4.48 试用74LS138译码器实现表决电路。

4.49 试用74LS138译码器设计实现一个三叉路口的路灯控制电路。

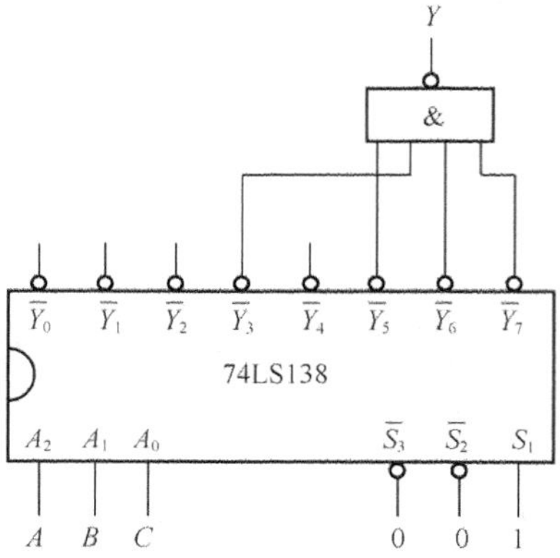

习题 4.46 图

4.50 如习题4.50图所示，若u_i为频率为1Hz的某正弦交流电压，试问七段LED将显示什么？注意各个电压和电阻取值都合适，不用专门考虑。

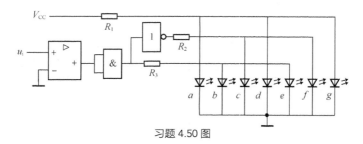

习题 4.50 图

4.51 译码电路如习题4.51图所示。要求：

（1）写出该电路Y_0、Y_1、Y_2、Y_3的逻辑表达式。

（2）列出真值表。

（3）说明这是几线-几线译码器。

4.52 试分析习题4.52图所示电路实现的组合逻辑函数。

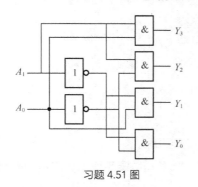

习题 4.51 图

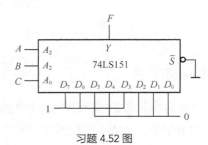

习题 4.52 图

4.53 试分析习题4.53图所示电路。要求：

（1）74LS153是什么电路，有什么特点？

（2）电路按习题4.53图所示接线，实现的组合逻辑函数是什么？

（3）写出分析过程。

4.54 4选1数据选择器如习题4.54图所示。要求：

（1）在习题4.54表中填写数据选择器的相应逻辑值。

（2）试用一片4选1数据择器实现逻辑函数 $Z = \overline{A}\overline{B}C + AB\overline{C} + AB$，并在习题4.54图基础上画出$Z$的逻辑图。

（3）要求写出设计过程。

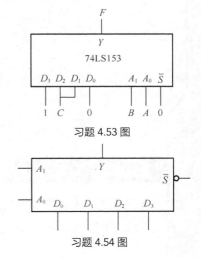

习题 4.53 图

习题 4.54 图

习题 4.54 表

S	A_1	A_0	Y
1			0
0			D_0
			D_1
			D_2
			D_3

第 **5** 章

触发器

本章内容概要

本章介绍具有数据存储功能的触发器及其工作原理。

读者思考：怎样实现数据存储？怎样让多个触发器协调工作？边沿触发有什么好处？

本章重点难点

触发器的功能和触发方式。

触发器的波形分析，以及触发器之间的转换。

本章学习目标

（1）掌握触发器同步信号、时钟信号、异步信号的作用和特点；

（2）理解RS触发器的功能、特点，掌握时序逻辑电路的表示法；

（3）理解同步触发器时钟的作用和特点，掌握同步D触发器跟随和锁存的作用；

（4）掌握边沿D触发器的功能、特点，理解边沿控制、数据保存的作用；

（5）掌握边沿JK触发器的保持、置1、置0、翻转的功能，会画触发器输出波形；

（6）掌握T、T' 触发器的功能，学会触发器之间转换的方法；

（7）掌握触发器的综合应用，学会分析多触发器的状态转换和变换规律。

触发器是具有记忆性和存储功能的基本器件，是时序逻辑电路的基本单元。触发器有3类控制信号：异步信号的作用是设定触发器的初始值或强制使触发器回到初始状态；时钟脉冲信号决定触发器在什么时刻发生状态变换（触发方式）；同步信号决定触发器状态应该怎么变换（实现什么功能）。

触发器按逻辑功能分为RS触发器、D触发器、JK触发器、T触发器和T'触发器。触发器按触发方式和电路结构分为基本触发器、同步触发器和边沿触发器。基本触发器是触发器的基本电路结构形式，也是构成其他类型触发器的基础。同步触发器是在时钟信号CP为高电平时才允许输入信号进入的触发器。边沿触发器是只有在时钟信号CP有效边沿（上升沿或下降沿）到来时刻才发生变换的触发器。

5.1 触发器概述

时序逻辑电路的输出状态不仅与当时的输入状态相关，还与以前的状态相关，具有记忆性。时序逻辑电路具有记忆性和存储功能等特性是通过触发器（trigger）来实现的。因此，时序逻辑电路离不开触发器，触发器是时序逻辑电路的基本单元。

> **您知道吗？**
>
> 触发器是1918年英国射电物理学家威廉·亨利·埃克尔斯（William Henry Eccles）和F. W·乔丹（F. W. Jordan）发明的。

数字系统不仅要进行数值运算，还要进行数据存储。在数字电路中，存储0、1二进制数据是由以触发器为基础的存储设备实现的。**触发器是具有记忆性和存储功能的单元电路，一个触发器可以存储一位二进制数据。**触发器不仅是一个具有记忆性的器件，还是构成时序逻辑电路的基本单元。

输出有两个稳定状态，可以通过输入信号改变输出状态而且输入信号消失后输出状态还能保持的电路称为触发器。图5.1.1所示为两个或非门构成的触发器及其Multisim仿真示例。图5.1.1（a）中开关S由断开到闭合，指示灯由熄灭变点亮，当然这没什么特别之处！神奇之处在于图5.1.1（b）所示，当开关S闭合后又断开，此时两个开关都断开了，指示灯居然还亮着，这是不是很神奇！直到图5.1.1（c）所示的开关R闭合时，指示灯才熄灭。图5.1.1（d）所示的开关R断开，指示灯继续熄灭。

触发器及其
Multisim仿真示例

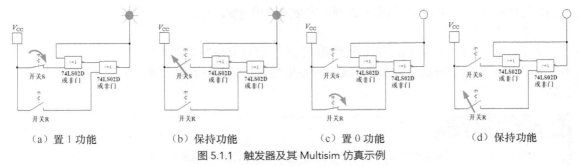

|（a）置 1 功能|（b）保持功能|（c）置 0 功能|（d）保持功能|

图 5.1.1 触发器及其 Multisim 仿真示例

图5.1.1概括起来有两个特点。一是通过两个开关可以控制指示灯的输出状态。二是当两个开关都断开时，如果原态是1状态，那么输出就是1状态；如果原态是0状态，那么输出就是0状态。

换句话说，图5.1.1中触发器的输入信号消失后，输出状态还会继续保持，这对于输出状态仅仅由输入信号完全决定的组合逻辑电路而言是无法解释的。因此，触发器已经不再是组合逻辑电路，而是时序逻辑电路了，其输出状态不仅与输入信号相关，还与原态相关。

1．触发器电路的逻辑功能要求

作为一个触发器，必须满足以下3个条件。

（1）触发器必须具备两个稳定的输出状态。触发器可以存储逻辑特征值0和1。

（2）通过改变输入信号的值，可以方便地预置触发器的输出状态。触发器既可以置1，也可以置0。

（3）在输入信号消失后，触发器被置0或置1的状态能够保存下来。触发器具有记忆性和存储功能。

> **您知道吗？**
>
> 一个触发器具有两个稳定状态，用来表示逻辑状态1、0或二进制码的1、0。所以1个触发器能存储1位二进制数码。要存储n位二进制数码就需要n个触发器。

2．触发器的状态

图5.1.2所示为触发器示意。触发器有两个互补输出端，分别用Q和$\overline{Q}$表示。通常用Q端的输出来表示触发器的状态。当$Q=1$、$\overline{Q}=0$时称触发器处于1状态，当$Q=0$、$\overline{Q}=1$时称触发器处于0状态。

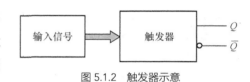

图 5.1.2　触发器示意

3．触发器的输入控制信号

触发器是通过在外部施加输入控制信号实现功能的。触发器的外部输入控制信号可分为异步信号、时钟脉冲信号、同步信号这3类。

（1）异步信号

异步信号（asynchronous signal）包括置位信号和复位信号。异步信号优先级别最高。一旦异步信号有输入，那么其他输入控制信号将不再起作用，触发器状态就会被置为1状态或0状态。**置位信号和复位信号常用于设定触发器的初始值或者强制恢复到初始状态。**

（2）时钟脉冲信号

要让多个触发器能够协调工作就必须有一个统一的系统时钟节拍来控制。这种控制动作常称为同步作用，一般由时钟脉冲（clock pulse，CP）信号产生。**触发器CP信号决定触发器状态发生转移变换的时刻，即解决触发器状态何时发生转移的问题。**

（3）同步信号

同步信号（synchronous signal）也称驱动信号，它是根据触发器状态、功能要求所施加的输入信号。如果说CP信号决定触发器状态何时发生转移，那么驱动信号则决定触发器状态如何发生转移。

> **您知道吗？**
>
> 触发器的输入信号有不同的作用。异步信号设定初始值或强制恢复到初始状态；时钟脉冲信号决定触发器发生状态变换的时间；同步信号决定触发器的功能如何变换。

4．触发器现态和次态

在触发器中，同步信号决定触发器状态如何转移，*CP*信号决定触发器状态何时变换。因此触发器在触发信号的作用下，可以从一个稳定状态变换到另一个稳定状态。触发信号作用之前触发器所处的状态称为现态或原态，记为Q^n；触发信号作用之后触发器所处的状态称为次态或新态，记为Q^{n+1}。现态和次态是两个相邻的离散时间触发器的输出状态，同时触发器次态Q^{n+1}和现态Q^n与输入信号息息相关。

5．触发器的分类

触发器按照逻辑功能不同分为RS触发器、D触发器、JK触发器、T触发器和T'触发器，按电路结构和触发方式不同分为基本触发器、同步触发器和边沿触发器。

基本触发器是触发器的基本电路结构形式，也是构成其他类型触发器的基础。同步触发器是受*CP*信号控制的触发器。只有在时钟脉冲信号为高电平时，同步信号才会被允许进入触发器，否则不起作用。边沿触发器是只有在时钟脉冲信号有效边沿（上升沿或下降沿）到来时刻才发生变换的触发器，其余时间一概保持。

5.2　基本 RS 触发器

5.2.1　与非门组成的基本 RS 触发器

1．电路的组成及逻辑符号

最简单的触发器是RS触发器。图5.2.1所示为由与非门组成的基本RS触发器。图5.2.1（a）所示为RS触发器电路图。$\overline{R}$、$\overline{S}$是信号输入端，R、S变量上的非号表示低电平有效，即$\overline{R}$、$\overline{S}$端接低电平时表示有信号输入，接高电平时表示没有信号输入。Q和$\overline{Q}$既表示触发器的输出状态，也是两个互补信号的输出端。图5.2.1（b）所示为RS触发器逻辑符号。图中输入端处的小圆圈表示低电平有效，所加信号为低电平表示有信号输入，否则表示无信号或信号撤销。输出端中没有小圆圈的是Q端，有小圆圈的是$\overline{Q}$端，这两端被称为互补输出，正常情况下输出保持互补（相反）状态。

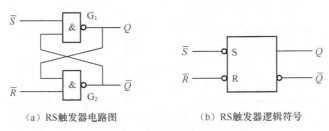

（a）RS触发器电路图　　　（b）RS触发器逻辑符号

图 5.2.1　由与非门组成的基本 RS 触发器

2．工作原理

（1）$\overline{R}=0$、$\overline{S}=1$时，具有置0功能。

当$\overline{R}=0$、$\overline{S}=1$（表示$\overline{R}$端接低电平，$\overline{S}$端接高电平）时，与非门G_2有一个输入端为0（$\overline{R}=0$），不论原来Q是0还是1，都会使$\overline{Q}=1$；再由$\overline{S}=1$、$\overline{Q}=1$可得$Q=0$。也就是说，不论触发器原来处于什么状态都将变为0状态，触发器被置0（复位）。因此，$\overline{R}$端被称为触发器的置0

端或复位端。

（2）$\bar{R}=1$、$\bar{S}=0$时，具有置1功能。

当$\bar{R}=1$、$\bar{S}=0$（表示$\bar{R}$端接高电平，$\bar{S}$端接低电平）时，与非门G_1有一个输入端为0（$\bar{S}=0$），所以$Q=1$。此时对于与非门G_2来说两个输入端都为1，所以$\bar{Q}=0$，此时触发器被置成1状态。因此，$\bar{S}$端被称为置1或置位端。

（3）$\bar{R}=1$、$\bar{S}=1$时，具有保持功能。

当$\bar{R}=1$、$\bar{S}=1$时，触发器的输出与Q和$\bar{Q}$原来的状态有关。如果原来的触发器处于1状态，即$Q=1$、$\bar{Q}=0$，由于与非门G_2的两个输入端均为1，故$\bar{Q}=0$，并使$Q=1$；如果原来的触发器处于0状态，即$Q=0$、$\bar{Q}=1$，由于与非门G_1的两个输入端均为1，故$Q=0$、$\bar{Q}=1$。由此可见，不论触发器原来的状态是0还是1，只要$\bar{R}=1$、$\bar{S}=1$，触发器就保持原来的状态，具有保持或记忆功能。

（4）$\bar{R}=\bar{S}=0$时，违反逻辑关系，不允许。

当$\bar{R}=0$、$\bar{S}=0$时，无论Q原来的状态如何，都会使$\bar{Q}=1$、$Q=1$，此时Q与$\bar{Q}$的输出状态违反了互补的逻辑关系，这是不允许的。

若$\bar{R}$、$\bar{S}$端输入信号同时消失，即$\bar{R}$、$\bar{S}$同时由0变为1，由于G_1和G_2的传输延迟时间不同，只要有一个门电路的输出先变为0，另一个门电路的输出就为1。可见$\bar{R}$和$\bar{S}$同时由0变1后，触发器的状态是不确定的。因此要禁止RS触发器出现这种情况。如果$\bar{R}$和$\bar{S}$端的输入信号是分时撤销的，那么触发器的状态取决于后撤销的输入端。假设$\bar{R}$端的输入信号先撤销，$\bar{S}$端的输入信号后撤销，那么触发器的输出为1状态。

综上所述，基本RS触发器具有置0、置1、保持（记忆）的功能。需要置0时，$\bar{R}$端接低电平，$\bar{S}$端接高电平；需要置1时，$\bar{R}$端接高电平，$\bar{S}$端接低电平；需要保持时，$\bar{R}$端和$\bar{S}$端都接高电平；但不允许$\bar{R}$、$\bar{S}$端同时接低电平。

3．集成基本RS触发器

图5.2.2所示为集成基本RS触发器74LS279和CC4044的引脚排列示意。

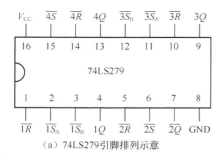 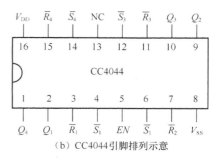

（a）74LS279引脚排列示意　　（b）CC4044引脚排列示意

图5.2.2　集成基本RS触发器74LS279和CC4044的引脚排列示意

74LS279在一个芯片中集成了4个基本RS触发器。其中$\bar{R}$是置0端，$\bar{S}$是置1端，Q是输出端。特别指出的是，在74LS279中，$\overline{1S}=\overline{1S_A}\cdot\overline{1S_B}$，$\overline{3S}=\overline{3S_A}\cdot\overline{3S_B}$。CC4044也是在一个芯片中集成4个基本RS触发器，只不过该电路输出采用具有三态门特性的传输门，$EN=1$时使能输出，$EN=0$时禁止输出。

4. 基本RS触发器的特性表

组合逻辑电路的输出是输入的逻辑函数。在时序逻辑电路中，触发器的次态是输入和现态的逻辑函数。如果以表格形式描述这种逻辑关系，在组合逻辑电路中称为真值表，而在时序逻辑电路中则称为特性表。表5.2.1所示为由与非门组成的基本RS触发器的特性表。

表 5.2.1　由与非门组成的基本 RS 触发器的特性表

输入		现态	次态	功能说明
$\bar{S}$	$\bar{R}$	Q^n	Q^{n+1}	
0	1	0	1	置1
0	1	1	1	
1	0	0	0	置0
1	0	1	0	
1	1	0	0	保持
1	1	1	1	
0	0	×	$Q = \bar{Q} = 1$	不允许

5. 基本RS触发器的时序图

为了直观地用波形显示逻辑电路的工作情况，在组合逻辑电路中使用波形图，而在时序逻辑电路中则使用时序图。图5.2.3所示是某个基本RS触发器的时序图。

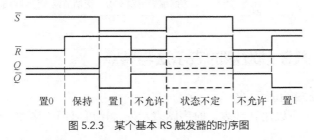

图 5.2.3　某个基本 RS 触发器的时序图

在画时序图时，如遇到RS触发器输入条件 $\bar{R} = \bar{S} = 0$ 而此后又同时出现 $\bar{R} = \bar{S} = 1$，那么 Q 的状态无法事先确定，可以用虚线标明，以表示触发器处于失效状态，直至下一个使输出有确定的状态为止。

5.2.2　或非门组成的基本 RS 触发器

基本RS触发器不仅可以由与非门组成，还可以由或非门组成。图5.2.4所示为由或非门组成的基本RS触发器。

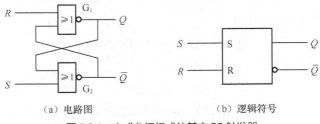

（a）电路图　　　　　　　　　　　　　（b）逻辑符号

图 5.2.4　由或非门组成的基本 RS 触发器

与与非门组成的基本RS触发器不同，或非门组成的基本RS触发器是高电平有效的。当$R = 0$、$S = 1$时，触发器置1；当$R = 1$、$S = 0$时，触发器置0；当$R = S = 0$时，触发器保持原态不变；当$R = S = 1$时，$Q = \overline{Q} = 1$，违反逻辑关系，这是不允许的。

当R和S同时由高电平变为低电平时，触发器的输出状态不能事先确定，这种情况不允许出现，需要避免。

表5.2.2所示为由或非门组成的基本RS触发器的特性表。

表 5.2.2　由或非门组成的基本 RS 触发器的特性表

输　入		现态	次态	功能说明
S	R	Q^n	Q^{n+1}	
0	0	0	0	保持
		1	1	
0	1	0	0	置0
		1	0	
1	0	0	1	置1
		1	1	
1	1	×	$Q = \overline{Q} = 1$	不允许。如果R、S同时撤销，撤销后状态不稳定；如果R、S分时撤销，状态由后撤销的输入信号决定

5.2.3　基本 RS 触发器的表示法与特点

1．基本RS触发器的表示法

基本RS触发器除了可以用特性表、时序图表示外，还可以用卡诺图、特性方程和状态转换图表示。

（1）卡诺图表示法

根据表5.2.2所示的特性表可以画出图5.2.5所示的卡诺图。

（2）特性方程表示法

时序逻辑电路的特性方程是描述次态与现态、输入之间的函数关系。

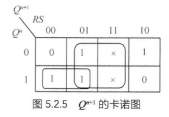

图 5.2.5　Q^{n+1} 的卡诺图

根据表5.2.2所示的特性表和图5.2.5所示的Q^{n+1}的卡诺图，次态Q^{n+1}不仅与R、S相关，还与现态Q^n息息相关，即R、S、Q^n共同决定Q^{n+1}的输出。Q^n、R、S这3个变量的8种取值中，011、111两种取值是不会出现的，即$\overline{Q^n}RS$和Q^nRS是约束项，所以约束条件为

$$\overline{Q^n}RS + Q^nRS = 0，即\ RS = 0$$

基本RS触发器的特性方程为

$$\begin{cases} Q^{n+1} = S + \overline{R}Q^n \\ RS = 0(约束条件) \end{cases}$$

因此，只要根据输入信号 R、S 和现态 Q^n 的取值情况，并利用特性方程来计算就可以获得次态 Q^{n+1}。

（3）状态转换图表示法

描述触发器的状态转换关系及转换条件的图被称为状态转换图（state transition diagram）。图5.2.6所示为基本RS触发器的状态转换图。其中圆圈表示状态，箭头表示状态转换方向，"/"表示状态转换条件，"×"表示任意值，同时 X/Y 表示输入、输出关系。

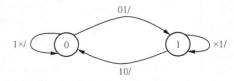

图 5.2.6　基本 RS 触发器的状态转换图

假设触发器先处在0状态，即 $Q^n = 0$，如果输入信号 $RS = 10$ 或00，也就是置0或保持，那么触发器将仍为0状态；如果输入信号 $RS = 01$（置1），触发器就会由0状态翻转成1状态；当触发器处在1状态，即 $Q^n = 1$ 时，如果输入信号 $RS = 01$（置1）或11（保持），那么触发器将仍为1状态；如果输入信号 $RS = 10$（置0），触发器就会由1状态翻转成0状态。

2．基本RS触发器的特点

无论是由与非门还是或非门组成的基本RS触发器，它们的区别只是低电平有效还是高电平有效而已，优缺点都是一样的。

（1）结构简单、电平直接控制，是触发器的基本结构形式。

（2）具有置0、置1和保持功能。

（3）特性方程为

$$\begin{cases} Q^{n+1} = S + \overline{R}Q^n \\ RS = 0（约束条件） \end{cases}$$

（4）R、S 之间存在约束，即两个输入信号不能同时有效，大大限制了基本RS触发器使用范围。

5.2.4　基本 RS 触发器的实践与 Multisim 仿真

例5.2.1　图5.2.7所示为优先裁判电路逻辑图，请用Multisim画出电路图，仿真后观察运行情况，最后试分析其工作原理。

解：图5.2.8所示为用RS触发器74LS279实现优先裁判电路的功能Multisim仿真验证图，其工作原理是当复位端接低电平时复位，复位端接高电平时电路可以进行裁判工作。每一轮比赛中两位选手谁先按下开关，谁优先对应指示灯点亮发光，后按的选手对应指示灯不亮。

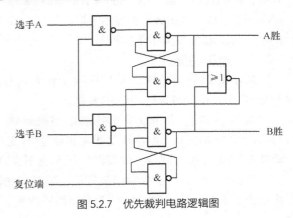

图 5.2.7　优先裁判电路逻辑图

裁判复位后可以进行下一轮比赛。

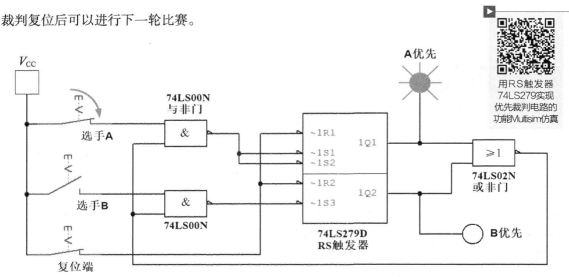

图 5.2.8　用 RS 触发器 74LS279 实现优先裁判电路的功能 Multisim 仿真验证图

5.3　同步触发器

　　数字系统中往往会存在需要多个触发器协调工作的情况，如果触发器状态转换过程没有进行统一管理，会给系统带来诸多不便。在实际使用中，往往要求多个触发器按一定的节拍动作，于是产生了同步触发器。同步触发器在基本RS触发器的基础上增设一个时间控制信号。这个时间控制信号也称时钟信号或时钟脉冲，简称时钟。**时钟信号是决定触发器何时动作的控制信号。时钟信号一般采用矩形波。**同步触发器分为同步RS触发器和同步D触发器。

5.3.1　同步 RS 触发器

1．电路组成及工作原理

　　图5.3.1所示为同步RS触发器。如图5.3.1（a）所示，Q与$\overline{Q}$是触发器的输出端，CP是时钟脉冲输入端，R和S是信号输入端，与非门G_1和G_2组成基本RS触发器，G_3、G_4组成导引控制电路。图5.3.1（b）所示为同步RS触发器的逻辑符号。

2．逻辑功能

　　同步RS触发器的输出不仅取决于输入信号R和S的状态，还受时钟脉冲CP的控制。

　　当$CP = 0$时，G_3和G_4导引控制电路被封锁，与非门输出都为1，使得触发器输出状态不变。即使R和S端有输入信号，触发器的状态也不会改变。

　　当$CP = 1$时，导引控制门被打开，R和S端的输入信号就会被接收，触发器的输出状态可以发生变换。表5.3.1所示为同步RS触发器的特性表。

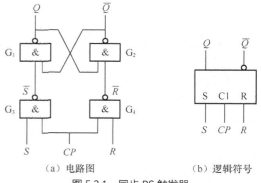

（a）电路图　　　　　（b）逻辑符号

图 5.3.1　同步 RS 触发器

表 5.3.1 同步 RS 触发器的特性表

CP	R	S	Q^n	Q^{n+1}	功能说明
0	×	×	×	Q^n	保持
1	0	0	0	0	保持
1	0	0	1	1	
1	0	1	0	1	置1
1	0	1	1	1	
1	1	0	0	0	置0
1	1	0	1	0	
1	1	1	0	违反逻辑关系	不允许
1	1	1	1		

因此，同步RS触发器的特性方程为

$$\begin{cases} Q^{n+1} = S + \overline{R}Q^n \ （CP = 1） \\ RS = 0 \ （约束条件） \end{cases}$$

具体来说，当$CP = 0$时，$Q^{n+1} = Q^n$，同步RS触发器保持；当$CP = 1$时，只要R和S不同时为1，同步RS触发器就按$Q^{n+1} = S + \overline{R}Q^n$规律转换状态。

3．同步RS触发器的主要特点

（1）时钟电平控制。

$CP = 1$期间触发器接收输入信号，$CP = 0$期间触发器保持状态不变。同步触发器的状态转变增加了时间控制，可以使多个触发器在同一个时钟脉冲控制下同步工作，但是触发器只在$CP = 1$时工作，$CP = 0$时被禁止。

（2）RS之间存在约束。

同步RS触发器在下列所述情况下使用时，可能出现约束问题，应避免。

① $CP = 1$期间，若$R = S = 1$，则将出现Q端和$\overline{Q}$端均为高电平，即违反逻辑关系的情况。

② $CP = 1$期间，若$R = S = 1$后R、S分时撤销，则触发器的状态决定于后撤销者。

③ $CP = 1$期间，若R、S同时从1跳变到0，则将出现竞态现象，而竞争结果不能预先确定。

④ 若$R = S = 1$时，CP突然撤销，即从1跳变到0，也会出现竞态现象，而竞争结果仍不能预先确定。

您知道吗？

同步RS触发器既可能因为R、S输入端的约束造成竞态现象，也可能因为时钟脉冲端造成竞态现象。

5.3.2 同步 D 触发器

同步RS触发器存在的约束问题就是$R = S = 1$（R、S同时为1）时所出现的问题。要解决约束问题，其实只要让同步RS触发器不会出现R、S同时为1的情况即可。解决办法是在R和S输入端之间接入一个非门，这样就可避免$R = S = 1$的情况发生。通过这种改进的触发器被称为同步D触发器，也称D锁存器。

1. 电路组成及逻辑功能

图5.3.2所示为同步D触发器。如图5.3.2（a）所示，Q与$\overline{Q}$是触发器的输出端，CP是时钟脉冲输入端，D是同步信号输入端。图5.3.2（b）所示是同步D触发器的逻辑符号。

从图5.3.2（a）可以看出，与非门G_1、G_2组成了基本RS触发器，与非门G_3、G_4受时钟脉冲CP的控制，此时输入$S = D$，$R = \overline{D}$。所以同步D触发器的特性由时钟脉冲CP和输入信号D共同决定。表5.3.2所示为同步D触发器的特性表。

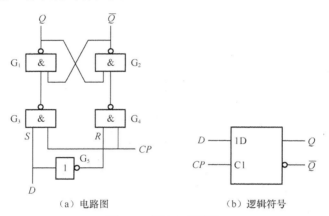

（a）电路图　　　　　　　　（b）逻辑符号

图 5.3.2　同步 D 触发器

表 5.3.2　同步 D 触发器的特性表

CP	D	Q^{n+1}	功能说明
1	0	0	跟随
1	1	1	
↓	0	0	锁存
↓	1	1	
0	×	Q^n	保持

（1）在$CP = 1$期间，同步D触发器具有跟随特性。

当$CP = 1$时，与非门G_3、G_4打开可以接收D信号，由于同步RS触发器的特性方程是$Q^{n+1} = S + \overline{R}Q^n$。此时$S = D$、$R = \overline{D}$，所以同步D触发器的特性方程为

$$Q^{n+1} = S + \overline{R}Q^n = D + DQ^n = D（CP = 1期间有效）$$

因此，在$CP = 1$期间，电路输出Q的状态总是跟随输入信号D的变换而变换。

（2）在CP下降沿到来时刻，电路开启锁存功能。

在CP下降沿到来时，Q的输出等于该时刻D的输入值。在CP下降沿后，D的输入值将不会再影响Q的状态，开启锁存功能。

（3）在$CP = 0$期间，电路具有保持功能。

当$CP = 0$时，与非门G_3、G_4被封锁，其输出都为1，基本RS触发器保持原来的状态不变，所以同步D触发器的输出Q保持不变。

2．TTL集成同步D触发器

图5.3.3所示为TTL集成同步D触发器74LS375的引脚排列示意。图中TTL集成同步D触发器74LS375有4个触发器单元。时钟$CP_{1,2}$是触发器1、2共用的时钟脉冲，时钟$CP_{3,4}$是触发器3、4共用的时钟脉冲。

3．同步D触发器的主要特点

（1）无约束问题，只有置1、置0两种功能。

由于同步D触发器消除了RS触发器的约束问题，性能得到提升。根据输入信号D的取值不同，同步D触发器既可以置1，也可以置0。

图 5.3.3　TTL 集成同步 D 触发器 74LS375 引脚排列示意

（2）时钟电平控制，$CP=1$时跟随，CP下降沿到来时锁存，$CP=0$时保持。

$CP=1$期间，输出Q随输入信号D的变换而变换。同步D触发器在$CP=1$期间，如果$D=1$，那么$Q^{n+1}=1$；若$D=0$，则$Q^{n+1}=0$。只有当CP下降沿到来时才锁存，锁存的内容是CP下降沿瞬间D的值。

图5.3.4所示为同步D触发器时序图。注意，触发器输出Q既受信号输入端D的控制，也受时钟脉冲输入端的控制。**信号输入端D决定触发器的输出状态，时钟脉冲决定触发器在何时被触发。**

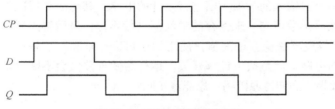

图 5.3.4　同步 D 触发器时序图

（3）空翻问题。

在$CP=1$期间，如果同步D触发器的输入信号发生变换，那么Q的状态也将随之变换。换句话说，在$CP=1$期间，触发器的输出Q的状态可能出现0、1多次翻转的现象。人们把这种现象称为触发器的空翻。图5.3.5所示为同步D触发器的空翻问题示例波形图。空翻是一种有害的现象，它使时序逻辑电路不能按时钟节拍工作，易造成系统的误动作。

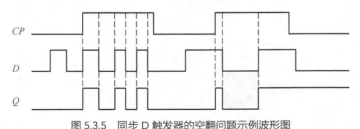

图 5.3.5　同步 D 触发器的空翻问题示例波形图

5.3.3　同步 D 触发器的实践与 Multisim 仿真

1．同步D触发器74LS375的功能Multisim验证

图5.3.6所示为同步D触发器74LS375的功能Multisim验证图。图中右部的时

同步D触发器
74LS375的功能
Multisim仿真

序图直观地呈现了同步D触发器的功能。同步D触发器在$CP=1$时跟随，在CP下降沿到来时锁存，在$CP=0$时保持。在$CP=1$期间，如果输入D变换，输出Q的状态也变换，可能出现0、1多次翻转的空翻现象。读者可以自行验证！

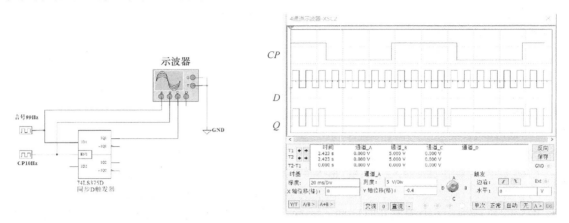

图 5.3.6　同步 D 触发器的功能 Multisim 验证图

2．同步D触发器74LS375的功能Multisim仿真

有人想要设计一个对输入的数值不断进行累计的电路。其想法是每次先输入一个十进制数，然后把数值与原来保存的中间值进行累计，最后得到累加结果。同时采用同步D触发器来保存中间值，使用加法器进行求和。于是设计出了图5.3.7所示的累加电路。但是按下计算开关，运行后发现数值会不断自动相加，没有达到预期效果。您知道原因吗？您能修正吗？

用同步D触发器实现累加功能的错误示例

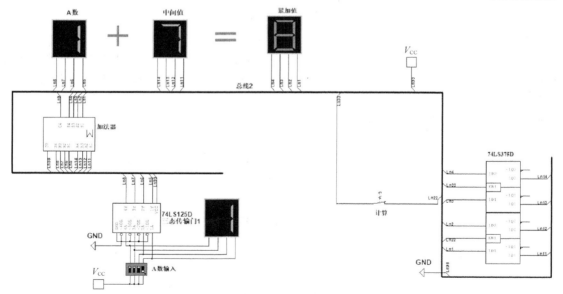

图 5.3.7　用同步 D 触发器实现累加功能的错误示例

究其原因，在图5.3.7中存储数据使用的触发器是74LS375芯片，它是同步D触发器。在$CP=1$期间，输出Q跟随输入D（中间值）变换，同时中间值不断改变，发生了空翻现象，所以出现累加值不断相加的情况。如果采用边沿触发器就可解决这个问题。

5.4 边沿触发器

为了解决同步D触发器的时钟电平控制问题和空翻问题，要求触发器状态翻转只取决于时钟脉冲的有效边沿一瞬间输入信号的状态，而与其他时刻输入信号的状态无关。这样便形成了边沿触发器。边沿触发器是利用时钟脉冲的有效边沿（上升沿或下降沿）将输入的变换反映在输出端的触发器。边沿触发器可分为正边沿触发器（时钟脉冲的上升沿触发）和负边沿触发器（时钟脉冲的下降沿触发）两类。

边沿触发器只在时钟脉冲触发沿到来的一瞬间接收信号，而在其他时刻都不接收信号。这样提高了触发器工作的可靠性和抗干扰能力，同时边沿触发器只在边沿到来的瞬间接收信号，**每个时钟周期内输出状态只改变一次，消除了空翻现象**。

5.4.1 边沿 D 触发器

1．电路结构与工作原理

图5.4.1所示为由两个同步D触发器级联而成的具有主从结构的边沿D触发器。其中图5.4.1（a）所示为边沿D触发器的逻辑电路图，图5.4.1（b）所示为边沿D触发器的逻辑符号。Q是边沿D触发器的输出端，$\overline{Q}$是互补输出端，D是数据信号输入端，CP是时钟脉冲输入端，"∧"表示边沿触发，"○"表示下降沿有效（负边沿触发）。

边沿D触发器工作原理分析如下。

（1）$CP = 0$时的情况。

$CP = 0$时与非门G_7、G_8被封锁，与非门G_3、G_4打开，从触发器的状态取决于主触发器的输出信号，即$Q = Q_t$、$\overline{Q} = \overline{Q_t}$，输入信号$D$不起作用。

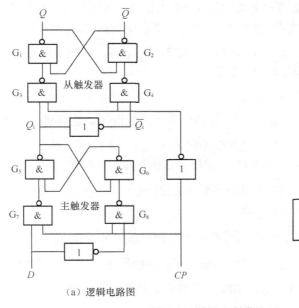

（a）逻辑电路图　　　　（b）逻辑符号

图 5.4.1　边沿 D 触发器

（2）$CP = 1$时的情况。

$CP = 1$时与非门G_7、G_8打开，此时与非门G_3、G_4被封锁，从触发器状态不变，主触发器的状态跟随输入信号D的变换而变换，即有$Q_t = D$。

（3）CP下降沿到来时的情况。

CP下降沿到来时封锁与非门G_7、G_8，打开与非门G_3、G_4，主触发器锁存CP下降时刻D的值，即$Q_t = D$。随后将该值送入从触发器使$Q = D$。

（4）CP下降沿后的情况。

CP下降沿后，主触发器将CP下降沿时锁的D值保存下来，从触发器的状态也将保持不变。

所以，边沿D触发器的特性方程为

$$Q^{n+1} = D \quad （CP下降沿有效）$$

综上所述，边沿D触发器的存储过程是在一个CP周期内分时、分步骤完成的。第一步，$CP = 1$期间打开主触发器，使输入信号D存入Q_t；同时封锁从触发器，保持Q状态不变。第二步，CP下降沿到来时锁存输入D，并隔离输入信号对Q_t的影响，打开从触发器，再把Q_t转移到Q端。第三步，CP下降沿后，输出Q状态保持不变，完成一个CP周期。因此，对于边沿D触发器，**每来一个时钟脉冲，边沿D触发器的输出状态只改变一次**，因而解决了同步D触发器的空翻问题。

2．边沿触发器的异步输入端

为了更有效地工作，边沿触发器一般设有3种输入端。

第一种是**时钟控制端（CP端），控制触发器输出状态什么时刻发生转换。**

第二种是同步信号输入端（如D端），控制触发器的输出状态怎么变换。同步是指输入端的信号能否被触发器接收完全受时钟脉冲的控制。只有在时钟脉冲有效的边沿到来时，同步信号才被接收。或者说同步信号需要时钟脉冲的配合才能起作用。

第三种是异步信号输入端（如$\overline{R_D}$、$\overline{S_D}$输入端），有时也称为直接复位端和直接置位端。**异步作用是指输入端起作用不需要时钟脉冲的配合，只要输入有效就立刻执行相应功能，故称为异步信号输入端。**异步信号输入端有预置初始状态或是在工作过程中强制置位和复位等作用。

图5.4.2所示为带有异步输入的边沿D触发器，其中图5.4.2（a）所示为逻辑电路图，图5.4.2（b）所示为逻辑符号。图中$\overline{R_D}$是直接复位端，$\overline{S_D}$是直接置位端。$\overline{R_D}$、$\overline{S_D}$端的小圆圈表示低电平有效。

边沿D触发器异步输入端工作原理分析如下。

（1）$\overline{R_D} = 0$，$\overline{S_D} = 1$，触发器异步复位。

当$\overline{R_D} = 0$，$\overline{S_D} = 1$，即$\overline{R_D}$接低电平，$\overline{S_D}$接高电平时，触发器复位到0状态。为了能可靠地复位，将$\overline{R_D}$端接G_2、G_6的输入端的同时也接G_7的输入端。这样不仅将主触发器和从触发器直接复位到0状态，还将封锁G_7，使触发器D端和时钟脉冲不能起作用。也就是说，无论CP处在什么状态，只要$\overline{R_D} = 0$，$\overline{S_D} = 1$，那么触发器就被可靠地复位到$Q = 0$、$\overline{Q} = 1$，即0状态。

（2）$\overline{R_D} = 1$，$\overline{S_D} = 0$，触发器异步置位。

当$\overline{R_D} = 1$，$\overline{S_D} = 0$，即$\overline{R_D}$接高电平，$\overline{S_D}$接低电平时，触发器置位到1状态。为了可靠地置位，常将$\overline{S_D}$端既接G_1、G_5的输入端，又接G_8的输入端。这样使主、从触发器直接复位，还封锁了G_8，使D和CP不能起作用。也就是说，无论CP处在什么状态，只要$\overline{R_D} = 1$，$\overline{S_D} = 0$，即$\overline{S_D}$端输入有效电平，$\overline{R_D}$端失效，那么触发器就会被可靠地复位到$Q = 1$、$\overline{Q} = 0$，即1状态。

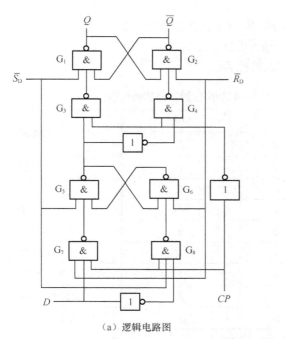

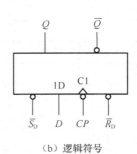

（a）逻辑电路图　　　　　　　　　（b）逻辑符号

图 5.4.2　带有异步输入的边沿 D 触发器

（3）$\overline{R_D}=1$，$\overline{S_D}=1$，触发器同步工作（正常工作）。

当 $\overline{R_D}=1$，$\overline{S_D}=1$，$\overline{R_D}$、$\overline{S_D}$ 都接高电平时，触发器正常工作。因为 $\overline{R_D}$、$\overline{S_D}$ 是异步输入端，其优先级别高于同步输入端和时钟脉冲输入端。当 $\overline{R_D}=1$，$\overline{S_D}=1$ 时，说明 $\overline{R_D}$、$\overline{S_D}$ 都失效，同步输入端可以工作，边沿D触发器处于正常工作状态。当 CP 下降沿有效时，$Q^{n+1}=D$。

（4）$\overline{R_D}=0$，$\overline{S_D}=0$，不允许。

当 $\overline{R_D}=0$，$\overline{S_D}=0$ 时，这是不允许的。当 $\overline{R_D}=0$，$\overline{S_D}=0$ 时，会出现 Q 和 $\overline{Q}$ 都为高电平的情况，这违反了逻辑关系，是不允许的。因此 $\overline{R_D}$、$\overline{S_D}$ 之间存在约束。

3．集成边沿D触发器

常用的TTL集成边沿D触发器是74LS74，常用的CMOS集成边沿D触发器有CC4013。图5.4.3所示为TTL集成74LS74边沿D触发器的电路图，其中图5.4.3（a）所示为74LS74边沿D触发器的引脚排列示意，图5.4.3（b）所示为74LS74 边沿D触发器的逻辑符号。

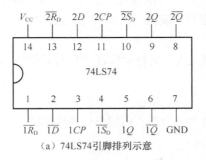

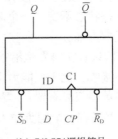

（a）74LS74引脚排列示意　　　　　　　（b）74LS74逻辑符号

图 5.4.3　TTL 集成 74LS74 边沿 D 触发器电路图

74LS74芯片内集成了两个边沿D触发器，CP上升沿触发。$\overline{S}_{D}$、$\overline{R}_{D}$ 是异步输入端，它们都是低电平有效，并且其优先级别比数据输入端D高。

表5.4.1所示为74LS74边沿D触发器的特性表。

表 5.4.1　74LS74 边沿 D 触发器的特性表

输入				输出	功能说明
$\overline{S}_{D}$	$\overline{R}_{D}$	CP	D	Q^{n+1}	
0	1	×	×	1	异步置1
1	0	×	×	0	异步置0
0	0	×	×	不定	不允许
1	1	↑	0	0	同步置0
1	1	↑	1	1	同步置1
1	1	↓	×	Q^{n}	保持（CP为下降沿）
1	1	1	×	Q^{n}	保持（CP为高电平）
1	1	0	×	Q^{n}	保持（CP为低电平）

注：↑为上升沿，↓为下降沿，0为低电平，1为高电平。

图5.4.4所示为74LS74边沿D触发器输入输出波形的示例。图中 $\overline{S}_{D}$、$\overline{R}_{D}$ 为异步输入信号。

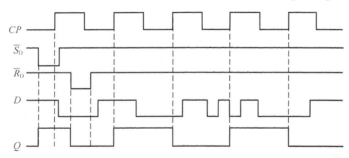

图 5.4.4　74LS74 边沿 D 触发器输入输出波形的示例

4．边沿D触发器的特点

（1）CP边沿（上升沿或下降沿）触发。

只有在CP脉冲有效边沿时刻，触发器按照$Q^{n+1} = D$的规律转换状态。其他时间一律为$Q^{n+1} = Q^{n}$，即触发器保持状态不变。一个周期输出状态只会变换一次，没有空翻问题。

（2）抗干扰能力强。

边沿D触发器只有在触发边沿很短的时间内触发，其他时间同步信号对触发器不起作用，保证了信号的可靠接收，抗干扰能力增强。

（3）功能简单，只具有置1、置0功能。

边沿D触发器只有一个同步输入端，只适用于一个输入的情况，功能相对较少，有时使用起来不太方便。

5.4.2 边沿 D 触发器的实践与 Multisim 仿真

74LS74边沿
D触发器的功能
Multisim仿真

1．边沿D触发器的功能Multisim验证

图5.4.5所示为74LS74边沿D触发器的功能Multisim仿真验证图。图5.4.5（a）所示为异步输入的情形。此时，异步置位端接低电平（有效），异步复位端接高电平（失效），不管时钟脉冲和同步输入端接什么电平，74LS74边沿D触发器总是被置位，输出$Q = 1$，指示灯亮。如果异步复位端有效，异步置位端失效，那么74LS74边沿D触发器被复位，输出$Q = 0$。图5.4.5（b）所示为同步输入的情形。当异步输入端都接高电平（失效），同步输入端$D = 1$，时钟脉冲上升沿到来时，输出$Q = 1$，指示灯亮。

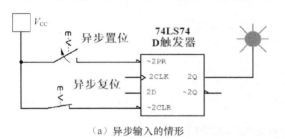

（a）异步输入的情形 　　　　　　　　（b）同步输入的情形

图 5.4.5　74LS74 边沿 D 触发器的功能 Multisim 仿真验证图

2．边沿D触发器的波形Multisim仿真

74LS74边沿D
触发器消除空翻
的Multisim仿真

图5.4.6所示为74LS74边沿D触发器的波形Multisim仿真分析图。虽然D信号比CP信号的变换频率快，但是没有发生空翻现象，输出Q在每个时钟周期里只在CP上升沿到来时才变换一次。

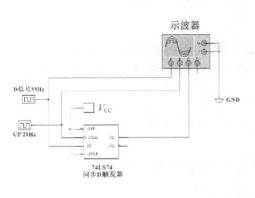
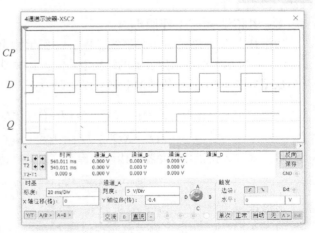

图 5.4.6　74LS74 边沿 D 触发器的波形 Multisim 仿真分析图

如果把边沿D触发器的输入端D接到$\overline{Q}$端，那么波形将会是什么样的？请读者试一试！

3．边沿D触发器实现累加器模型的Multisim仿真

边沿D触发器
实现累加器模型
的Multisim仿真

还记得前面用74LS375同步D触发器实现累加器的模型吗？图5.4.7所示为用74LS74边沿D触发器实现情况。请读者试一试，看看是不是好一点！

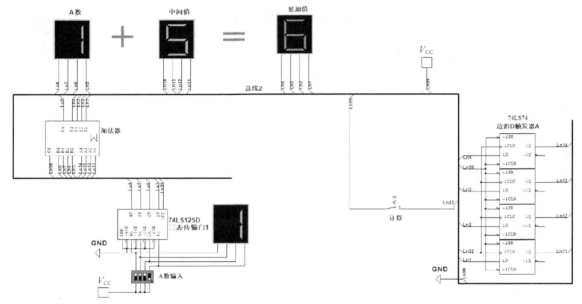

图 5.4.7 74LS74 边沿 D 触发器实现累加器

5.4.3 边沿 JK 触发器

在输入信号为一个的情况下，边沿 D 触发器是最方便的。但在输入信号为两个的情况下，人们常常使用边沿 JK 触发器。边沿 JK 触发器具有置 0、置 1、保持和翻转 4 种功能，功能完善、使用灵活、通用性强。

1. 电路结构与工作原理

边沿 JK 触发器结构有多种形式。图 5.4.8 所示为由边沿 D 触发器构成的边沿 JK 触发器，其中图 5.4.8（a）所示为边沿 JK 触发器的结构电路图，其中图 5.4.8（b）所示为边沿 JK 触发器的逻辑符号。

从图 5.4.8（a）所示的结构电路可以得到

$$D = \overline{\overline{J + Q^n} + KQ^n} = \overline{(J + Q^n)} \cdot \overline{KQ^n} = (J + Q^n)(\overline{K} + \overline{Q^n})$$
$$= J\overline{Q^n} + \overline{K}Q^n + J\overline{K} = J\overline{Q^n} + \overline{K}Q^n$$

将上式代入边沿 D 触发器的特性方程，可以得到边沿 JK 触发器的特性方程为

$$Q^{n+1} = J\overline{Q^n} + \overline{K}Q^n \quad （CP 下降沿有效）$$

边沿 JK 触发器的工作原理分析如下。

（1）$J = 0$，$K = 0$ 时，触发器实现保持（记忆）功能。

当 $J = 0$，$K = 0$ 时，将其代入特性方程 $Q^{n+1} = J\overline{Q^n} + \overline{K}Q^n$，得 $Q^{n+1} = Q^n$，触发器实现保持（记忆）功能。

（2）$J = 0$，$K = 1$ 时，触发器实现置 0 功能。

当 $J = 0$，$K = 1$ 时，将其代入特性方程可得 $Q^{n+1} = 0$，触发器实现置 0 功能。

（3）$J = 1$，$K = 0$ 时，触发器实现置 1 功能。

如果 $J = 1$，$K = 0$，那么 $Q^{n+1} = \overline{Q^n} + Q^n = 1$，触发器实现置 1 功能。

（4）$J=1$，$K=1$ 时，触发器实现翻转（计数）功能。

如果 $J=1$，$K=1$，那么 $Q^{n+1}=\overline{Q^n}$，触发器实现翻转（计数）功能。

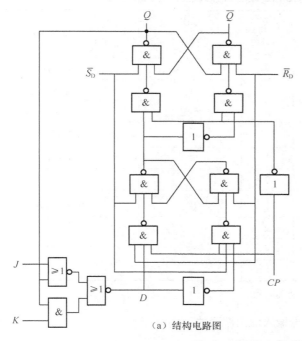 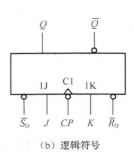

（a）结构电路图　　　　　　　　　　　　　　（b）逻辑符号

图 5.4.8　边沿 JK 触发器

2．集成边沿JK触发器

常用的边沿JK触发器有TTL集成边沿JK触发器74LS112和CMOS集成边沿JK触发器CC4027。图5.4.9所示为TTL集成74LS112边沿JK触发器，其中图5.4.9（a）所示为74LS112引脚排列示意，图5.4.9（b）所示为74LS112逻辑符号。

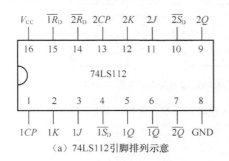 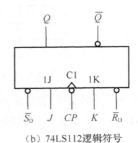

（a）74LS112引脚排列示意　　　　　　　（b）74LS112逻辑符号

图 5.4.9　TTL 集成 74LS112 边沿 JK 触发器

74LS112芯片中集成了两个边沿JK触发器，CP下降沿触发。异步输入端 $\overline{S_D}$ 和 $\overline{R_D}$ 都是低电平有效，其优先级别最高。表5.4.2所示为74LS112边沿JK触发器的特性表。

从特性表中可以看出：

（1）$\overline{S_D}$、$\overline{R_D}$ 不需要时钟脉冲的配合就可以实现异步置1和异步置0功能。

（2）在 $\overline{S_D}=\overline{R_D}=1$条件下，且$CP$下降沿到来的瞬间，边沿JK触发器可以实现保持、置1、置0、翻转的功能。

（3）在 $\overline{S_{\mathrm{D}}} = \overline{R_{\mathrm{D}}} = 1$ 条件下，如果 CP 不在下降沿，那么边沿 JK 触发器就保持原来的状态不变。

表 5.4.2　74LS112 边沿 JK 触发器的特性表

输入					输出	功能说明
$\overline{S_{\mathrm{D}}}$	$\overline{R_{\mathrm{D}}}$	CP	J	K	Q^{n+1}	
0	1	×	×	×	1	异步置1
1	0	×	×	×	0	异步置0
0	0	×	×	×	不定	不允许
1	1	↓	0	0	Q^n	保持（记忆）
1	1	↓	0	1	0	同步置0
1	1	↓	1	0	1	同步置1
1	1	↓	1	1	$\overline{Q^n}$	翻转（计数）
1	1	↑	×	×		
1	1	1	×	×	Q^n	不变
1	1	0	×	×		

注：↑为上升沿，↓为下降沿，0为低电平，1为高电平。

图 5.4.10 所示为 74LS112 边沿 JK 触发器输入输出波形的示例。

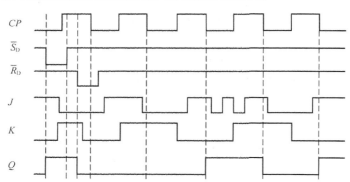

图 5.4.10　74LS112 边沿 JK 触发器输入输出波形的示例

图 5.4.11 所示为 CMOS 集成边沿 JK 触发器 CC4027，其中图 5.4.11（a）所示为 CC4027 引脚排列示意，图 5.4.11（b）所示为 CC4027 逻辑符号。

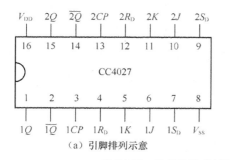

（a）引脚排列示意

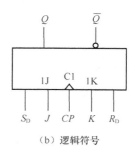

（b）逻辑符号

图 5.4.11　CMOS 集成边沿 JK 触发器 CC4027

CC4027芯片中集成了两个边沿JK触发器，CP上升沿触发。其中异步输入端 S_D 、 R_D 都是高电平有效，而且其比J、K输入端优先。表5.4.3所示为CC4027边沿JK触发器的特性表。

表 5.4.3　CC4027 边沿 JK 触发器的特性表

输入					输出	功能说明
S_D	R_D	CP	J	K	Q^{n+1}	
1	0	×	×	×	1	异步置1
0	1	×	×	×	0	异步置0
1	1	×	×	×	不定	不允许
0	0	↑	0	0	Q^n	保持（记忆）
0	0	↑	0	1	0	同步置0
0	0	↑	1	0	1	同步置1
0	0	↑	1	1	$\overline{Q^n}$	翻转（计数）
0	0	↓	×	×	Q^n	不变
0	0	1	×	×		
0	0	0	×	×		

注：↑为上升沿，↓为下降沿，0为低电平，1为高电平。

3．边沿JK触发器的特点

（1）CP有效边沿（上升沿或下降沿）触发。

只有在CP有效边沿瞬间，J、K输入端的信号才被接收，触发器按照特性方程 $Q^{n+1} = J\overline{Q^n} + \overline{K}Q^n$ 的规律更新状态。其他时间$Q^{n+1} = Q^n$，触发器保持原来的状态不变。**每个时钟周期输出只会变换一次。**

（2）抗干扰能力强，工作频率高。

因为只在CP触发边沿瞬间极短的时间内触发，其他时间不起作用，保证了信号的可靠接收。同时由于采用边沿控制，所以工作频率很高。

（3）功能齐全，使用灵活、方便。

根据J、K取值的不同，触发器具有置1、置0、保持、翻转这4种功能。

5.4.4　边沿 JK 触发器的实践与 Multisim 仿真

1．边沿JK触发器的功能Multisim仿真验证

图5.4.12所示为74LS112边沿JK触发器的功能Multisim仿真验证图。图5.4.12（a）所示为异步输入的情形。异步置位端接低电平时有效，异步复位端接高电平时失效，不管CP和J、K输入端接什么信号，74LS112边沿JK触发器都将被置位，输出$Q = 1$，指示灯亮。如果异步复位端有效，而异步置位端失效，那么74LS112边沿JK触发器将被复位，输出$Q = 0$。图5.4.12（b）所示为同步输入的情形。当异步输入端都接高电平（失效），同步输入端$J = 1$、$K = 0$且时钟脉冲下降沿到来时，输出$Q = 1$，实现置1功能。同理，通过改变J、K输入值可以实现置0、保持、翻转功能。请读者自行验证。

74LS112边沿JK触发器的功能Multisim仿真验证

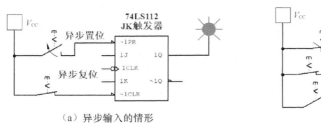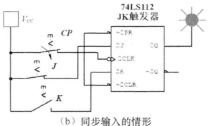

（a）异步输入的情形

（b）同步输入的情形

图 5.4.12　74LS112 边沿 JK 触发器的功能 Multisim 仿真验证图

74LS112边沿
JK触发器的波形
Multisim仿真分析

2．边沿JK触发器的波形Multisim仿真分析

图5.4.13所示为74LS112边沿JK触发器的波形Multisim仿真分析图。图中 $\overline{S_D} = \overline{R_D} = 1$，同时$J = K = 1$，根据特性方程$Q^{n+1} = \overline{Q^n}$，可实现翻转功能。当$CP$下降沿到来时输出$Q$翻转一次，其他时间一概保持。

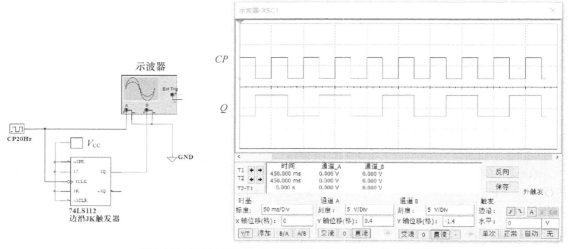

图 5.4.13　74LS112 边沿 JK 触发器的波形 Multisim 仿真分析图

5.4.5　边沿 T 触发器和 T′ 触发器

1．边沿T触发器

凡具有保持、翻转功能的电路称为T触发器。当$T=0$时触发器保持状态不变，当$T=1$时触发器实现翻转功能。所以边沿T触发器的特性表如表5.4.4所示。

图5.4.14所示为边沿T触发器的逻辑符号。其中T为同步输入端，CP为时钟脉冲端，小圆圈表示下降沿有效，"∧"表示边沿触发。

表 5.4.4　边沿 T 触发器的特性表

输入		输出	功能说明
CP	T	Q^{n+1}	
↓	0	Q^n	保持
↓	1	$\overline{Q^n}$	翻转

图 5.4.14　边沿 T 触发器的逻辑符号

边沿T触发器的特性方程为

$$Q^{n+1} = T\overline{Q}^n + \overline{T}Q^n = T \oplus Q^n \quad （CP下降沿时刻有效）$$

2．边沿T′触发器

边沿T′触发器是指每来一个时钟脉冲就会翻转一次的电路。图5.4.15所示为边沿T′触发器的逻辑符号。其中CP为时钟脉冲端，小圆圈表示下降沿触发。

边沿T′触发器的特性方程为

$$Q^{n+1} = \overline{Q^n} \quad （CP下降沿时刻有效）$$

所以，边沿T′触发器的特性表如表5.4.5所示。

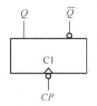

图 5.4.15　边沿 T′触发器的逻辑符号

表 5.4.5　边沿 T′触发器的特性表

输入		输出	功能说明
CP	Q^n	Q^{n+1}	
↓	0	1	翻转（计数）
↓	1	0	$Q^{n+1} = \overline{Q^n}$

注意：T、T′触发器没有集成产品，需要由其他触发器转换得到。

5.5　触发器之间的转换

在集成触发器中，每一种触发器都有自己独特的逻辑功能。触发器按功能可以分为RS、JK、D、T、T′等类型，但常见的集成触发器是JK触发器和D触发器。由于T′、T触发器没有现成的集成产品，需要时往往由JK触发器和D触发器转换得到。当然，JK触发器和D触发器之间也是可以转换的。

5.5.1　触发器之间的转换方法和步骤

（1）写出已有触发器和待求触发器的特性方程。

（2）变换待求触发器的特性方程，使之形式与已有触发器的特性方程一致。

（3）比较已有触发器和待求触发器的特性方程，根据两个方程等效的原则，求出已有触发器的输入逻辑值（转换条件）。

（4）根据转换条件画出逻辑电路图。

5.5.2　JK 触发器转换为其他触发器的实践

1．JK触发器转换为D触发器的方法

按照转换方法和步骤，先写出JK触发器的特性方程

$$Q^{n+1} = J\overline{Q^n} + \overline{K}Q^n$$

再写出D触发器的特性方程并做适当的变换

$$Q^{n+1} = D = D(\overline{Q^n} + Q^n) = D\overline{Q^n} + DQ^n$$

比较以上两式可得

$$J = D，K = \overline{D}$$

最后，画出用JK触发器转换为D触发器的逻辑连线图，如图5.5.1所示。

所以，**只要将JK触发器的J端接D同时K端接$\overline{D}$，就可获得D触发器。**

2．JK触发器转换为T触发器的方法

按照转换方法和步骤，先写出JK触发器的特性方程

$$Q^{n+1} = J\overline{Q^n} + \overline{K}Q^n$$

再写出T触发器的特性方程

$$Q^{n+1} = T\overline{Q^n} + \overline{T}Q^n$$

比较以上两式可得

$$J = K = T$$

最后，画出JK触发器转换为T触发器的逻辑连线图，如图5.5.2所示。

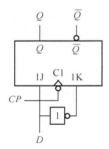

图 5.5.1　JK 触发器转换为 D 触发器连线图

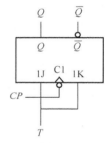

图 5.5.2　JK 触发器转换为 T 触发器连线图

3．JK触发器转换为T′触发器的方法

按照转换方法和步骤，先写出JK触发器的特性方程

$$Q^{n+1} = J\overline{Q^n} + \overline{K}Q^n$$

再写出T′触发器的特性方程并做适当的变换

$$Q^{n+1} = \overline{Q^n} = 1 \cdot \overline{Q^n} + \bar{1} \cdot Q^n$$

比较以上两式可得

$$J = K = 1$$

最后，画出JK触发器转换为T′触发器的逻辑连线图，如图5.5.3所示。

因此，**只要将JK触发器的J、K两个输入端连在一起，并接高电平，便可获得T′触发器。**

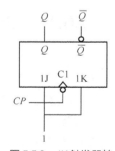

图 5.5.3　JK 触发器转换为 T′ 触发器连线图

5.5.3　D 触发器转换为其他触发器的实践

1．D触发器转换为JK触发器的方法

按照转换方法和步骤，先写出D触发器的特性方程

$$Q^{n+1} = D$$

再写出JK触发器的特性方程并做适当的变换

$$Q^{n+1} = J\overline{Q^n} + \overline{K}Q^n$$

比较以上两式可得

$$D = J\overline{Q^n} + \overline{K}Q^n$$

最后，画出用D触发器转换为JK触发器的逻辑连线图，如图5.5.4所示。

所以，通过这样的连接就可以把D触发器的置0、置1功能扩展为保持、置1、置0、计数的JK触发器。

2．D触发器转换为T触发器的方法

按照转换方法和步骤，先写出D触发器的特性方程

$$Q^{n+1} = D$$

再写出T触发器的特性方程并做适当的变换

$$Q^{n+1} = T\overline{Q^n} + \overline{T}Q^n = T \oplus Q^n$$

比较以上两式可得

$$D = T \oplus Q^n$$

最后，画出用JK触发器转换为T触发器的逻辑连线图，如图5.5.5所示。

因此，**将T和Q进行异或运算再连接D端，便可获得T触发器。**

3．D触发器转换为T′触发器的方法

按照转换方法和步骤，先写出D触发器的特性方程

$$Q^{n+1} = D$$

再写出T′触发器的特性方程

$$Q^{n+1} = \overline{Q^n}$$

比较以上两式可得

$$D = \overline{Q^n}$$

最后，画出用D触发器转换成T′触发器的逻辑连线图，如图5.5.6所示。

所以，只要将D触发器的$\overline{Q}$端连接到D端，便可获得T′触发器。

图 5.5.4　D 触发器转换为 JK 触发器连线图

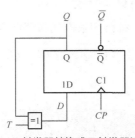

图 5.5.5　D 触发器转换成 T 触发器连线图

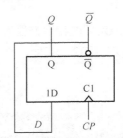

图 5.5.6　D 触发器转换成 T′ 触发器连线图

5.5.4　触发器之间转换的实践与 Multisim 仿真

例5.5.1 求图5.5.7和图5.5.8所示电路实现的逻辑功能。

例5.5.1 Multisim
仿真分析

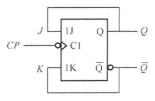

图 5.5.7　例 5.5.1 电路图

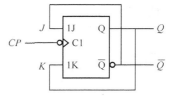

图 5.5.8　例 5.5.1 电路图

解： 在图5.5.7中，已知 $J=Q^n$，$K=Q^n$，所以根据JK触发器特性方程 $Q^{n+1}=J\overline{Q^n}+\overline{K}Q^n=Q^n\overline{Q^n}+\overline{Q^n}Q^n=Q^n$ 可知，该电路实现保持（记忆）的功能。

在图5.5.8中，$J=\overline{Q^n}$，$K=Q^n$，那么 $Q^{n+1}=J\overline{Q^n}+\overline{K}Q^n=\overline{Q^n}\,\overline{Q^n}+\overline{Q^n}Q^n=\overline{Q^n}$，所以该电路实现翻转（计数）的功能。

图5.5.9所示为图5.5.8所示电路的Multisim仿真分析图，可以观察到每来一个CP，输出Q就翻转一次。

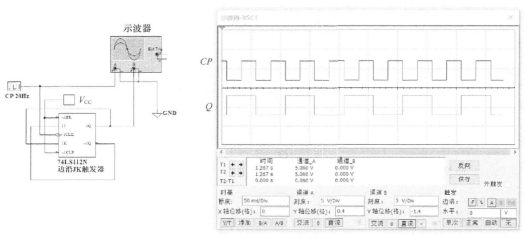

图 5.5.9　Multisim 仿真分析图

例5.5.2 欲使JK触发器按 $Q^{n+1}=\overline{Q^n}$ 工作，可使JK触发器的输入端（　　）。

A．$J=K=1$

B．$J=Q,\ K=\overline{Q}$

解： 因为JK触发器的特性方程为 $Q^{n+1}=J\overline{Q^n}+\overline{K}Q^n$，将已知条件代入特性方程

A．$Q^{n+1}=1\cdot\overline{Q^n}+\overline{1}\cdot Q^n=\overline{Q^n}$

B．$Q^{n+1}=Q^n\overline{Q^n}+Q^nQ^n=Q^n$

所以选择A。

5.6　触发器的应用示例

5.6.1　四分频电路的分析

在时钟脉冲的作用下，可用T′触发器来组成分频电路。图5.6.1所示为由D触发器组成的二分

频电路和波形图，其中图5.6.1（a）所示为接线图，图5.6.1（b）所示为输入和输出的波形图。

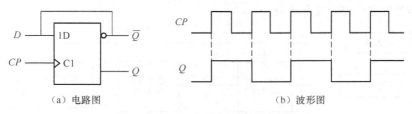

（a）电路图　　　　　　　　　　　　　（b）波形图

图 5.6.1　D 触发器组成的二分频电路和波形图

　　由波形图可以看出，输出Q波形的周期为输入CP的两倍，其频率则为CP的1/2。因此，该电路为一个二分频电路。这样的两个分频电路级联就可得到四分频电路。图5.6.2所示为四分频电路的Multisim仿真分析图。Q_1输出波形的频率是CP的1/4，故称为四分频。

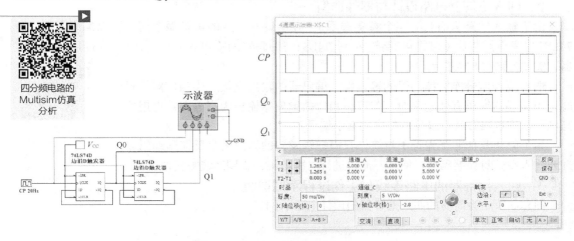

图 5.6.2　四分频电路的 Multisim 仿真分析图

5.6.2　抢答器电路的设计

1．抢答器电路功能分析与设计思想

　　抢答器是在比赛中经常用到的设备。本设计考虑到抢答器电路可以设置不同的参赛选手人数，可以扩充输入单元，这里采用编码形式。

　　抢答器的规则是"谁优先，谁有答题权"，每一次抢答只能产生一个答题选手。所以要求抢答器的编码器每次只能对最先按下按钮的参赛选手的输入信号进行一次编码，不能重复编码。因此要求抢答器必须具有单次编码的功能，根据编码器知识，可以通过把输出值（抢答结果）反馈到编码器的使能输入端进行配合控制，最后通过主持人操作可将系统复位，开启下一次答题。

　　抢答结果、优先抢答选手编号一般要求显示一段时间，不能要求选手一直按着按钮，这就涉及数据锁存的内容。数据锁存属于时序逻辑范畴，可采用触发器来实现数据存储。结果显示可采用LED实现，如果要报警可以设置报警电路。

　　由选手或代表队控制按钮来输入控制信息，由主持人控制系统清零按钮来实现系统复位和抢答管理。

综上所述，抢答器应具有选手输入单元、优先锁存、系统显示及报警、主持人控制等模块。图5.6.3所示为抢答器电路的设计示意。

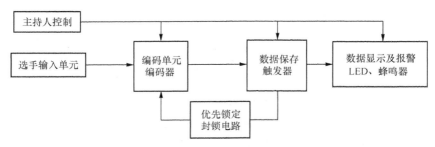

图 5.6.3　抢答器电路的设计示意

2．四人抢答器电路设计与器件选型

由于输入回路只有4路（4个参赛选手），并需留有一定的可扩展空间，所以编码器可选择74LS148编码器芯片（可提供8路输入）。74LS148编码器的输出有3个，所以应该选用3个D触发器，需要2片74LS74芯片。

选手输入信号连接编码器的输入端，编码器的输出直接连接触发器的置位端，当编码器输出有效电平时，就可将相应的触发器输出为高电平，再把这个高电平送到数码管就可以显示相应的选手编号。

为了防止其他非优先选手抢答，只需把触发器的输出信号反馈到编码器的选通输入端，封锁编码器，使其不能再进行二次编码，直到系统被复位。

用编码器和D触发器实现的四人抢答器仿真（一）

3．四人抢答器的电路连线与工作过程示例说明

图5.6.4所示为简易的四人抢答器的设计电路示例。

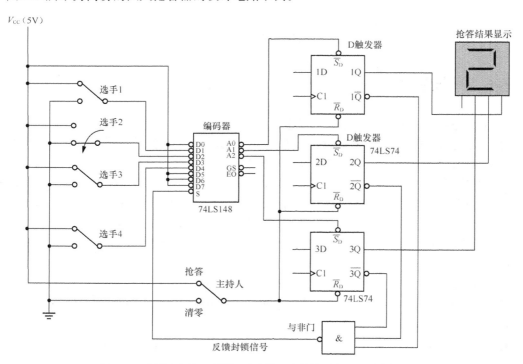

图 5.6.4　用编码器和 D 触发器实现的四人抢答器的设计示例（一）

　　根据抢答器电路的设计思想，在图5.6.4中，当前是选手2优先输入，此时74LS148编码器将选手2的输入信号转换成二进制编码101，并把这个结果输出给74LS74触发器。由于编码器的输出直接连接到触发器的置位端，所以触发器被保存的值为010。再将触发器的输出连到数码管，数码管显示"2"，说明当前抢答的结果是选手2。

　　为了保证其他选手在此之后输入，编码器应该不能再编码。这里把触发器的互补输出信号101通过与非门反馈到编码器的选通输入端，让编码器不能再编码。这样数码管的显示值就不会变换，表明选手2抢答成功。

　　只要主持人按下清零按钮，系统实现复位，就可以开始下一轮抢答。

　　请各位读者用Multisim仿真试试！

　　图5.6.5所示为四人抢答器的另一种实现方法，它采用同步信号实现数据存储，相比于图5.6.4所示采用异步信号实现数据存储的方法，您更喜欢哪一种？

用编码器和
D触发器实现的
四人抢答器
仿真（二）

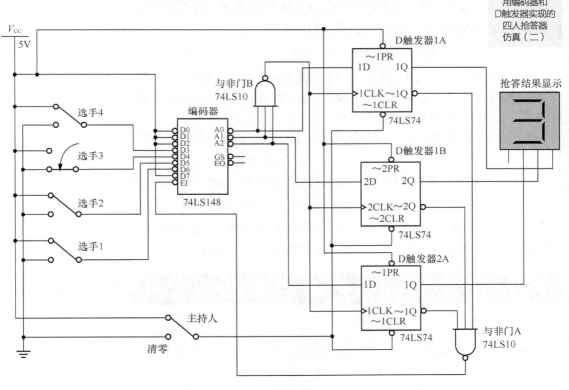

图 5.6.5　用编码器和 D 触发器实现的四人抢答器的设计示例（二）

📝 本章小结

　　（1）触发器是时序逻辑电路的基本单元，一个触发器可以存储一位二进制数据。触发器有两个稳定的状态，外界可以设置触发器的状态，外部信号停止作用后，触发器还能保持原来的状态。

　　（2）触发器有3种信号。最优先的是异步信号，异步信号主要是设定触发器的初始值以及恢复到初始状态。时钟脉冲信号决定触发器状态发生转移变换的时刻，即解决触发器状态何时转移的问题。同步信号也称驱动信号，用来决定触发器状态如何转移。

（3）基本RS触发器可以由两个与非门或者或非门交叉把输出引回到输入组成。基本RS触发器是触发器的基本形式，其最显著的特点是电平直接控制，R、S之间存在约束。基本RS触发器的特性方程为

$$\begin{cases} Q^{n+1} = S + \overline{R}Q^n \\ RS = 0 \quad （约束条件） \end{cases}$$

（4）同步触发器是在RS触发器的基础上加入时钟脉冲而形成的，可以协调多个触发器在统一的节拍下工作。同步RS触发器的特性方程为

$$\begin{cases} Q^{n+1} = S + \overline{R}Q^n \quad （CP=1） \\ RS = 0 \quad （约束条件） \end{cases}$$

（5）同步D触发器可以消除约束问题，但是有空翻现象。同步D触发器在$CP=1$时跟随，下降沿时锁存，$CP=0$时保持。同步D触发器的特性方程为

$$Q^{n+1} = S + \overline{R}Q^n = D + DQ^n = D \quad （CP=1期间有效）$$

（6）边沿触发器是只在边沿时刻发生变换的触发器，它克服了空翻现象。对于边沿触发器，每一个时钟脉冲周期，边沿触发器的输出状态只改变一次。时钟脉冲有效边沿决定触发器什么时候变换，驱动信号决定触发器怎么变换。

（7）边沿D触发器主要用于存储数据，有置0、置1功能，其特性方程为

$$Q^{n+1} = D \quad （CP下降沿有效）$$

（8）边沿JK触发器主要有保持、置0、置1、翻转4种功能，其特性方程为

$$Q^{n+1} = J\overline{Q^n} + \overline{K}Q^n \quad （CP下降沿有效）$$

（9）T触发器是在$T=0$时保持、$T=1$时翻转的触发器。T′触发器是每来一个脉冲就翻转一次的触发器。各种触发器之间是可以转换的，转换也是有方法的。

📝 习题

一、选择题

5.1 一个触发器可以记录一位二进制代码，它有（　　）个稳态。

A. 0 　　　　　　　 B. 1 　　　　　　　 C. 2 　　　　　　　 D. 3

5.2 存储8位二进制信息要（　　）个触发器。

A. 2 　　　　　　　 B. 3 　　　　　　　 C. 4 　　　　　　　 D. 8

5.3 N个触发器可以构成能寄存（　　）位二进制代码的存储器。

A. $N-1$ 　　　　　 B. N 　　　　　　 C. $N+1$ 　　　　　 D. 2^N

5.4 触发器是一种（　　）稳态电路。

A. 无 　　　　　　　 B. 单 　　　　　　　 C. 双 　　　　　　　 D. 多

5.5 在下列触发器中，有约束条件的是（　　）。

A. 边沿JK触发器 　　 B. 同步D触发器 　　 C. 同步RS触发器 　　 D. 边沿D触发器

5.6 描述触发器逻辑功能的方法有（　　）。

A. 特性表 　　　　　 B. 特性方程 　　　　 C. 状态转换图 　　　 D. 卡诺图

5.7 RS触发器的基本性质是（   ）。

A. 一个稳定状态　　　 B. 两个稳定状态　　　 C. 无稳定状态　　　 D. 能自动翻转

5.8 基本RS触发器的约束条件为（   ）。

A. $\overline{R}\,\overline{S}=1$　　　 B. $\overline{R}\,\overline{S}=0$　　　 C. $RS=0$　　　 D. $RS=1$

5.9 在下列触发器中，没有约束条件的是（   ）。

A. 基本RS触发器　 B. 边沿D触发器　 C. 同步RS触发器　 D. 同步D触发器

5.10 TTL集成JK触发器要使其初始值$Q=1$，则应该使（   ）。

A. $\overline{R}_D=1,\overline{S}_D=1$　 B. $\overline{R}_D=0,\overline{S}_D=1$　 C. $\overline{R}_D=1,\overline{S}_D=0$　 D. $\overline{R}_D=0,\overline{S}_D=0$

5.11 TTL集成D触发器要使其正常工作，则应该使（   ）。

A. $\overline{R}_D=1,\overline{S}_D=1$　 B. $\overline{R}_D=0,\overline{S}_D=1$　 C. $\overline{R}_D=1,\overline{S}_D=0$　 D. $\overline{R}_D=0,\overline{S}_D=0$

5.12 当$J=1$、$K=0$时，JK触发器具有（   ）的功能。

A. 计数　　　　 B. 保持　　　　 C. 置0　　　　 D. 置1

5.13 用5级触发器可以记忆（   ）种不同的状态。

A. 8　　　　 B. 16　　　　 C. 32　　　　 D. 64

5.14 下列说法不正确的是（   ）。

A. CP下降沿触发的JK触发器，在CP下降沿前一刻的J、K值，服从JK触发器的特性表或特性方程

B. CP上升沿触发的D触发器，在触发后的触发器状态取决于CP上升沿前一刻的D值，服从特性方程$Q^{n+1}=D$

C. 边沿JK触发器和D触发器可以转换为T′触发器

D. 对于T触发器，当输入端$T=0$时，每一个CP触发，触发器的状态就翻转一次

5.15 下列说法正确的是（   ）。

A. 一个触发器可以有一个输出端，也可以有两个输出端

B. 触发器两个输出端的电平可以相同，也可以相反

C. 时钟信号决定触发器的翻转时刻，同步输入信号决定触发器翻转后的状态

D. 时钟脉冲信号的触发都是上升沿触发

5.16 设JK触发器的初态为0，若希望在CP作用下输出状态为1，则J、K的值应分别是（   ）。

A. $J=1,K=1$　 B. $J=0,K=1$　 C. $J=1,K=\times$　　 D. $J=\times,K=1$

5.17 下面触发器中，克服了空翻现象的有（   ）。

A. 边沿D触发器　 B. 同步D触发器　 C. 同步RS触发器　 D. 边沿JK触发器

5.18 对于JK触发器，若$J=K$，则可完成（   ）触发器的逻辑功能。

A. RS　　　　 B. D　　　　 C. T　　　　 D. T′

5.19 为实现JK触发器转换为D触发器，应使（   ）。

A. $J=D,K=\overline{D}$　 B. $J=\overline{D},K=D$　 C. $J=K=\overline{D}$　 D. $J=K=D$

5.20 对于T触发器，若原态$Q^n=0$，欲使次态$Q^{n+1}=1$，应使输入$T=$（   ）。

A. 0　　　　 B. 1　　　　 C. Q　　　　 D. $\overline{Q}$

5.21 对于T触发器，若原态$Q^n=1$，欲使次态$Q^{n+1}=1$，应使输入$T=$（   ）。

A. 0　　　　 B. 1　　　　 C. Q　　　　 D. $\overline{Q}$

5.22 对于D触发器，欲使次态$Q^{n+1}=Q^n$，应使输入$D=$（　　　　）。

A. 0 　　　　　　B. 1 　　　　　　C. Q 　　　　　　D. $\overline{Q}$

5.23 欲使JK触发器按$Q^{n+1}=\overline{Q^n}$工作，可使JK触发器的输入端（　　　　）。

A. $J=K=1$ 　　　B. $J=Q,K=\overline{Q}$ 　　　C. $J=\overline{Q},K=Q$ 　　　D. $J=Q,K=1$

E. $J=1,K=Q$

5.24 欲使JK触发器按$Q^{n+1}=0$工作，可使JK触发器的输入端（　　　　）。

A. $J=K=1$ 　　　B. $J=Q,K=Q$ 　　　C. $J=Q,K=1$ 　　　D. $J=0,K=1$

E. $J=K=0$

5.25 欲使JK触发器按$Q^{n+1}=1$工作，可使JK触发器的输入端（　　　　）。

A. $J=K=1$ 　　　B. $J=1,K=0$ 　　　C. $J=K=\overline{Q}$ 　　　D. $J=\overline{Q},K=0$

E. $J=K=0$

5.26 欲使D触发器按$Q^{n+1}=\overline{Q^n}$工作，应使输入$D=$（　　　　）。

A. 0 　　　　　　B. 1 　　　　　　C. Q 　　　　　　D. $\overline{Q}$

5.27 欲使JK触发器实现特性方程$Q^{n+1}=\overline{A}Q^n+AB$，则JK触发器的方程为（　　　　）。

A. $J=AB,K=\overline{\overline{A+B}}$ 　　　　　　　　　　B. $J=AB,K=A\overline{B}$

C. $J=\overline{\overline{A+B}},K=AB$ 　　　　　　　　　　D. $J=A\overline{B},K=AB$

5.28 JK触发器按习题5.28图所示的方式连线，那么在CP的作用下，Q端的输出波形为（　　　　）。

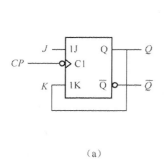

（a）　　　　　　　　　　　　　　　　　　　　　　（b）

习题 5.28 图

5.29 如习题5.29图所示，设初始状态$Q=0$，那么在CP的作用下，Q端的输出波形应为（　　　　）。

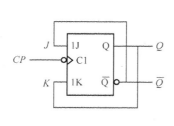

（a）　　　　　　　　　　　　　　　　　　　　　　（b）

习题 5.29 图

5.30 如习题5.30图所示，当$A=1$时，CP来到后D触发器（　　　）。

A．保持　　　　　　B．翻转　　　　　　C．置1　　　　　　D．置0

5.31 习题5.31图所示的电路实现了（　　　）触发器的功能。

A．D　　　　　　B．T　　　　　　C．T′　　　　　　D．JK

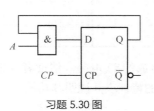

习题 5.30 图

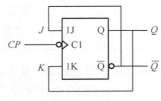

习题 5.31 图

5.32 一个触发器的状态转换图如习题5.32图所示，那么该触发器为（　　　）。

A．RS触发器　　　　B．T触发器　　　　C．JK触发器　　　　D．D触发器

5.33 如习题5.33图所示，如果触发器的原态$Q_1Q_0=01$，那么在下一个CP作用后，Q_1Q_0状态将会为（　　　）。

A．00　　　　　　B．01　　　　　　C．10　　　　　　D．11

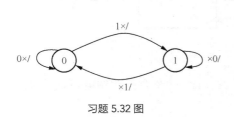

习题 5.32 图

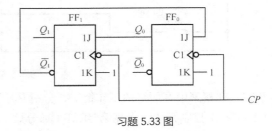

习题 5.33 图

二、分析应用题

5.34 先列出JK触发器的特性表，并根据习题5.34图给出的CP及J、K端的输入信号波形画出输出端Q的波形。（已知触发器的初始状态为0状态。）

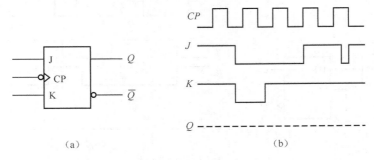

（a）　　　　　　　　　　　　　　　（b）

习题 5.34 图

5.35 试用D触发器和逻辑门组成一个XY触发器，要求实现习题5.35表所示的功能。

习题 5.35 表

X	Y	Q^{n+1}
0	0	Q^n
0	1	$\overline{Q^n}$
1	0	$\overline{Q^n}$
1	1	Q^n

5.36 习题5.36图所示是边沿D触发器和异或门组成的XY电路。请读者画出对应的Multisim仿真图，通过改变输入变量的取值和脉冲，确定电路的特性表并说明其功能。

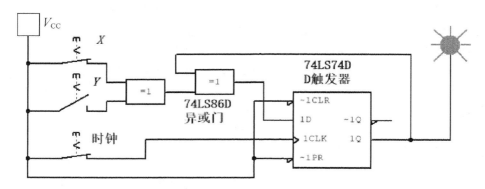

习题 5.36 图

5.37 观察家中客厅灯的工作情况，分析其原理，并设计一个客厅灯控制电路。要求：

（1）按1次控制开关，点亮第1组灯（部分灯）；

（2）按2次控制开关，点亮第2组灯（全部灯）；

（3）按3次控制开关，熄灭所有灯。

5.38 如习题5.38图（a）所示，请写出电路的特性方程；根据习题5.38图（b）所示的输入 A、B和CP的波形，请画出输出Q的波形。

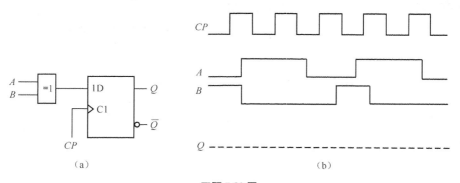

（a）　　　　　　　　　　　（b）

习题 5.38 图

5.39 如习题5.39图所示，假设触发器的原态$Q_1Q_0 = 01$，试分析在下一个CP的作用下，Q_1Q_0的状态将怎么变换？如果CP不断，那么Q_1Q_0的状态将如何变换？

5.40 如习题5.40图所示，假设触发器的原态$Q_1Q_0 = 00$，试分析触发器在CP的作用下，Q_1Q_0的状态将如何变换？并画出输出Q_1、Q_0的波形图。

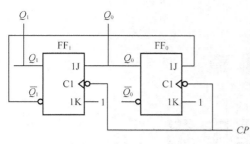

习题 5.39 图

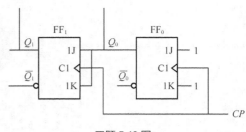

习题 5.40 图

5.41 如习题5.41图所示，请先画出Multisim仿真图，通过改变脉冲，认真观察并确定触发器电路的状态转换图。

5.42 如习题5.42图（a）所示，要求：

（1）简述$\overline{R}_D$的作用；

（2）写出D触发器的特性方程，并分析习题5.42图（a）所示电路实现的逻辑功能；

（3）在习题5.42图（b）中画出输出Q对应的波形。

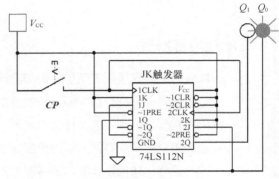

习题 5.41 图

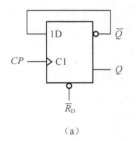

（a）

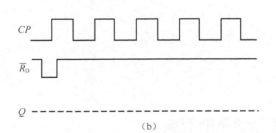

（b）

习题 5.42 图

5.43 由T′触发器构成的电路如习题5.43图（a）所示。要求：

（1）说明T′触发器的逻辑功能，并写出T′触发器的特性方程；

（2）如果已知习题5.43图（b）所示的CP波形，请画出输出Q_0、Q_1对应的波形（设触发器的初态均为0状态）；

（3）说明电路的功能。

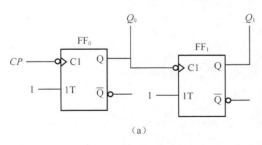

（a）

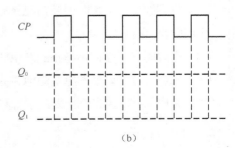

（b）

习题 5.43 图

第 **6** 章

时序逻辑电路

本章内容概要

本章介绍时序逻辑电路的分析和设计方法。

读者思考：怎样让数字系统按规定的逻辑状态循环工作？同步、异步工作方式一样吗？有什么区别？各有什么特点？

读者思考：如何有效分析时序逻辑电路？如何获得电路的状态变化规律？

读者思考：如何设计时序逻辑电路？设计时应遵循什么规则？

本章重点难点

时序逻辑电路的分析方法及同步、异步时序逻辑电路的设计方法。

本章学习目标

（1）掌握时序逻辑电路的特点、分类以及其与组合逻辑电路的异同；

（2）掌握同步、异步时序逻辑电路的分析方法，学会分析多触发器的状态转换和变化规律；

（3）理解同步时序逻辑电路的表示法；

（4）掌握同步、异步时序逻辑电路的设计方法，学会设计简单的时序逻辑电路；

（5）掌握常用时序逻辑电路的设计和综合应用。

绝大多数具有实际应用能力的逻辑电路是时序逻辑电路。时序逻辑电路的输出信号不仅取决于该时刻的输入信号，还取决于电路原来的状态，或者说还与以前的输入有关。

通过时序逻辑电路的分析可以了解给定时序电路的状态转换规律。通过设计可以把按规律变化的现实问题用时序逻辑电路来完成。**时序逻辑电路为分步骤、按规律运行特殊的功能提供了实现途径。如计数器、寄存器、RAM等都是时序逻辑电路的典型产品。**

6.1 时序逻辑电路概述

图6.1.1所示为进位保持的串行加法器电路。进位保持的串行加法器电路包含组合逻辑电路（加法器）和存储电路（D触发器）两个部分。前者执行A_i、B_i和C_{i-1}的加法运算，后者负责保存每次相加后的进位结果。此时电路的输出不再仅仅是输入A_i、B_i的逻辑输出，还包含以往的A_{i-1}、B_{i-1}的进位输出。

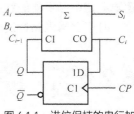

图 6.1.1 进位保持的串行加法器电路

从进位保持的串行加法器的例子可知，一个时序逻辑电路包含组合逻辑电路和存储电路，而且存储电路是必不可少的，存储电路的状态往往要反馈到组合逻辑电路的输入端，并与输入一起改变系统的状态，产生最终输出。

6.1.1 时序逻辑电路的特点

时序逻辑电路是数字系统不可缺少的部分，通常由组合逻辑电路和存储电路构成。图6.1.2所示为时序逻辑电路示意。

X为输入信号，Y为输出信号，W为驱动信号，Q为输出状态。

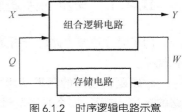

图 6.1.2 时序逻辑电路示意

为了描述时序逻辑电路的逻辑关系，根据信号间的关系，常采用三大方程描述：

$$\begin{cases} Y = F[X, Q^n] & (6.1.1) \\ W = G[X, Q^n] & (6.1.2) \\ Q^{n+1} = H[W, Q^n] & (6.1.3) \end{cases}$$

其中式（6.1.1）称为输出方程，表示系统输出Y是输入X和现态Q^n的函数；式（6.1.2）称为驱动方程，表示驱动W与输入X和现态Q^n间的关系；式（6.1.3）称为状态方程，表示每个触发器的次态Q^{n+1}与驱动W和现态Q^n间的关系。

时序逻辑电路的特点如下。

（1）时序逻辑电路包含可以存储信号的记忆元件，**具有存储、记忆功能。**

（2）**时序逻辑电路的信号是双向传输的，既有从输入到输出的逻辑关系，又有从输出到输入的反馈通道。**

（3）时序逻辑电路可以没有组合逻辑电路，但必须包含存储电路，而存储功能都是由触发器实现的，**因此触发器是时序逻辑电路的基本单元。**

现在绝大多数具有实际应用能力的逻辑电路都是时序逻辑电路。

6.1.2 时序逻辑电路的分类

根据触发器是否同时动作，时序逻辑电路分为同步时序逻辑电路和异步时序逻辑电路两种。同步时序逻辑电路中所有触发器的状态变化是在同一个时钟脉冲控制下同时发生的；而异步时序逻辑电路中触发器的状态变化不是同时发生的，有先有后，时钟脉冲也不是同一个。

时序逻辑电路按逻辑功能不同可分为计数器、寄存器、RAM等。

6.2 时序逻辑电路的分析

组合逻辑电路的分析可以用真值表、逻辑图、卡诺图、逻辑表达式、波形图等方法。时序逻辑电路的分析则往往采用状态转换表、卡诺图、状态转换图、特性方程、时序图（波形图）等方法。

在分析时序逻辑电路时，常常将状态变量和输入信号都当作逻辑函数的输入变量。

6.2.1 同步时序逻辑电路的分析

同步时序逻辑电路的分析是指找出给定电路的状态和输出在输入变量和时钟脉冲作用下的变化规律。

时序逻辑电路的逻辑功能可以用输出方程、驱动方程和状态方程来描述。如果能够确定电路的这3个方程，那么时序逻辑电路的功能应该就清楚了，同时也能对时序逻辑电路进行有效分析。因此，只要根据输出方程、驱动方程和状态方程，就能够求得给定输入和已知电路状态下确定电路的输出和次态。

1．同步时序逻辑电路的分析内容

对于同步时序逻辑电路，每来一个时钟脉冲，电路中触发器状态就变化一次。所以，分析同步时序逻辑电路时可以遵循以下一些规则。

（1）根据给定的逻辑电路图写出每个触发器的时钟方程。时钟方程是判断同步电路和异步电路的主要依据。

（2）根据给定的逻辑图的连接关系，写出每个触发器的驱动方程（即触发器输入信号的逻辑函数）。

（3）写出电路的输出方程。

（4）将驱动方程代入相应触发器的特性方程，获得每个触发器的状态方程。

（5）分析整个时序逻辑电路在时钟脉冲作用下的状态转换关系并确定变化规律。

2．同步时序逻辑电路的分析举例

例6.2.1 试分析图6.2.1 所示的由TTL触发器构成的时序逻辑电路。

（1）写出该时序逻辑电路的时钟方程、驱动方程、状态方程和输出方程。

（2）如果电路原态为01，那么经过一个时钟脉冲后，电路的状态将变成什么？通过状态方程和输出方程能否直观地确定电路的状态转换关系和变化规律？

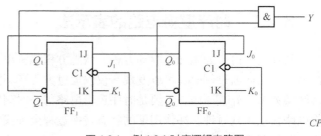

图 6.2.1　例 6.2.1 时序逻辑电路图

解：（1）观察电路图，电路的时钟方程为 $CP_0 = CP_1 = CP$。所有触发器都接同一个 CP，并在 CP 的作用下工作，因此该电路是同步时序逻辑电路。

对于TTL触发器，输入端悬空时等效为逻辑1状态，相当于接高电平。所以该电路的驱动方程为

$$\begin{cases} J_0 = \overline{Q_1^n}, \ K_0 = 1 \\ J_1 = Q_0^n, \ K_1 = 1 \end{cases} \tag{6.2.1}$$

因为触发器都是JK触发器，而JK触发器特性方程为

$$Q^{n+1} = J\overline{Q^n} + \overline{K}Q^n \tag{6.2.2}$$

将式（6.2.1）代入式（6.2.2），得状态方程为

$$\begin{cases} Q_0^{n+1} = \overline{Q_1^n}\,\overline{Q_0^n} + \overline{1}Q_0^n = \overline{Q_1^n}\,\overline{Q_0^n} \\ Q_1^{n+1} = Q_0^n\overline{Q_1^n} + \overline{1}Q_1^n = Q_0^n\overline{Q_1^n} \end{cases} \tag{6.2.3}$$

输出方程为

$$Y = Q_1^n\overline{Q_0^n} \tag{6.2.4}$$

（2）如果电路原态为01，即 $Q_1^nQ_0^n = 01$，经过一个时钟脉冲后，时序电路的次态应该是 $Q_1^{n+1}Q_0^{n+1}$。要想得到具体的状态值，只需把原态 $Q_1^nQ_0^n = 01$ 代入式（6.2.3），通过计算就可获得 $Q_1^{n+1}Q_0^{n+1} = 10$。

6.2.2　同步时序逻辑电路的 Multisim 仿真

图6.2.2所示为例6.2.1时序逻辑电路对应的功能Multisim仿真验证图。每按下 CP 开关后再断开时，相当于等效输入一个下降沿脉冲，只要不断重复操作开关，触发器的状态将按 $00 \rightarrow 01 \rightarrow 10 \rightarrow 00$ 循环变化。只有在 Q_1Q_0=10时，输出 Y 才为1。

同步时序逻辑电路的Multisim仿真

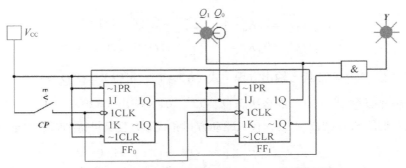

图 6.2.2　例 6.2.1 逻辑电路的功能 Multisim 仿真验证图

6.2.3　时序逻辑电路的表示法

从理论上讲，如果知道驱动方程、状态方程和输出方程，那么时序逻辑电路的逻辑功能也就清楚了。然而通过例6.2.1可以发现，仅仅通过方程还不能直观、完整地获得电路的整体印象和状态转换关系。究其原因，主要是时序逻辑电路每一时刻的状态都与电路的历史情况有关。如果能将电路在一系列时钟脉冲作用下的状态转换过程全部找出来，把状态转换关系一一表示出来，那么电路的逻辑功能便可一目了然。

用于直观、清晰地描述时序逻辑电路状态转换全部过程的方法有状态转换表、状态转换图和时序图。这些方法可以用来描述时序逻辑电路，它们本质上是相通的，它们之间是可以相互转换的。

1. 状态转换表

若将输入变量的可能取值和逻辑电路初始状态代入状态方程和输出方程，在时钟脉冲的控制下，逐次计算出电路触发器的次态和输出值，并将这些计算结果列成表格的形式，就可获得状态转换表（state transition table）。

例6.2.2 试分析图6.2.1所示的时序逻辑电路的状态转换表。

解：由图6.2.1可知，该电路没有输入变量，属于Moore（摩尔）型时序逻辑电路。（需要注意的是，**不要把CP当作输入逻辑变量，时钟脉冲只是控制触发器状态转换的时间操作信号**。）

因此，时序逻辑电路的次态和输出只取决于电路的原态。只要计算出各个触发器原态在不同组合下对应的触发器次态和输出的转换情况，就可得到表6.2.1所示的状态转换表。因为电路只有两个触发器，也就只有两个状态变量，所以时序逻辑电路所有可能出现的状态只有00、01、10、11。（注意触发器原态用 $Q_1^n Q_0^n$ 表示，触发器次态用 $Q_1^{n+1} Q_0^{n+1}$ 表示。）

表 6.2.1　例 6.2.2 的状态转换表

原态		次态		输出
Q_1^n	Q_0^n	Q_1^{n+1}	Q_0^{n+1}	Y
0	0	0	1	0
0	1	1	0	0
1	0	0	0	1
1	1	0	0	0

（1）若电路的原态为 $Q_1^n Q_0^n = 00$，将其代入驱动方程［式（6.2.1）］和状态方程［式（6.2.3）］，计算次态 $Q_1^{n+1} Q_0^{n+1}$。

$$\begin{cases} J_0 = \overline{Q_1^n} = 1, K_0 = 1 \\ J_1 = Q_0^n = 0, K_1 = 1 \end{cases} \quad \begin{cases} Q_0^{n+1} = \overline{Q_1^n} \, \overline{Q_0^n} = 1 \cdot 1 = 1 \\ Q_1^{n+1} = Q_0^n \overline{Q_1^n} = 0 \cdot 1 = 0 \end{cases}$$

同时，将原态 $Q_1^n Q_0^n = 00$ 代入输出方程［式（6.2.4）］，可得 $Y = Q_1^n \overline{Q_0^n} = 0$。

因此，如果原态 $Q_1^n Q_0^n = 00$，那么次态 $Q_1^{n+1} Q_0^{n+1} = 01$，输出 $Y = 0$。

（2）若电路的原态为 $Q_1^n Q_0^n = 01$，代入驱动方程和状态方程又可得到新的次态 $Q_1^{n+1} Q_0^{n+1}$。

$$\begin{cases} J_0 = \overline{Q_1^n} = 1, K_0 = 1 \\ J_1 = Q_0^n = 1, K_1 = 1 \end{cases} \quad \begin{cases} Q_0^{n+1} = \overline{Q_1^n} \, \overline{Q_0^n} = 1 \cdot 0 = 0 \\ Q_1^{n+1} = Q_0^n \overline{Q_1^n} = 1 \cdot 1 = 1 \end{cases}$$

再将原态 $Q_1^n Q_0^n = 01$ 代入输出方程，可得 $Y = Q_1^n \overline{Q_0^n} = 0$。

（3）同理，如果将原态 $Q_1^n Q_0^n = 10$ 以及原态 $Q_1^n Q_0^n = 11$ 代入驱动方程和状态方程，那么次态为 $Q_1^{n+1} Q_0^{n+1} = 00$。

原态 $Q_1^n Q_0^n = 10$，代入输出方程，得到 $Y = Q_1^n \overline{Q_0^n} = 1$。

原态 $Q_1^n Q_0^n = 11$，代入输出方程，得到 $Y = Q_1^n \overline{Q_0^n} = 0$。

> **您知道吗？**
>
> 　　时序逻辑电路总是在时钟控制下工作，状态转换以及电路输出都是在 CP 有效边沿时刻发生并由输入和原态决定的，然后在 CP 依次控制下循环往复进行。

　　时序逻辑电路的触发器总是受时钟控制，状态变化只发生在有效边沿到来时刻。如果在第1个时钟有效边沿，将任何一组输入变量及初始状态代入状态方程和输出方程，那么可以推算出触发器的次态及对应的系统输出；如果在第2个时钟有效边沿，再把新得到的次态作为原态并和这时的输入变量取值一起又代入状态方程和输出方程进行下一步的推算，那么又可得到一组更新的次态和输出值。如此继续，随着时钟的推进，如果把全部的计算过程列成表格，那么也可得到状态转换表。表6.2.2所示为例6.2.2的另一种状态转换表。这种状态转换表给出了在一系列时钟信号作用下电路状态转换的过程，比较形象、直观。

表 6.2.2　例 6.2.2 的另一种状态转换表

状态转换				输出
CP	Q_1^n	Q_0^n		Y
0	0	0		0
1	0	1		0
2	1	0		1
3	0	0		0
0	1	1		0
1	0	0		0

　　推算过程与结论如下。

　　（1）假设电路的初始状态为00，将其代入驱动方程和状态方程，获得第1个 CP 作用后两个触发器的次态为01。再将这一结果作为新的原态，重新代入驱动方程和状态方程，又将得到第2个 CP 作用后一组新的触发器次态。如此逐次继续下去，可以发现，当原态 $Q_1 Q_0$ 为10时，次态 $Q_1 Q_0$ 将为00，即返回了最初设定的初始状态。如果继续推算，电路的状态和输出将按照前面的变化顺序反复循环，因此已无须再推算了。

　　（2）假设逻辑电路的初始状态为11，将其代入驱动方程和状态方程便可得到次态为00，然后会重复（1）所描述的顺序循环。

　　综上所述，我们可以得到表6.2.2所示的状态转换表。

　　从表6.2.2中很容易看出，每经过3个 CP 信号，电路的状态就循环变化一次，所以这个电路具有对时钟信号计数的功能。同时，每经过3个 CP 作用以后，输出端 Y 就输出一个脉冲（由0变1，再由1变0），因此可以认为这是一个3进制计数器，Y 端的输出就是进位脉冲。

2．状态转换图

有时为了更加形象、直观地显示时序逻辑电路的逻辑功能，可将状态转换表的内容表示为状态转换图的形式。通常在状态转换图中，以圆圈表示电路的状态，以箭头表示状态转换的方向，同时还在箭头旁注明了状态转换前的输入变量和输出值。通常将输入变量写在斜线前面，将输出值写在斜线后面。

图6.2.3所示为图6.2.1所示时序逻辑电路对应的状态转换图。（注意，因为图6.2.1中没有输入变量，所以斜线前面没有任何值。）从图6.2.3中很容易看出，电路的状态从 $00 \rightarrow 01 \rightarrow 10 \rightarrow 00$ 循环变化。每经过3个时钟信号，电路完成一次循环，通常把这个循环称为有效循环。通常把在整个循环中出现的状态（已经使用的状态）称为有效状态。图6.2.3中00、01、10为有效状态。

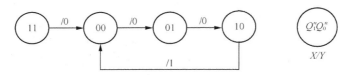

图 6.2.3　状态转换图

一般地，把时序逻辑电路完成一次循环中没有被使用的状态称为无效状态。图6.2.3中11就是一个无效状态。如果一个系统或电路的无效状态也构成了循环，那么这种循环就称为无效循环。如果在一个时序逻辑电路中存在无效循环，那么该电路属于不能自启动系统；如果不存在无效循环，那么该电路属于能自启动系统。图6.2.3所示电路为能自启动系统。

3．时序图

为了便于用实验观察（示波器显示）的方法检查时序逻辑电路的逻辑功能，可以将时序逻辑电路状态转换关系表示成波形图的形式。人们把在输入信号和时钟脉冲序列的作用下，时序逻辑电路的状态和输出随时间变化的波形图称为时序图（sequence diagram）。图6.2.4所示为例6.2.1电路对应的时序图。

人们利用时序图检查时序逻辑电路功能的方法，不仅可以用于实验测试，还可以用于数字电路的仿真过程。

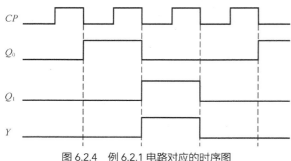

图 6.2.4　例 6.2.1 电路对应的时序图

6.2.4　异步时序逻辑电路的分析

1．异步电路与同步电路分析方法的异同

在每次时钟脉冲有效边沿时刻，同步时序逻辑电路中所有触发器的状态按特性方程变化一次。但是在异步时序逻辑电路中时钟脉冲并不是都会接到所有触发器。只有那些接收到有效边沿的触发器才会变化，而没有接收到有效边沿的触发器将保持原来的状态不变。因此，在分析异步时序逻辑电路时，还需要找出每次电路状态转换时触发器的触发信号。可见，分析异步时序逻辑电路要比分析同步时序逻辑电路复杂。

2．异步时序逻辑电路的分析举例

例6.2.3 试分析图6.2.5所示时序逻辑电路的状态转换表、状态转换图、时序图。（假定初始状态为00。）

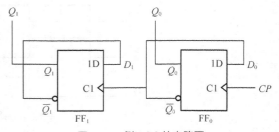

图 6.2.5 例 6.2.3 的电路图

解：（1）状态转换表。

由图6.2.5可知，该电路是由两个D触发器构成的时序逻辑电路，电路没有输入变量，只有两个触发器及两个状态变量，所以电路只可能出现00、01、10、11这4个状态。

根据图6.2.5，时钟方程为 $CP_0 = CP$，$CP_1 = \overline{Q_0^n}$，因此该电路是异步工作的，也就是只有在有效边沿到来时，触发器状态按 $Q^{n+1} = \overline{Q^n}$ 变化，其他时间一概处于保持状态，即 $Q^{n+1} = Q^n$。

因此可以列出表6.2.3所示的状态转换表。

表 6.2.3　例 6.2.3 的状态转换表

CP	FF$_0$脉冲	Q_0	$\overline{Q_0}$	FF$_1$脉冲	Q_1
0	没有	0	1	没有	0
1	↑	1	0	↓	0
2	↑	0	1	↑	1
3	↑	1	0	↓	1
4	↑	0	1	↑	0

当第1个时钟脉冲CP到来时，FF$_0$触发器可以接收到一个有效的上升沿，FF$_0$触发器的状态按 $Q_0^{n+1} = D = \overline{Q_0^n}$ 变化。由于初始状态Q_1Q_0为00，FF$_0$触发器的状态将由0状态变为1状态。然而此时对于FF$_1$触发器而言，在第1个CP期间，其只接收到一个下降沿（$\overline{Q_0}$ 由高电平变为低电平，或者说由1变为0，这对于D触发器是无效边沿），所以FF$_1$触发器处于保存状态，仍为0状态。所以电路状态Q_1Q_0由00变为01。

当第2个时钟脉冲CP到来时，FF$_0$触发器还是可以接收到一个有效的上升沿，FF$_0$触发器的状态还是按 $Q_0^{n+1} = \overline{Q_0^n}$ 变化。FF$_0$触发器Q_0的状态由1变0，此时 $\overline{Q_0}$ 由0变1。也就是低电平变为高电平，是上升沿。由于FF$_1$触发器的脉冲连接$\overline{Q_0}$，此时对于FF$_1$触发器来说是有效边沿，因此FF$_1$触发器也翻转，状态Q_1由0变1。所以电路状态Q_1Q_0由01变为10。

同理，当第3个时钟脉冲CP到来时，FF$_0$触发器的状态由0变1，FF$_1$触发器处于保存状态，仍为1状态。所以电路状态Q_1Q_0由10变为11。

当第4个时钟脉冲CP到来时，FF$_0$和FF$_1$触发器都翻转，触发器的状态都由1变0。所以电路状态由11变为00。此时已经返回初始状态，完成了一个循环。

（2）状态转换图和时序图。

根据表6.2.3可以得到图6.2.6所示的状态转换图以及图6.2.7所示的时序图。

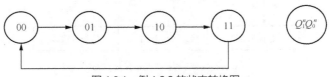

图 6.2.6 例 6.2.3 的状态转换图

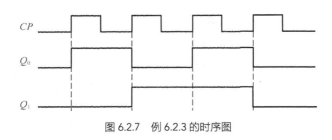

图 6.2.7　例 6.2.3 的时序图

6.2.5　异步时序逻辑电路的 Multisim 仿真

图6.2.8所示为例6.2.3逻辑电路的Multisim仿真模拟图。当闭合CP开关时，相当于输入上升沿脉冲，两个触发器的状态将从 $00 \rightarrow 01 \rightarrow 10 \rightarrow 11 \rightarrow 00$，即发生图6.2.6所示的循环变化。

异步时序逻辑电路的Multisim仿真

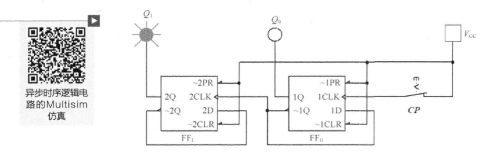

图 6.2.8　例 6.2.3 逻辑电路的 Multisim 仿真模拟图

6.2.6　时序逻辑电路分析总结

1．时序逻辑电路分析方法步骤
时序逻辑电路分析就是确定已知的时序逻辑电路在输入和时钟信号作用下的状态转换和输出的变化规律。时序逻辑电路分析过程如图6.2.9所示。

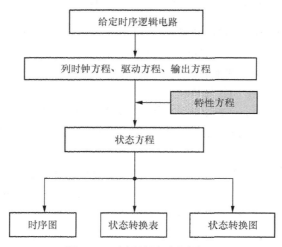

图 6.2.9　时序逻辑电路分析过程

时序逻辑电路分析步骤如下。

（1）根据给定的时序逻辑电路写出每个触发器的时钟方程。**如果电路中所有触发器都是在同一个时钟信号作用下工作的，那么就是同步时序逻辑电路。如果电路中所有触发器并没有共用同一个时钟脉冲，那么就是异步时序逻辑电路。** 在异步逻辑电路中，那些具备有效时钟边沿的触发器才需要用特性方程去计算次态，而没有有效时钟边沿的触发器将保持原来的状态不变。

（2）从给定的时序逻辑电路图中写出每个触发器的驱动方程和电路的输出方程。这里的驱动方程就是列出存储电路中每个触发器驱动信号的逻辑表达式。

（3）将得到的驱动方程代入触发器的特性方程，获得每个触发器的状态方程。最后确定整个时序逻辑电路的状态转换关系（根据状态方程列出状态转换图或状态转换表或画出时序图等）。

2．时序逻辑电路分析注意事项

在进行时序逻辑电路分析时应注意以下事项。

（1）**时钟方程是各个触发器时钟脉冲信号的逻辑表达式，是判断同步时序逻辑电路和异步时序逻辑电路的重要依据。**

（2）输出方程是时序逻辑电路输出信号的逻辑表达式，它是时序逻辑电路中触发器现态和输入信号的函数，而不是触发器次态和输入信号的函数。

（3）驱动方程是电路中各个触发器驱动信号的逻辑表达式，也是各个触发器现态和输入信号之间的函数。

（4）时序逻辑电路的现态是组成时序逻辑电路各个触发器的现态的组合。

（5）**状态转换是时序逻辑电路的现态转换到次态，不是现态转换到现态，也不是次态转换到次态。**

（6）**触发器的状态更新过程既受驱动信号的控制，又受时钟脉冲的制约。** 只有当触发器时钟的有效边沿到来时，相应的触发器才会更新状态，否则触发器只会保持原态不变。

（7）**一定注意状态方程的有效时钟条件，特别是分析异步时序逻辑电路，凡是不具备时钟条件的触发器，其特性方程无效，触发器状态保持不变。**

（8）在进行状态转换计算时不能漏掉任何有可能的现态和输入信号的取值情况。

（9）如果现态的初始条件已知，那么可以从给定状态开始进行推算；如果未知，那么可以从任意设定的起始值（一般所有触发器取0状态）开始推算。

6.3 时序逻辑电路的设计

时序逻辑电路设计是指根据给定的设计要求（可以是一段文字，也可以是状态转换图），求解满足要求的时序逻辑电路的过程。

6.3.1 时序逻辑电路设计的一般步骤

时序逻辑电路设计要遵循一些方法和步骤。图6.3.1所示为时序逻辑电路设计过程。

1．进行逻辑抽象，建立状态转换图并进行必要化简，获得最简状态转换图

2．进行状态分配，画出用二进制数进行编码的状态转换图

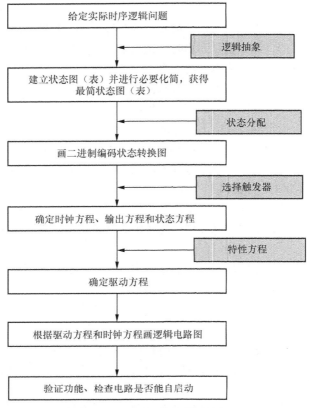

图 6.3.1　时序逻辑电路设计过程

3．选择触发器，并确定时钟方程、输出方程和状态方程

（1）选择触发器。

时序逻辑电路设计中一般选择边沿 JK 触发器或 D 触发器。JK 触发器功能全面、使用灵活，D 触发器控制简单、设计容易。

一个触发器只能存储一位二进制数，所以时序逻辑电路需要的触发器个数显然应等于要编码的二进制位数。如果电路需要有 2^n 个状态，或是 n 位二进制数表示，那么需要 n 个触发器。

（2）确定时钟方程。

设计时序逻辑电路可以采用同步方式，也可以采用异步方式。若采用同步方式，各个触发器的时钟信号都连接系统时钟脉冲，此时设计直观、简单，但是接线较复杂，各触发器负载也不一定均衡；若采用异步方式，为了便于直观、方便观察，一般需要根据状态转换图先画出时序图，然后从翻转要求出发，为每个触发器选择合适的时钟信号。所谓翻转要求，就是在电路转换状态的条件下，凡是要翻转的触发器都能够获得相应的有效边沿。而且在满足要求的前提下，在电路的一个状态循环周期中，对一个触发器来说边沿越少越好。

总的来说，一个触发器的状态变化既受时钟脉冲的时间控制，又受驱动信号的功能控制。时钟脉冲决定触发器在什么时刻变化，驱动信号决定触发器怎么变化。所以，时序逻辑电路设计过程既要确定时钟方程，又要确定驱动方程。采用同步方式就是先确定一个相同的时钟脉冲给每个触发器同时输送脉冲，再确定驱动信号。而采用异步方式就要综合、自由、灵活地考虑每个触发器功能，同时考虑什么时刻触发。一般是通过其他触发器的状态输出来确定时钟方程。

（3）确定输出方程。

最后电路的输出是由电路现态和输入信号之间的逻辑关系来确定的。如果是标准与或式，那么用公式法求其最简式；如果是由状态转换图画出的输出信号的卡诺图，那么用图形法求其最简与或式。

在时序逻辑电路正常工作时，无效状态是不会出现的。所以无效状态对应的最小项可以当作约束项处理。

（4）确定状态方程。

既可以由状态转换图直接获得电路次态对应的标准与或式，再通过公式法化简获得最简式；也可以画出卡诺图，用图形法化简获得次态的最简式。不管采用哪种方法都应该尽量利用约束项进行化简，使得到的状态方程更加简洁。

4．确定驱动方程

（1）对于同步方式，首先变换状态方程的形式，使之具有和触发器特性方程相一致的形式。然后与特性方程相比较，按照两个方程相同，那么变量也相同、系数也相等的原则，求出驱动方程。最后确定各个触发器驱动端的逻辑表达式。

（2）对于异步方式，首先将每个触发器接成具有T触发器功能，然后根据状态方程确定每个触发器翻转时对应的时钟脉冲表达式。

5．画逻辑电路图

（1）画触发器，并进行编号，标出相关的输入端和输出端。

（2）按照时钟方程、驱动方程和输出方程连线。

（3）如果要求利用特定的门电路，那么有时还需要对驱动方程和输出方程进行必要的变换。

6．检查电路是否能自启动

（1）能自启动系统反映了一个系统在非正常情况下即使进入无效状态，也可以经过若干次脉冲返回到有效循环，并自我恢复正常运行。一个时序逻辑电路设计好后都必须要求进行能否自启动的检查。

（2）将电路的每个无效状态依次代入状态方程进行推算，观察在输入CP信号的作用下，能否可以回到有效状态。如果可以，那么说明所设计的电路能自启动。否则，说明所设计的电路不能自启动，此时电路的无效状态一定形成了循环，需要采取措施解决。

（3）若设计的电路不能自启动，可以修改设计重新进行状态分配或利用触发器的异步输入端强制其回到有效状态。

您知道吗？

时序逻辑电路的设计，简单来说，就是在系统时钟脉冲的控制下找到电路状态按要求转换的电路，可以通过同步和异步两种方式实现。同步方式是先确定每个触发器的时钟脉冲，再选择驱动信号，使触发器状态按要求变化。异步方式是分别确定每个触发器的功能和状态变化的时刻，可以不是系统的时钟脉冲。

6.3.2 同步时序逻辑电路设计

例6.3.1 设计一个同步时序逻辑电路，要求实现图6.3.2所示的状态转换图。

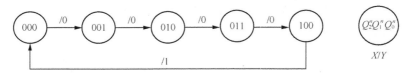

图 6.3.2 例 6.3.1 的状态转换图

解： 由于已经给出了二进制编码的状态转换图，所以设计步骤中的1、2步可以省略，直接从3步开始。

1．选择触发器，并确定时钟方程、输出方程和状态方程

（1）选择触发器。

由于JK触发器功能齐全、使用灵活，可以选用下降沿触发的JK触发器；同时状态由3位二进制数组成，就选3个触发器。

（2）确定时钟方程。

采用同步方式，可以取 $CP_0 = CP_1 = CP_2 = CP$ ，其中 CP 是整个时序电路的输入时钟脉冲。

（3）确定输出方程。

因为时序逻辑电路的状态转换图形象、直观、准确地反映或描述了电路的逻辑功能，其包含输出与现态、输入之间的逻辑关系。所以只要把状态转换图中输出与现态、输入之间的逻辑关系用卡诺图表示出来，并将输出 Y 的卡诺图中为1的最小项挑选出来，然后写出对应最简与或式，就可以获得输出 Y 与现态以及输入 X 之间的逻辑关系。

从图6.3.2可以看出，还有101、110、111这3个状态没有出现，显然它们就是没有被使用的无效状态，可以将其看成约束项，其对应的最小项分别为 $Q_2^n \overline{Q_1^n} Q_0^n$ 、 $Q_2^n Q_1^n \overline{Q_0^n}$ 、 $Q_2^n Q_1^n Q_0^n$ 。结合图6.3.2、输出 Y 和现态 $Q_2^n Q_1^n Q_0^n$ 之间的逻辑关系，可以直接画出图6.3.3所示的输出 Y 的卡诺图。

根据卡诺图化简相关知识不难得到：

$$Y = Q_2^n \tag{6.3.1}$$

（4）确定状态方程。

同理，由图6.3.2可直接画出图6.3.4所示的次态 $Q_2^{n+1} Q_1^{n+1} Q_0^{n+1}$ 的卡诺图。然后将其分解就可以得到图6.3.5所示的3个触发器次态的卡诺图。

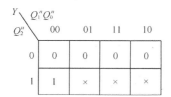

图 6.3.3 例 6.3.1 输出 Y 的卡诺图

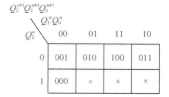

图 6.3.4 例 6.3.1 次态 $Q_2^{n+1} Q_1^{n+1} Q_0^{n+1}$ 的卡诺图

根据图6.3.5，经化简得到状态方程为

$$\begin{cases} Q_2^{n+1} = Q_1^n Q_0^n \\ Q_1^{n+1} = \overline{Q_1^n} Q_0^n + Q_1^n \overline{Q_0^n} \\ Q_0^{n+1} = \overline{Q_2^n Q_0^n} \end{cases} \tag{6.3.2}$$

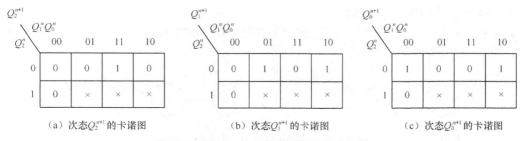

（a）次态Q_2^{n+1}的卡诺图　　　　（b）次态Q_1^{n+1}的卡诺图　　　　（c）次态Q_0^{n+1}的卡诺图

图 6.3.5　例 6.3.1 的 3 个触发器次态的卡诺图

2．确定驱动方程

因为JK触发器的特性方程为

$$Q^{n+1} = J\overline{Q^n} + \overline{K}Q^n \tag{6.3.3}$$

（1）变换式（6.3.2），使之与式（6.3.3）的形式一致。

$$
\begin{aligned}
Q_2^{n+1} &= Q_1^n Q_0^n \\
&= Q_1^n Q_0^n (\overline{Q_2^n} + Q_2^n) \\
&= Q_1^n Q_0^n \overline{Q_2^n} + Q_2^n Q_1^n Q_0^n \\
&= Q_1^n Q_0^n \overline{Q_2^n} \\
&= Q_1^n Q_0^n \overline{Q_2^n} + \overline{1}Q_2^n
\end{aligned}
$$

> 这是约束项，可以去掉！

$$Q_1^{n+1} = \overline{Q_1^n}Q_0^n + Q_1^n \overline{Q_0^n} = Q_0^n\overline{Q_1^n} + \overline{Q_0^n}Q_1^n \tag{6.3.4}$$

$$Q_0^{n+1} = \overline{Q_2^n}\,\overline{Q_0^n} = \overline{Q_2^n}\,\overline{Q_0^n} + \overline{1}Q_0^n$$

（2）比较特性方程，求取驱动方程。

因为 $Q_0^{n+1} = J_0\overline{Q_0^n} + \overline{K_0}Q_0^n = \overline{Q_2^n}\,\overline{Q_0^n} + \overline{1}Q_0^n$

所以 $J_0 = \overline{Q_2^n}$，$K_0 = 1$

因为 $Q_1^{n+1} = J_1\overline{Q_1^n} + \overline{K_1}Q_1^n = Q_0^n\overline{Q_1^n} + \overline{Q_0^n}Q_1^n$

所以 $J_1 = Q_0^n$，$K_1 = Q_0^n$

因为 $Q_2^{n+1} = J_2\overline{Q_2^n} + \overline{K_2}Q_2^n = Q_1^n Q_0^n \overline{Q_2^n} + \overline{1}Q_2^n$

所以 $J_2 = Q_1^n Q_0^n$，$K_2 = 1$

3．画逻辑电路图

根据所选用的JK触发器，并结合时钟方程、输出方程和驱动方程，直接画出图6.3.6所示的电路图。

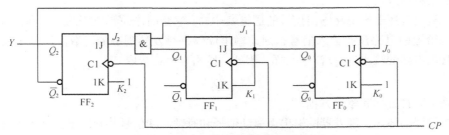

图 6.3.6　例 6.3.1 同步时序逻辑电路连线图

4．检查设计电路能否自启动

将无效状态101、110、111代入式（6.3.4）进行推算，可得图6.3.7所示的推算过程和结果。因此，所设计的电路能够自启动。

图 6.3.7　例 6.3.1 设计电路能否自启动检查

6.3.3　异步时序逻辑电路设计与 Multisim 仿真

时序逻辑电路的设计不仅可以采用同步逻辑电路，有时也可以采用异步逻辑电路。

例6.3.2 设计一个异步时序逻辑电路，要求实现图6.3.2所示的状态转换图。

解： 采用异步方式设计时序逻辑电路，需要根据状态转换图先画出时序图，然后从翻转要求出发为各个触发器选择合适的时钟信号，再确定驱动方程，最后画出电路图。

1．将状态转换图转换成时序图

图6.3.8所示为根据图6.3.2画出的时序图（触发器有效边沿为下降沿）。有效边沿到来时刻，触发器才可能更新状态，其他时间一概保持。

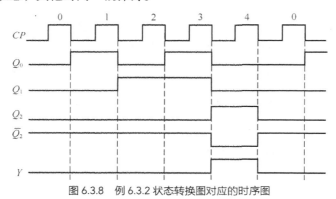

图 6.3.8　例 6.3.2 状态转换图对应的时序图

2．选择触发器，并确定输出方程、时钟方程和驱动方程

（1）选择触发器。

由于电路有3个状态变量，可以选用3个下降沿触发的边沿JK触发器，并分别设为FF_2、FF_1、FF_0，对应的输出分别为Q_2、Q_1、Q_0。

（2）确定输出方程。

输出方程是时序逻辑电路输出信号的逻辑表达式，它是时序逻辑电路的现态和输入信号的函数。图6.3.2给定的电路没有输入信号，因此输出仅仅是触发器现态的函数。通过观察状态时序图，可以看出电路的输出Y与Q_2波形一样。因此，输出方程直接取

$$Y = Q_2^n \qquad (6.3.6)$$

（3）确定时钟方程和驱动方程。

根据触发器的知识，触发器的输出由驱动信号和时钟脉冲信号共同决定。驱动信号决定触发器实现的功能，时钟脉冲信号决定触发器状态更新的时刻。所以，只要确定了触发器的驱动信号

和时钟脉冲有效边沿，那么所设计的时序电路也就确定了。只要确定了时钟方程和驱动方程，那么设计电路也就基本确定了。在设计中只要结合触发器的功能和时序图，也就可以确定时钟方程和驱动方程。

从图6.3.2可以清楚看出所设计的电路是一个五进制计数器，它的一个循环共有5个状态。

您知道吗？

不同的触发器可以实现不同的逻辑功能，表6.3.1所示为边沿JK触发器的特性表。

表 6.3.1　边沿 JK 触发器的特性表

CP	J	K	Q^{n+1}	功能说明
↓	0	0	Q^n	保持（记忆）
↓	0	1	0	同步置0
↓	1	0	1	同步置1
↓	1	1	$\overline{Q^n}$	翻转（计数）

① 确定FF_0触发器的时钟方程和驱动方程。

通过观察图6.3.8可知，对于Q_0而言，每当系统CP的下降沿到来时，Q_0的状态都发生了更新。所以可以选择CP作为FF_0触发器的时钟脉冲，其时钟方程直接取$CP_0 = CP$。

进一步观察发现，前4个CP下降沿到来时，FF_0触发器的Q_0状态都翻转，即$Q_0^{n+1} = \overline{Q_0^n}$。对照表6.3.1，驱动信号可以取为$J_0 = K_0 = 1$。当第5个$CP$下降沿到来时，$Q_0^{n+1} = Q_0^n = 0$。此时既可以看成保持的功能，也可以看成置0的功能。

第5个CP下降沿到来时，如果FF_0触发器实现保持功能，那么驱动信号应取$J_0 = K_0 = 0$。观察时序图中$\overline{Q_2^n}$的变化规律，它与J_0、K_0的变化情况一样。因此FF_0触发器的驱动方程可以取$J_0 = K_0 = \overline{Q_2^n}$。

第5个CP下降沿到来时，如果FF_0触发器实现置0功能，那么驱动信号应取$J_0 = 0$，$K_0 = 1$。此时有，前4个CP，$J_0 = K_0 = 1$；第5个CP，$J_0 = 0$，$K_0 = 1$。观察波形情况，发现$\overline{Q_2^n}$的变化规律始终和J_0的一样，而整个过程中K_0始终为1。因此FF_0触发器的驱动方程也可以取$J_0 = \overline{Q_2^n}$，$K_0 = 1$。

综上所述，FF_0触发器的时钟方程和驱动方程为

$$\begin{cases} CP_0 = CP \\ J_0 = \overline{Q_2^n} \\ K_0 = 1 \end{cases} \quad \text{或者} \begin{cases} CP_0 = CP \\ J_0 = K_0 = \overline{Q_2^n} \end{cases} \quad （6.3.7）$$

② 确定FF_1触发器的时钟方程和驱动方程。

同理，仔细观察图6.3.8，可以直接看到FF_1触发器输出Q_1的状态变化也是很有规律的。在整个循环中，每当FF_0触发器的输出Q_0由1变0时（下降沿到来时），触发器Q_1的状态就翻转一次，即$Q_1^{n+1} = \overline{Q_1^n}$。也就是说，$FF_1$触发器在整个过程中只是实现翻转的功能。所以，可以得出FF_1触发器的时钟方程和驱动方程为

$$\begin{cases} CP_1 = Q_0^n \\ J_1 = K_1 = 1 \end{cases} \qquad (6.3.8)$$

③ 确定FF_2触发器的时钟方程和驱动方程。

观察图6.3.8，可以看到FF_2触发器输出Q_2的状态不是翻转就是保持。可以取时钟方程为$CP_2 = CP$。

Q_2的状态翻转时，FF_2触发器的驱动方程为$J_2 = 1$，$K_2 = 1$；Q_2的状态保持低电平时，可视为触发器实现置0功能，即$Q_2^{n+1} = 0$，对应驱动信号为$J_2 = 0$，$K_2 = 1$。无论哪种情况，K_2都不变。而在时序图中，决定Q_2的状态从0翻转为1的CP下降沿到来之前电路所处的状态为$Q_2^n Q_1^n Q_0^n = 011$。因此可以取$J_2 = Q_1^n Q_0^n$。

综上所述，FF_2触发器的时钟方程和驱动方程为

$$\begin{cases} CP_2 = CP \\ J_2 = Q_1^n Q_0^n \\ K_2 = 1 \end{cases} \qquad (6.3.9)$$

3．画逻辑电路图

根据所选用的JK触发器，并结合每个触发器的时钟方程、驱动方程以及输出方程，可直接画出图6.3.9所示的电路图。

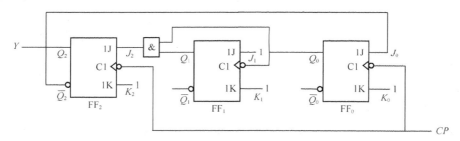

图 6.3.9　例 6.3.2 异步时序逻辑电路连线图

4．检查设计电路能否自启动

将无效状态101、110、111代入式（6.3.6）~式（6.3.9）进行计算，结果如图6.3.10所示。即使电路处于无效状态，只要经过若干次脉冲作用后，无效状态就会转换为有效状态，电路可以进入有效循环。因此，所设计的电路能够自启动。

图 6.3.10　例 6.3.2 设计电路能否自启动检查

图6.3.11所示为例6.3.2异步时序逻辑电路的另一种连线图，请读者自行检查所设计的电路能否自启动。

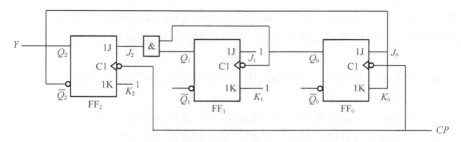

图 6.3.11　例 6.3.2 异步时序逻辑电路的另一种连线图

　　当然，用异步方式设计时序逻辑电路时也可以直接把每个触发器先接成 T' 触发器，再确定时钟脉冲。

　　图 6.3.12 所示为例 6.3.2 时序逻辑电路的 Multisim 验证仿真图。如果 CP 开关每次断开时，相当于输入一个脉冲（下降沿有效），不断开闭 CP 开关，那么就可以观察到 3 个触发器的状态将按 $000 \to 001 \to 010 \to 011 \to 100 \to 000$ 的规律转换，也就是按图 6.3.2 所示的设计要求的状态循环变化，因此完成设计功能。

异步时序逻辑
电路设计与
Multisim仿真

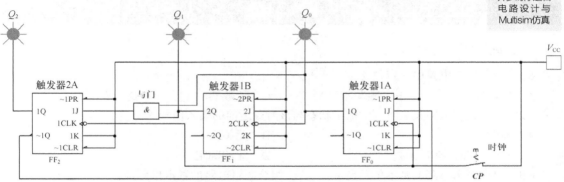

图 6.3.12　例 6.3.2 异步时序逻辑电路的 Multisim 验证仿真图

本章小结

　　（1）数字电路分为组合逻辑电路和时序逻辑电路。时序逻辑电路的输出信号不仅取决于该时刻的输入信号，还取决于电路原来的状态，或者说还与以前的输入有关。

　　（2）数字系统基本是由时序逻辑电路组成的，时序逻辑电路一般由组合逻辑电路和存储电路构成。时序逻辑电路的信号是双向传输的，既有从输入到输出的逻辑关系，又有从输出到输入的反馈通道。

　　（3）组合逻辑电路一般由逻辑表达式描述输入、输出关系。时序逻辑电路则由驱动方程、输出方程、状态方程共同确定和全面描述。时钟方程是各个触发器时钟脉冲信号的逻辑表达式，是判断同步时序逻辑电路和异步时序逻辑电路的重要依据。输出方程是时序逻辑电路输出信号的逻辑表达式，是电路中各个触发器现态和输入信号的函数，而不是触发器次态和输入信号的函数。驱动方程是电路中各个触发器驱动信号的逻辑表达式，也是各个触发器现态和输入信号的函数。

　　（4）时序逻辑电路分为同步时序逻辑电路和异步时序逻辑电路。在同步时序逻辑电路中，所有触发器状态的变化是在同一个时钟信号控制下同时发生的；而在异步时序逻辑电路中，各个触发器的时钟信号不是同一个且有先有后，因而触发器状态的变化不是同时发生的。

（5）时序逻辑电路分析就是找出给定时序逻辑电路在输入变量和时钟信号作用下的状态和输出变化规律。

（6）值得注意的是，状态转换过程都是从时序逻辑电路的现态转换到次态，而不是现态转换到现态，也不是次态转换到次态。

（7）时序逻辑电路设计是指根据给定的设计要求，求解满足要求的时序逻辑电路的过程。一个触发器的状态变化既受时钟脉冲的时间控制，又受驱动信号的功能控制。时钟脉冲决定触发器在什么时刻发生状态变化，驱动信号决定触发器怎么变化。所以，时序逻辑电路设计过程既要确定时钟方程，又要确定驱动方程。

（8）时序逻辑电路的设计，简单来说，就是在系统时钟脉冲的控制下找到电路状态按要求转换的电路，可以通过同步和异步两种方式实现。同步方式是先确定每个触发器的时钟脉冲，再选择驱动信号，使触发器状态按要求变化。异步方式是分别确定每个触发器的功能和状态变化的时刻，可以不是系统的时钟脉冲。

📝 习题

一、选择题

6.1 时序逻辑电路中一定包含（　　）。

A．门电路　　　　B．触发器　　　　C．计数器　　　　D．编码器

6.2 时序逻辑电路某一时刻的输出状态与该时刻之前的输入信号（　　）。

A．有关　　　　　　　　　B．无关

C．有时有关，有时无关　　　　D．无法确定

6.3 时序逻辑电路的基本单元是（　　），组合逻辑电路的基本单元是（　　）。

A．触发器　触发器　　　　B．触发器　门电路

C．门电路　门电路　　　　D．门电路　触发器

6.4 描述时序逻辑电路逻辑关系的三大方程分别是（　　）方程、（　　）方程和状态方程。

A．输入　输出　　B．驱动　输出　　C．输入　特性　　D．驱动　特性

6.5 （　　）不是时序逻辑电路。

A．计数器　　　　B．寄存器　　　　C．随机存储器　　　D．编码器

6.6 所有触发器状态的变化同时进行的是（　　）时序逻辑电路，触发器状态变化有先有后的是（　　）时序逻辑电路。

A．异步　异步　　B．同步　同步　　C．异步　同步　　D．同步　异步

6.7 对于TTL触发器，输入端悬空时等效为逻辑（　　）状态，相当于接（　　）。

A．0　低电平　　B．1　低电平　　C．1　高电平　　D．0　高电平

6.8 经过有限个时钟脉冲，系统可由任意一个无效状态进入有效状态的时序逻辑电路是（　　）自启动的。

A．不能　　　　　B．能　　　　　　C．不一定能　　　　D．无法确定

6.9 （　　）不是时序电路表示法。

A．特性方程　　　B．状态转换图　　C．时序图　　　　D．逻辑表达式

6.10　在时序逻辑电路中，（　　　）是判断同步时序逻辑电路和异步时序逻辑电路的重要依据。

A．特性方程　　　　　B．时钟方程　　　　　C．驱动方程　　　　D．输出方程

6.11　某时序逻辑电路的状态转换图如习题6.11图所示，那么其有效状态有（　　　）个，并且（　　　）自启动能力。

A．8　有

B．8　没有

C．5　有

D．5　没有

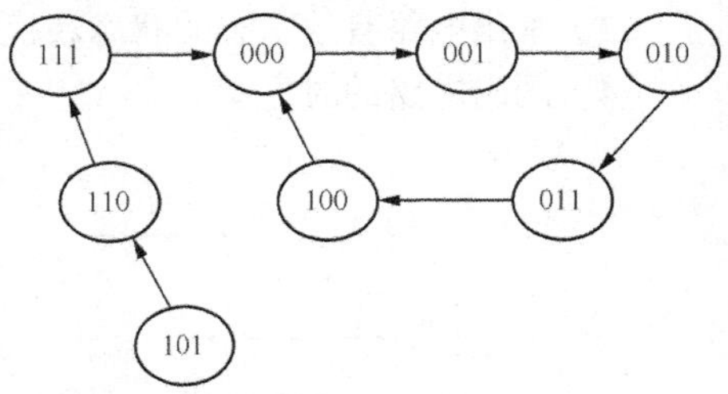

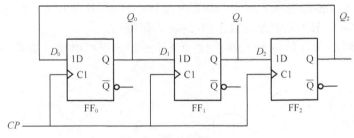

习题 6.11 图

6.12　用触发器设计一个九进制计数器，所需触发器的数目为（　　　）。

A．9　　　　　　　B．3　　　　　　　C．4　　　　　　　D．2

二、分析应用题

6.13　时序逻辑电路如习题6.13图所示。要求：

（1）分析该电路的工作方式（同步/异步）；

（2）列出电路的驱动方程、状态方程；

（3）画出电路有效状态的状态转换图（按$Q_2Q_1Q_0$的顺序）；

（4）指出电路的功能，并分析电路能否自启动。

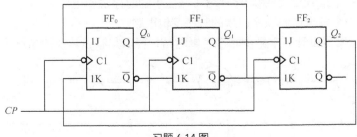

习题 6.13 图

6.14　时序逻辑电路如习题6.14图所示。要求：

（1）写出电路的时钟方程、驱动方程、状态方程；

（2）按$Q_2Q_1Q_0$的顺序，画出状态转换图；

（3）指出电路的功能，并分析电路能否自启动。

习题 6.14 图

6.15　时序逻辑电路如习题6.15图所示。要求：

（1）分析该电路的工作方式（同步/异步）；

（2）列出电路的驱动方程、状态方程；

（3）画出电路有效状态的状态转换图（按$Q_2Q_1Q_0$的顺序）；

（4）画出电路的时序图。

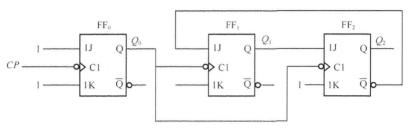

习题 6.15 图

6.16　时序逻辑电路如习题6.16图所示。要求：

（1）指出该电路的工作方式（同步/异步）；

（2）写出电路的时钟方程、驱动方程、状态方程；

（3）按Q_2Q_1的顺序，画出状态转换图。

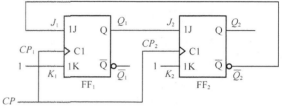

习题 6.16 图

6.17　试设计一个步进电机的三相六状态分配器。如果用1表示线圈导通，用0表示线圈截止，那么3个线圈ABC正转时的状态转换图如习题6.17图所示。

6.18　试用下降沿触发的JK触发器设计一个异步时序逻辑电路，要求其状态转换图如习题6.18图所示。

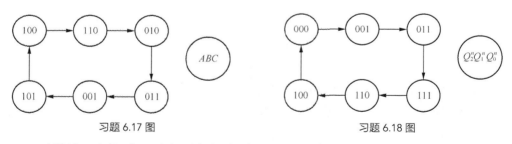

习题 6.17 图　　　　　　　　　　　习题 6.18 图

6.19　试设计一个按3位二进制顺序递增（加法）的时序逻辑电路。

6.20　试设计一个按3位二进制顺序递增（减法）的时序逻辑电路。

6.21　试设计一个按十进制顺序递增的时序逻辑电路。

6.22　试用D触发器设计一个异步时序逻辑电路，要求其状态转换图如习题6.22图所示。

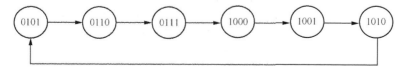

习题 6.22 图

第 **7** 章

计数器

本章内容概要

本章介绍计数器的原理及其应用。

读者思考：怎样让数字系统体现"按流程办事"的思想？如何让系统周期性循环运行？

读者思考：如何利用所学知识设计一个交通灯控制电路？

本章重点难点

二进制计数器、十进制计数器和 N 进制计数器的设计方法、功能及计数器芯片应用。

本章学习目标

（1）掌握二进制计数器的设计方法，熟练使用二进制计数器并能进行设计；

（2）掌握十进制计数器的设计方法，熟练使用十进制计数器并能进行设计；

（3）掌握 N 进制计数器的设计方法，能设计实际应用系统并进行功能仿真。

计数器，顾名思义，就是计数的器件，能对外部输入的脉冲进行循环计数。计数器在数字系统中有举足轻重的作用，是数字系统有条不紊循环运行的基础。

计数器是一个实现计数功能的时序部件，它能累计输入时钟脉冲的数量。计数器从结构上看由触发器和门电路组成，属于常用的时序逻辑器件。计数器是组成数字系统不可或缺的部分，不仅具有计数功能，还具有定时、分频和进行数值运算以及其他特定的逻辑功能。

常用的计数器有二进制计数器、十进制计数器和N进制计数器。

7.1 计数器概述

1．计数器的特点

在数字电路中，能实现计数功能的电子电路称为计数器。计数器的主要特点如下。

（1）计数器是时序电路，主要由触发器组成。**想要构成n位的二进制计数器，就需要n个具有计数功能的触发器。**

（2）计数器是典型的Moore型时序电路。由于没有输入信号，不管是计数器的输出，还是触发器的次态，都只是原态的函数。

（3）计数器以计数功能为基础，还具有分频、定时、产生节拍脉冲和脉冲序列、进行数值运算等功能。

（4）计数器的计数脉冲信号一般由外部提供，**计数器对输入时钟脉冲进行计数。**

2．计数器的分类

（1）按计数数制不同，计数器可分为二进制计数器、十进制计数器和任意进制（N进制）计数器。

二进制计数器是按二进制规律对输入时钟脉冲进行计数的电路。如果按十进制规律进行计数，就称为十进制计数器。除了二进制、十进制计数器以外的其他进制计数器统称为N进制计数器。如七进制计数器，$N=7$；如果$N=12$，就称为十二进制计数器。

（2）按计数方式不同，计数器可分为加法计数器、减法计数器和可逆计数器。

当输入时钟脉冲到来时，计数器按递增规律进行计数就称为加法计数器；而按递减规律进行计数就称为减法计数器。如果既能实现加法计数又能实现减法计数，则称为可逆计数器。

（3）**按组成计数器的各个触发器是否会同时翻转，计算器可分为同步计数器和异步计数器。**

如果触发器的时钟脉冲都来自系统脉冲，触发器状态更新都是同时进行的，那么这样的计数器就是同步计数器。如果组成计数器的各个触发器的状态更新不是同一时刻发生的，在时间上有先有后，是有差异的，那么这样的计数器就称为异步计数器。

3．计数器的容量

一个触发器只能存储一位二进制数，因此一个计数器能够累计的数目是有限的。人们把一个计数器能够计数的最大数目称为计数器的容量，有时也称为计数器的长度或模，常用M表示。

如果是二进制计数器，计数器的容量$M=2^n$，n表示计数器状态位数或是组成计数器的触发器个数，如3位二进制计数器的容量为8。如果是十进制计数器，那么计数器的容量$M=10^n$；如果是N进制计数器，那么$M=N^n$。

一个计数容量为N的计数器，在一个计数循环将会出现N个有效状态。如果一个计数循环有N个有效状态，那么它就是N进制计数器。

7.2　二进制同步计数器

7.2.1　二进制同步加法计数器电路设计

二进制加法计数器是指每接收一个计数脉冲，计数器就按二进制规律依次加1。当计数器达到最大计数值（不是计数器的容量对应的数值）时，计数器输出一个进位信号；如果再来一个计数脉冲，那么计数器归零。

如果计数器内部触发器采用同步方式工作，那么称为二进制同步计数器；如果采用异步方式工作，则称为二进制异步计数器。

1．3位二进制同步加法计数器的结构和状态转换图

图7.2.1所示为3位二进制同步加法计数器的结构示意。其中CP是输入计数脉冲，CO是计数器向高位的进位信号，Q_2、Q_1、Q_0表示计数器状态。

图 7.2.1　3 位二进制同步加法计数器的结构示意

根据二进制同步加法计数器的计数规则，可以画出图7.2.2所示的3位二进制同步加法计数器的状态转换图。

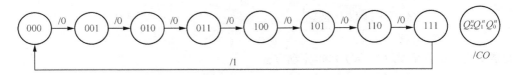

图 7.2.2　3 位二进制同步加法计数器的状态转换图

2．3位二进制同步加法计数器电路的常规设计

（1）选择触发器，确定时钟方程、输出方程和状态方程。

3位二进制同步加法计数器应该由3个触发器构成，如果采用JK触发器，那么可选择3个JK触发器，并分别编号为FF_2、FF_1、FF_0。因为计数器要求按同步方式工作，所以时钟方程可以设为

$$CP_2 = CP_1 = CP_0 = CP \tag{7.2.1}$$

同时根据状态转换图可直接写出输出方程为

$$CO = Q_2^n Q_1^n Q_0^n \qquad （7.2.2）$$

根据时序逻辑电路设计原则，结合图7.2.2所示的状态转换图可直接画出图7.2.3所示的次态 $Q_2^{n+1} Q_1^{n+1} Q_0^{n+1}$ 的卡诺图，并将其分解为图7.2.4所示的各触发器次态的卡诺图。

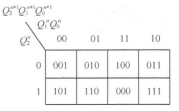

图 7.2.3　3 位二进制同步加法计数器次态的卡诺图

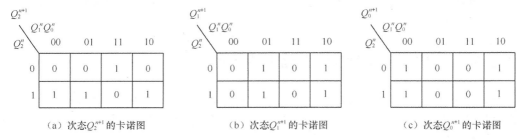

（a）次态 Q_2^{n+1} 的卡诺图　　　（b）次态 Q_1^{n+1} 的卡诺图　　　（c）次态 Q_0^{n+1} 的卡诺图

图 7.2.4　3 位二进制同步加法计数器各触发器次态的卡诺图

根据图7.2.4，化简可得每个触发器状态方程对应的逻辑表达式为

$$\begin{cases} Q_2^{n+1} = Q_2^n \overline{Q_1^n} + Q_2^n \overline{Q_0^n} + \overline{Q_2^n} Q_1^n Q_0^n \\ Q_1^{n+1} = Q_1^n \overline{Q_0^n} + \overline{Q_1^n} Q_0^n \\ Q_0^{n+1} = \overline{Q_0^n} \end{cases} \qquad （7.2.3）$$

（2）确定触发器的驱动方程。

因为JK触发器的特性方程为

$$Q^{n+1} = J\overline{Q^n} + \overline{K}Q^n \qquad （7.2.4）$$

变换式（7.2.3）使之与式（7.2.4）的形式一致。

$$\begin{cases} Q_2^{n+1} = Q_2^n \overline{Q_1^n} + Q_2^n \overline{Q_0^n} + \overline{Q_2^n} Q_1^n Q_0^n = Q_1^n Q_0^n \overline{Q_2^n} + (\overline{Q_1^n} + \overline{Q_0^n})Q_2^n \\ \qquad = Q_1^n Q_0^n \overline{Q_2^n} + (\overline{Q_1^n Q_0^n})Q_2^n \\ Q_1^{n+1} = Q_0^n \overline{Q_1^n} + \overline{Q_0^n} Q_1^n \\ Q_0^{n+1} = \overline{Q_0^n} \end{cases} \qquad （7.2.5）$$

比较式（7.2.5）和式（7.2.4）可得驱动方程

$$\begin{cases} J_2 = K_2 = Q_1^n Q_0^n \\ J_1 = K_1 = Q_0^n \\ J_0 = K_0 = 1 \end{cases} \qquad （7.2.6）$$

（3）画逻辑电路图。

综合式（7.2.1）、式（7.2.2）和式（7.2.6）可直接画出图7.2.5所示的连线图（注意：图中 J、K 端悬空相当于接高电平）。

（4）检查所设计的电路是否能自启动。

因为该电路没有无效状态，所以设计的电路能自启动。

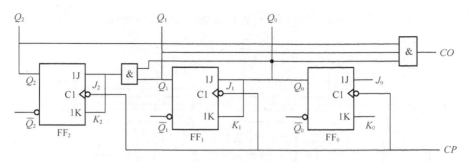

图 7.2.5　用 JK 触发器实现的 3 位二进制同步加法计数器连线图

3．用T触发器实现二进制同步加法计数器

根据式（7.2.6）和图7.2.5，可以看出组成计数器的3个JK触发器的J、K两端的取值都相同。也就是此时的JK触发器已经转换为T触发器了，实现T触发器的功能，这时JK触发器的驱动方程可改写成T触发器的驱动方程，即

$$\begin{cases} T_0 = J_0 = K_0 = 1 \\ T_1 = J_1 = K_1 = Q_0^n \\ T_2 = J_2 = K_2 = Q_1^n Q_0^n \end{cases} \qquad (7.2.7)$$

据此，二进制同步加法计数器可由T触发器组成，其输入信号表达式为

$$T_i = Q_{i-1}^n Q_{i-2}^n \cdots Q_1^n Q_0^n = \prod_{j=0}^{i-1} Q_j^n \qquad (7.2.8)$$

其中 $\prod$ 是连乘符号，表示多个变量进行与逻辑运算。

4．用T′触发器实现二进制同步加法计数器

T触发器有保持和翻转两个功能，当T触发器在$T=1$时翻转，相当于变成T′触发器。如果把T触发器都换成T′触发器，并把式（7.2.8）归入触发器FF$_i$的时钟脉冲，即把T′触发器FF$_i$的时钟方程改写为

$$CP_i = CP \cdot \prod_{j=0}^{i-1} Q_j^n \quad (i = 1, 2, 3, \cdots, n-1) \qquad (7.2.9)$$

那么也就可以用T′触发器来构成二进制同步加法计数器。实际应用中只要先把JK触发器或者D触发器接成T′触发器，再按式（7.2.9）连接时钟信号即可。图7.2.6所示电路就是选用JK触发器采用这种方法实现的3位二进制同步加法计数器连线图。

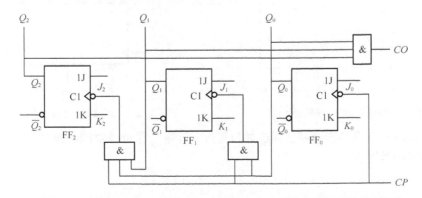

图 7.2.6　T′触发器（选用 JK 触发器）实现的 3 位二进制同步加法计数器连线图

如果选用D触发器，那么可画出图7.2.7所示的选用D触发器实现的3位二进制同步加法计数器连线图。

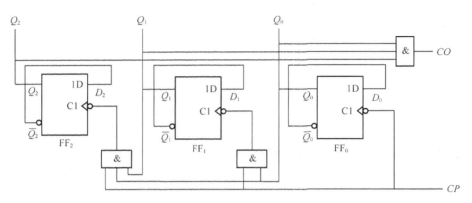

图 7.2.7　T′ 触发器（选用 D 触发器）实现的 3 位二进制同步加法计数器连线图

7.2.2　二进制同步加法计数器芯片与 Multisim 仿真

常用的集成4位二进制同步加法计数器有TTL集成电路的74LS161和74LS163以及CMOS集成电路的CC4520。就工作原理而言，集成4位二进制同步加法计数器和7.2.1节所介绍的3位计数器没有什么区别。

这里需要强调的是，为了使用更便捷，在制作集成芯片时会增加一些辅助扩展功能的端子，它们包括但不限于预置数控制端、使能控制端、状态控制端、进位输出端、清零控制端等。

1．计数器74LS161的功能

图7.2.8所示为74LS161计数器引脚排列示意，图7.2.9所示为74LS161计数器逻辑功能示意。在这两个图中，CP是时钟脉冲输入端；$Q_0 \sim Q_3$是计数器状态输出端；$D_0 \sim D_3$是计数器并行数据输入端；CO是进位信号输出端；$\overline{CR}$ 是异步清零端；$\overline{LD}$ 是同步置数控制端；CT_T、CT_P是计数器工作状态控制端。

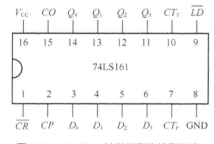

图 7.2.8　74LS161 计数器引脚排列示意

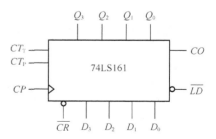

图 7.2.9　74LS161 计数器逻辑功能示意

计数器74LS161具有异步清零、同步并行置数、计数、保持等功能。表7.2.1所示为TTL集成计数器74LS161的特性表。

表 7.2.1　TTL 集成计数器 74LS161 的特性表

输入									输出					功能说明
$\overline{CR}$	$\overline{LD}$	CT_{T}	CT_{P}	CP	D_3	D_2	D_1	D_0	Q_3^{n+1}	Q_2^{n+1}	Q_1^{n+1}	Q_0^{n+1}	CO	
0	×	×	×	×	×	×	×	×	0	0	0	0	0	异步清零
1	0	×	×	↑	d_3	d_2	d_1	d_0	d_3	d_2	d_1	d_0		同步并行置数
1	1	1	1	↑	×	×	×	×	计数					$CO=Q_3^n Q_2^n Q_1^n Q_0^n$
1	1	×	0	×	×	×	×	×	保持					$CO=CT_{\mathrm{T}}\cdot Q_3^n Q_2^n Q_1^n Q_0^n$
1	1	0	×	×	×	×	×	×	保持				0	

注：↑表示时钟上升沿，×表示取任意值。

（1）异步清零功能。

只要 $\overline{CR}=0$，计数器就会直接清零。换句话说，**计数器74LS161只要清零端接低电平，计数器就直接实现清零。清零动作既不需要其他输入信号的配合，也不需要时钟脉冲的配合，故称为异步清零**。在表7.2.1中，只要 $\overline{CR}=0$，不管其他端输入是什么，计数器都会直接清零。此时输出状态 $Q_3^{n+1}Q_2^{n+1}Q_1^{n+1}Q_0^{n+1}=0000$，同时向高位的进位信号 $CO=0$。因此，异步清零端在计数器所有端中优先级别是最高的。只有在 $\overline{CR}=1$（清零端接高电平，计数器不清零）时，其他端才可能输入有效。

（2）同步并行置数功能。

只有 $\overline{CR}=1$，$\overline{LD}=0$，同时 CP 的上升沿到来时，$Q_3^{n+1}Q_2^{n+1}Q_1^{n+1}Q_0^{n+1}=d_3d_2d_1d_0$，计数器74LS161实现同步并行置数的功能。换句话说，只有在计数器不清零、置数端有效、CP 的上升沿到来这3个条件都具备时，计数器74LS161才会将并行数据输入端 $d_3d_2d_1d_0$ 中预先设置的数据传送到输出端 $Q_3Q_2Q_1Q_0$，从而实现同步并行置数功能。这里的同步是因为在整个过程中 $\overline{CR}=1$，$\overline{LD}=0$ 满足后，还需要等待 CP 的有效边沿到来才能完成置数功能。因此，需要时钟脉冲的配合才能完成功能的输入端，一般都称为同步输入端。

（3）计数功能。

当 $\overline{CR}=\overline{LD}=CT_{\mathrm{T}}=CT_{\mathrm{P}}=1$，同时 CP 上升沿到来时，计数器74LS161按照二进制加法规律，在原数基础上加1，实现计数功能。

（4）保持功能。

如果 $\overline{CR}=\overline{LD}=1$，$CT_{\mathrm{T}}\cdot CT_{\mathrm{P}}=0$，那么计数器74LS161将保持原来的状态不变，完成保持功能。此时如果 $CT_{\mathrm{T}}=0$，那么计数器74LS161进位信号输出端 $CO=0$；如果 $CT_{\mathrm{T}}=1$，那么计数器74LS161进位信号输出端 $CO=Q_3Q_2Q_1Q_0$。

2．计数器74LS161的功能Multisim仿真验证

图7.2.10所示为计数器74LS161的功能Multisim仿真验证图。

图7.2.10（a）所示为置数功能Multisim仿真验证图，图中清零端接高电平（$\overline{CR}=1$），置数端接低电平（$\overline{LD}=0$），也就是说清零端失效，置数端有效。同时根据接线，CP接通再断开，相当于时钟下降沿到来（注意：Multisim中计数器74LS161的时钟脉冲是下降沿有效，实际芯片是上升沿有效），此时电路完成置数功能，$Q_3^{n+1}Q_2^{n+1}Q_1^{n+1}Q_0^{n+1}=d_3d_2d_1d_0=0111$，因此数码管显示"7"。

图7.2.10（b）所示为计数功能Multisim仿真验证图，图中清零端、置数端及两个工作状态控

制端都接高电平，即 $\overline{CR}=\overline{LD}=CT_{\mathrm{T}}=CT_{\mathrm{p}}=1$，相当于不清零也不置数，此时完成计数功能。随着 CP 接通再断开，计数值会按十六进制（4位二进制）规律不断循环变化。

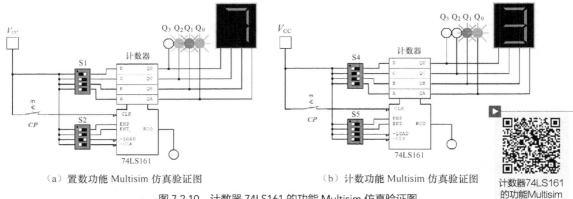

（a）置数功能 Multisim 仿真验证图　　　　　　（b）计数功能 Multisim 仿真验证图

图 7.2.10　计数器 74LS161 的功能 Multisim 仿真验证图

计数器74LS161 的功能Multisim 仿真

请问如果想把计数器作为一个点货器使用，该怎么改造呢？

3．利用74LS161实现客厅控制灯原理电路的Multisim仿真

客厅控制灯在我们日常生活中很普遍，一个开关可以控制多组照明灯，按一次开关点亮一组灯，再按一次又点亮一组灯，等等，直到最后一次关闭所有灯。当然电路也可以循环运行。

图7.2.11所示为客厅控制灯原理电路的功能Multisim仿真验证图。随着开关S1的操作可以实现不同灯组的点亮和熄灭。

利用74LS161 实现客厅控制 灯原理电路的 Multisim仿真

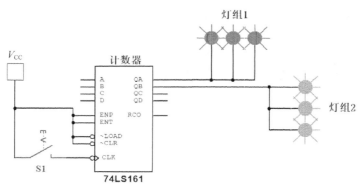

图 7.2.11　客厅控制灯原理电路的功能 Multisim 仿真验证图

试说明计数器74LS161的 $Q_{\mathrm{A}}Q_{\mathrm{B}}$ 状态变化情况。为什么只有一个开关，却可以控制那么多灯，而且每次还不一样？您知道原因吗？如果要将其应用到实际电路中应该增加什么器件？

4．利用74LS161实现抢答器电路的Multisim仿真

抢答器电路是数字电路中比较经典的电路，除了前文介绍的方法以外，利用计数器也可以实现抢答。图7.2.12所示为利用74LS161实现抢答器的功能Multisim仿真验证图。两个74LS32或门把输出信号引回到编码器，构成数据锁存；74LS11与门主要为计数器提供脉冲，编码器的输出信号作为同步置数输入信号。

利用74LS161 实现抢答器电路 的Multisim仿真

请读者先画出仿真图并验证，最后结合74LS148编码器和74LS161计数器的

功能自行分析具体工作原理。

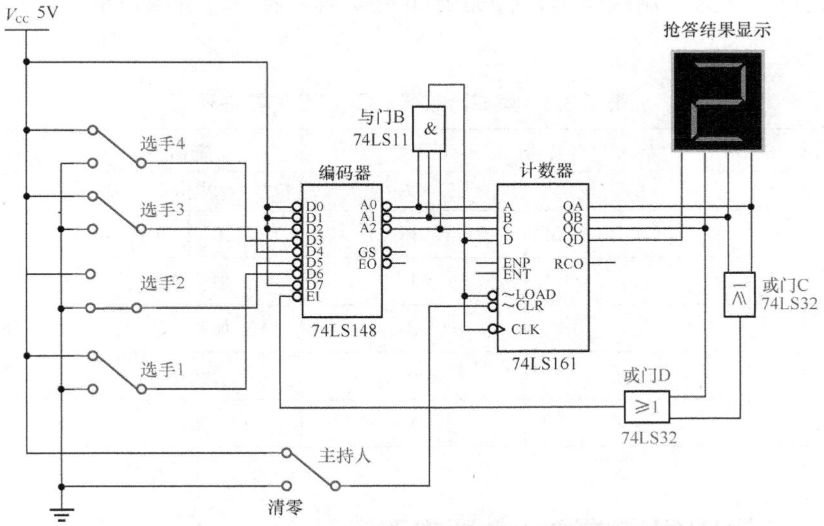

图 7.2.12　利用 74LS161 实现抢答器的功能 Multisim 仿真验证图

5．计数器74LS163和CC4520的功能

计数器74LS163的逻辑功能、计数工作原理和外部引脚排列都与计数器74LS161相同，唯一不同的是计数器74LS163采用同步清零。表7.2.2所示为集成计数器74LS163的特性表。

表 7.2.2　集成计数器 74LS163 的特性表

输入									输出					功能说明
$\overline{CR}$	$\overline{LD}$	CT_T	CT_P	CP	D_3	D_2	D_1	D_0	Q_3^{n+1}	Q_2^{n+1}	Q_1^{n+1}	Q_0^{n+1}	CO	
0	×	×	×	↑	×	×	×	×	0	0	0	0	0	同步清零
1	0	×	×	↑	d_3	d_2	d_1	d_0	d_3	d_2	d_1	d_0		同步并行置数
1	1	1	1	↑	×	×	×	×	计数					$CO = Q_3^n Q_2^n Q_1^n Q_0^n$
1	1	×	0	×	×	×	×	×	保持					$CO = CT_T \cdot Q_3^n Q_2^n Q_1^n Q_0^n$
1	1	0	×	×	×	×	×	×	保持				0	

CMOS集成计数器CC4520是一个具有异步清零，同时既可以上升沿触发也可以下降沿触发的双4位二进制同步加法计数器。图7.2.13和图7.2.14所示为集成计数器CC4520的引脚排列示意和逻辑功能示意。

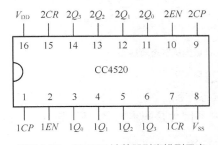

图 7.2.13　CC4520 计数器引脚排列示意

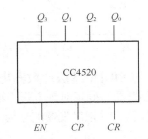

图 7.2.14　CC4520 计数器逻辑功能示意

对于CC4520计数器，*EN*既是控制端，也可以作为计数脉冲输入端使用；*CP*既是计数脉冲输入端，也可以作为控制端使用；*CR*是异步清零端。表7.2.3所示为集成计数器CC4520的特性表。

表 7.2.3　集成计数器 CC4520 的特性表

输入			输出				功能说明
CR	*EN*	*CP*	Q_3^{n+1}	Q_2^{n+1}	Q_1^{n+1}	Q_0^{n+1}	
1	×	×	0	0	0	0	异步清零
0	1	↑	加法计数				上升沿有效
0	↓	0	加法计数				下降沿有效
0	0	×	保持				
0	×	1	保持				

7.2.3　二进制同步减法计数器电路设计

二进制减法计数器是指每接收一个计数脉冲，计数器就按二进制的规律依次减1，当数值不够减时就向高位借1。也就是当计数器的计数值为0时，如果再来一个计数脉冲，计数器将输出一个向高位借位的信号并返回最大计数值。

1．3位二进制同步减法计数器的结构和状态转换图

图7.2.15所示为3位二进制同步减法计数器的结构示意。其中*CP*是输入计数脉冲，*BO*是计数器向高位借位的信号，Q_2、Q_1、Q_0是计数器状态。

图 7.2.15　3 位二进制同步减法计数器的结构示意

根据二进制减法计数器的计数规则，图7.2.16所示为3位二进制同步减法计数器的状态转换图。

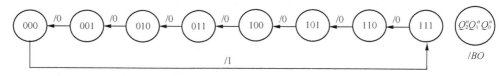

图 7.2.16　3 位二进制同步减法计数器的状态转换图

2．3位二进制同步减法计数器电路的常规设计

（1）选择触发器，确定时钟方程、输出方程和状态方程。

选择JK触发器，并把触发器编号为FF_2、FF_1、FF_0。因为是同步电路，所以时钟方程可以为

$$CP_0 = CP_1 = CP_2 = CP \tag{7.2.10}$$

根据状态转换图可直接写出输出方程为

$$BO = \overline{Q_2^n Q_1^n Q_0^n} \qquad (7.2.11)$$

根据图7.2.16可直接画出图7.2.17所示的次态 $Q_2^{n+1} Q_1^{n+1} Q_0^{n+1}$ 的卡诺图，再分解得到图7.2.18所示的组成计数器的3个触发器次态的卡诺图。

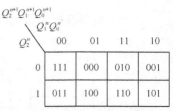

图 7.2.17 3位二进制同步减法计数器次态的卡诺图

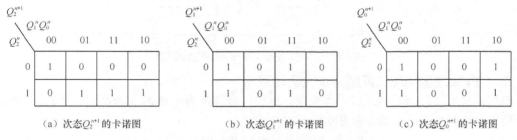

（a）次态 Q_2^{n+1} 的卡诺图 （b）次态 Q_1^{n+1} 的卡诺图 （c）次态 Q_0^{n+1} 的卡诺图

图 7.2.18 3位二进制同步减法计数器各触发器次态的卡诺图

根据图7.2.18，化简可得3个触发器次态的最简式为

$$\begin{cases} Q_2^{n+1} = Q_2^n Q_1^n + Q_2^n Q_0^n + \overline{Q_2^n} \cdot \overline{Q_1^n} \cdot \overline{Q_0^n} \\ Q_1^{n+1} = \overline{Q_1^n} \cdot \overline{Q_0^n} + Q_1^n Q_0^n \\ Q_0^{n+1} = \overline{Q_0^n} \end{cases} \qquad (7.2.12)$$

（2）确定触发器的驱动方程。

因为JK触发器的特性方程为

$$Q^{n+1} = J\overline{Q^n} + \overline{K}Q^n \qquad (7.2.13)$$

变换式（7.2.12）使之与式（7.2.13）的形式一致。

$$\begin{cases} Q_2^{n+1} = Q_2^n Q_1^n + Q_2^n Q_0^n + \overline{Q_2^n} \cdot \overline{Q_1^n} \cdot \overline{Q_0^n} \\ \qquad = \overline{Q_1^n} \cdot \overline{Q_0^n} \cdot \overline{Q_2^n} + (Q_1^n + Q_0^n) Q_2^n \\ \qquad = \overline{Q_1^n} \cdot \overline{Q_0^n} \cdot \overline{Q_2^n} + \overline{\overline{Q_1^n} \cdot \overline{Q_0^n}} Q_2^n \\ Q_1^{n+1} = \overline{Q_0^n} \cdot \overline{Q_1^n} + Q_0^n Q_1^n \\ Q_0^{n+1} = \overline{Q_0^n} \end{cases} \qquad (7.2.14)$$

比较式（7.2.14）和式（7.2.13），可得驱动方程为

$$\begin{cases} J_2 = K_2 = \overline{Q_1^n} \cdot \overline{Q_0^n} \\ J_1 = K_1 = \overline{Q_0^n} \\ J_0 = K_0 = 1 \end{cases} \qquad (7.2.15)$$

（3）画逻辑电路图。

综合式（7.2.10）、式（7.2.11）和式（7.2.15），直接画出图7.2.19所示的电路图。

（4）检查所设计的计数器电路能否自启动。

因为该电路没有无效状态，所以设计的计数器电路能自启动。

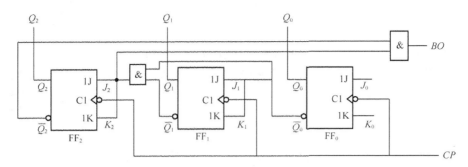

图 7.2.19 3 位二进制同步减法计数器连线图

3．用T触发器实现二进制同步减法计数器

根据式（7.2.15）和图7.2.19不难发现，组成计数器的各个JK触发器都实现了T触发器的功能。所以，JK触发器的驱动方程可改写为

$$\begin{cases} T_0 = J_0 = K_0 = 1 \\ T_1 = J_1 = K_1 = \overline{Q_0^n} \\ T_2 = J_2 = K_2 = \overline{Q_1^n} \cdot \overline{Q_0^n} \end{cases} \quad (7.2.16)$$

据此，二进制同步减法计数器可由T触发器组成，其输入信号表达式为

$$T_i = \overline{Q_{i-1}^n \, Q_{i-2}^n \cdots Q_1^n Q_0^n} = \prod_{j=0}^{i-1} \overline{Q_j^n} \quad (i=1,2,3,\cdots,n-1) \quad (7.2.17)$$

4．用T′触发器实现二进制同步减法计数器

如果把触发器FF$_i$都换成T′触发器，那么应该把式（7.2.16）归入FF$_i$的时钟脉冲，即将触发器FF$_i$的时钟方程改为

$$CP_i = CP \cdot \prod_{j=0}^{i-1} \overline{Q_j^n} \quad (i=1,2,3,\cdots,n-1) \quad (7.2.18)$$

这时就可以用T′触发器实现二进制同步减法计数器。只是先用触发器接成T′触发器，再按式（7.2.18）连接触发器时钟信号。图7.2.20所示为用JK触发器实现的3位二进制同步减法计数器连线图。

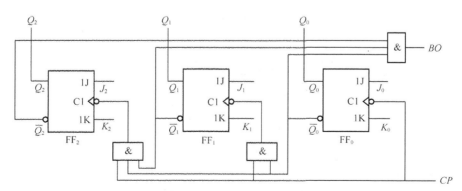

图 7.2.20 用 JK 触发器实现的 3 位二进制同步减法计数器连线图

如果将图7.2.20所示JK触发器改为D触发器，那么可得到另一种减法计数器电路。图7.2.21所

示为用 D 触发器实现的 3 位二进制同步减法计数器连线图。

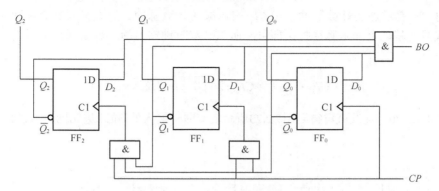

图 7.2.21　用 D 触发器实现的 3 位二进制同步减法计数器连线图

7.2.4　二进制同步可逆计数器

可逆计数器是一种既能实现加法计数，又能实现减法计数的计数器。如果把加法计数器和减法计数器组合起来并增加一个控制加、减的信号端，就可以构成二进制同步可逆计数器。可逆计数器常分为单时钟输入的可逆计数器和双时钟输入的可逆计数器。

1．单时钟输入的二进制同步可逆计数器

如果用 $\overline{U}/D$ 表示加/减控制信号，且令 $\overline{U}/D=0$ 时进行加法计数，$\overline{U}/D=1$ 时进行减法计数。那么只要把加法、减法计数器的驱动方程分别和加、减控制信号组合起来并进行逻辑运算，就可得到可逆计数器的驱动方程，即

$$T_i = \overline{\overline{U}/D} \cdot \prod_{j=0}^{i-1} Q_j^n + \overline{U}/D \cdot \prod_{j=0}^{i-1} \overline{Q_j^n} \quad (i=1,2,3,\cdots,n-1) \tag{7.2.19}$$

按照式（7.2.19）进行连线就可得图 7.2.22 所示的单时钟输入的 3 位二进制同步可逆计数器。

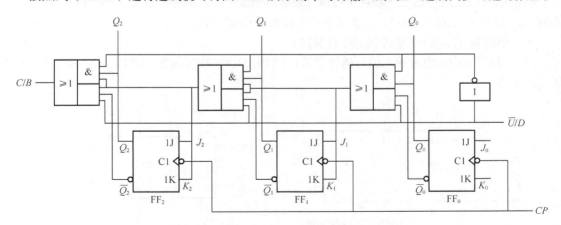

图 7.2.22　单时钟输入的 3 位二进制同步可逆计数器

2．双时钟输入的二进制同步可逆计数器

单时钟输入的二进制同步可逆计数器有一个系统时钟脉冲，并通过统一时钟控制分时给加法、减法计数器提供脉冲，因此不能同时进行加法、减法计数；双时钟输入的二进制同步可逆计

数器的两个时钟是分开的，可以同时进行加法、减法计数。

如果用CP_U表示加法计数脉冲，用CP_D表示减法计数脉冲，那么只要在T'触发器构成二进制同步计数器的基础上加入脉冲控制即可。所以，双时钟输入的二进制同步可逆计数器的时钟方程为

$$CP_i = CP_U \cdot \prod_{j=0}^{i-1} Q_j^n + CP_D \cdot \prod_{j=0}^{i-1} \overline{Q_j^n} \quad (i = 1, 2, 3, \cdots, n-1) \tag{7.2.20}$$

按照式（7.2.20）连线就可得到图7.2.23所示的双时钟输入的3位二进制同步可逆计数器。

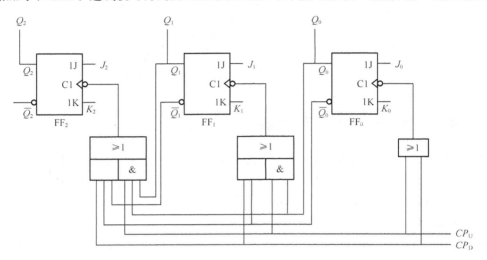

图 7.2.23　双时钟输入的 3 位二进制同步可逆计数器

7.2.5　集成 4 位二进制同步可逆计数器

在常用的TTL集成4位二进制同步可逆计数器典型芯片中，单时钟输入有74LS191，双时钟输入有74LS193；CMOS集成4位二进制同步可逆计数器有CC40193。

1．单时钟输入的可逆计数器74LS191

图7.2.24所示为单时钟输入的可逆计数器74LS191的引脚排列示意，图7.2.25所示为对应的逻辑功能示意。

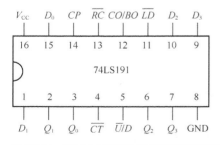

图 7.2.24　74LS191 可逆计数器引脚排列示意

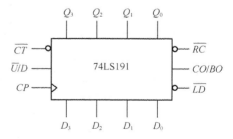

图 7.2.25　74LS191 可逆计数器逻辑功能示意

其中$\overline{U}/D$是加/减计数控制端；$Q_0 \sim Q_3$是计数器状态输出端；$D_0 \sim D_3$是计数器并行数据输入端；CO/BO是进位/借位信号输出端；$\overline{CT}$是控制端；$\overline{LD}$是异步置数控制端；$\overline{RC}$是方便多个芯

片级联以实现级间串行计数而提供的控制端。

表7.2.4所示为TTL集成可逆计数器74LS191的特性表。从表7.2.4不难发现单时钟输入的可逆计数器74LS191具有异步并行置数、同步可逆计数、保持等功能。

表 7.2.4　TTL 集成可逆计数器 74LS191 的特性表

输入								输出				功能说明
$\overline{LD}$	$\overline{CT}$	$\overline{U}/D$	CP	D_3	D_2	D_1	D_0	Q_3^{n+1}	Q_2^{n+1}	Q_1^{n+1}	Q_0^{n+1}	
0	×	×	×	d_3	d_2	d_1	d_0	d_3	d_2	d_1	d_0	异步并行置数
1	0	0	↑	×	×	×	×	加法计数				$CO/BO = Q_3^n Q_2^n Q_1^n Q_0^n$
1	0	1	↑	×	×	×	×	减法计数				$CO/BO = \overline{Q_3^n}\,\overline{Q_2^n}\,\overline{Q_1^n}\,\overline{Q_0^n}$
1	1	×	×	×	×	×	×	保持				

注：↑表示时钟上升沿，×表示取任意值。

2．双时钟输入的可逆计数器74LS193

图7.2.26所示为双时钟输入的可逆计数器74LS193的引脚排列示意，图7.2.27所示为对应的逻辑功能示意。其中$Q_0 \sim Q_3$是计数器状态输出端；$D_0 \sim D_3$是计数器并行数据输入端；CR是异步清零端，高电平有效；$\overline{LD}$是异步置数控制端；CP_U是加法计数脉冲输入端；CP_D是减法计数脉冲输入端；$\overline{CO}$、$\overline{BO}$分别是进位、借位信号输出端。

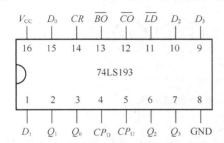
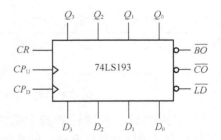

图 7.2.26　74LS193 可逆计数器引脚排列示意　　　图 7.2.27　74LS193 可逆计数器逻辑功能示意

74LS193可逆计数器具有异步清零、异步置数、同步可逆计数以及保持等功能。表7.2.5所示为TTL集成可逆计数器74LS193的特性表。

表 7.2.5　TTL 集成可逆计数器 74LS193 的特性表

输入								输出				功能说明
CR	$\overline{LD}$	CP_U	CP_D	D_3	D_2	D_1	D_0	Q_3^{n+1}	Q_2^{n+1}	Q_1^{n+1}	Q_0^{n+1}	
1	×	×	×	×	×	×	×	0	0	0	0	异步清零
0	0	×	×	d_3	d_2	d_1	d_0	d_3	d_2	d_1	d_0	异步置数
0	1	↑	1	×	×	×	×	加法计数				$\overline{CO} = \overline{CP_U \cdot Q_3^n Q_2^n Q_1^n Q_0^n}$
0	1	1	↑	×	×	×	×	减法计数				$\overline{BO} = \overline{CP_D \cdot \overline{Q_3^n}\,\overline{Q_2^n}\,\overline{Q_1^n}\,\overline{Q_0^n}}$
0	1	1	1	×	×	×	×	保持				

注：↑表示时钟上升沿，×表示取任意值。

7.3 二进制异步计数器

7.3.1 二进制异步加法计数器电路设计

二进制异步加法计数器和同步加法计数器的计数方式相同，也是每输入一个计数脉冲，计数器就按二进制的规律依次加1。唯一的区别是组成异步计数器的各个触发器的时钟不是都来自脉冲信号，而且它们的动作有先有后，不会发生在同一时刻。

1．3位二进制异步加法计数器结构和状态转换图

图7.3.1所示为3位二进制异步加法计数器的结构示意。其中CP是输入计数脉冲，CO是计数器向高位的进位信号，Q_2、Q_1、Q_0是计数器状态。

图 7.3.1　3位二进制异步加法计数器的结构示意

根据二进制加法计数器的计数规则，可画出图7.3.2所示的3位二进制异步加法计数器的状态转换图。

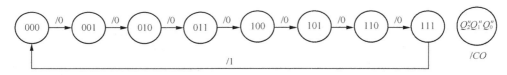

图 7.3.2　3位二进制异步加法计数器的状态转换图

2．3位二进制异步加法计数器电路的常规设计

采用异步方式设计计数器电路，就是灵活地考虑触发器功能以及何时被触发的综合设计问题，一般是通过低位的触发器输出来确定高位的时钟方程。

异步加法计数器电路设计步骤可以先根据状态转换图画出时序图，然后根据波形要求为各个触发器选择合适的时钟信号和驱动方程，最后画出电路图即可。（往往把触发器先接成T'触发器，再确定时钟方程。）

（1）选择触发器，确定时钟方程、输出方程和状态方程。

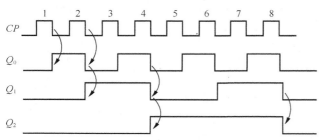

图 7.3.3　3位二进制异步加法计数器时序图

如果选用下降沿触发的JK触发器，同时3个触发器分别编号为FF_0、FF_1、FF_2，那么根据图7.3.2所示的状态转换图就可以画出图7.3.3所示的3位二进制异步加法计数器时序图。

分析各个触发器翻转要求，并结合时序图，不难找到异步加法计数器状态更新的规律。所以通过观察图7.3.3所示的时序图中Q_2、Q_1、Q_0状态更新时的有效边沿，就可以确定每个触发器的时钟方程。

观察Q_0的波形变化情况，每当CP的下降沿到来时，Q_0的状态就会翻转一次（图7.3.3中只标出具有代表性的前两次翻转）。所以对于FF_0触发器而言，可以选择CP作为时钟脉冲，即时钟方程为$CP_0 = CP$。

观察Q_1的波形变化情况，每当CP的下降沿到来时，Q_1的状态并非都翻转。因此，不能简单选择CP作为FF_1触发器的时钟脉冲。但是只要再仔细观察图7.3.3的时序图不难发现：每当状态Q_0的下降沿到来时，Q_1的状态就会翻转。因此，可以优先选择Q_0作为FF_1触发器的时钟脉冲，即时钟方程可为$CP_1 = Q_0$。

同理，对于Q_2的波形来说，每当状态Q_1的下降沿到来时，Q_2的状态就会翻转。

因此，计数器总的时钟方程为

$$\begin{cases} CP_0 = CP \\ CP_1 = Q_0 \\ CP_2 = Q_1 \end{cases} \qquad (7.3.1)$$

同时根据状态转换图可以直接得到输出方程为

$$CO = Q_2^n Q_1^n Q_0^n \qquad (7.3.2)$$

为了接线的简单、方便，在确定时钟方程时，选择翻转条件使所有触发器应具有翻转功能，也就是状态方程为

$$\begin{cases} Q_0^{n+1} = \overline{Q_0^n}\ （CP下降沿有效） \\ Q_1^{n+1} = \overline{Q_1^n}\ （Q_0下降沿有效） \\ Q_2^{n+1} = \overline{Q_2^n}\ （Q_1下降沿有效） \end{cases} \qquad (7.3.3)$$

（2）确定驱动方程。

对照JK触发器的特性方程$Q^{n+1} = J\overline{Q^n} + \overline{K}Q^n$，可直接写出驱动方程为

$$\begin{cases} J_0 = K_0 = 1 \\ J_1 = K_1 = 1 \\ J_2 = K_2 = 1 \end{cases} \qquad (7.3.4)$$

（3）画逻辑电路图。

根据时钟方程和驱动方程，结合输出方程可以画出图7.3.4所示的逻辑电路图。

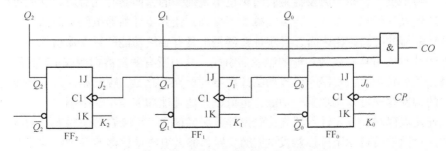

图 7.3.4　3 位二进制异步加法计数器电路图

（4）选用上升沿触发的D触发器设计异步加法计数器。

当选用上升沿触发的触发器时，则可以画出图7.3.5所示的时序图。为了便于观察，将 $\overline{Q_0}$ 和 $\overline{Q_1}$ 的波形也画出来了。

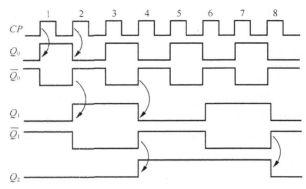

图 7.3.5　上升沿触发的 3 位二进制异步加法计数器的时序图

从时序图可以看出，因为每个触发器都是具有翻转功能的 T′ 触发器，所以可以先把D触发器接成T′触发器的形式，然后通过图7.3.5中箭头所标的翻转时刻，可以直接得到时钟方程为

$$\begin{cases} CP_0 = CP \\ CP_1 = \overline{Q_0} \\ CP_2 = \overline{Q_1} \end{cases} \qquad (7.3.5)$$

图7.3.6所示为用上升沿触发的D触发器构成的3位二进制异步加法计数器。

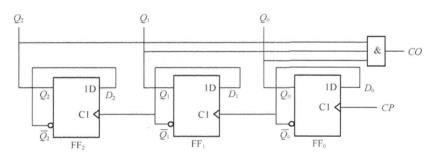

图 7.3.6　用上升沿触发的 D 触发器构成的 3 位二进制异步加法计数器

3．二进制异步加法计数器的结构特点和连接规律

通过前面的分析，二进制异步加法计数器的结构特点和连接规律可总结如下。

（1）从电路设计顺序来看，设计同步加法计数器是先确定时钟方程，再确定驱动方程；设计异步加法计数器是综合考虑触发器的功能和时钟方程。

（2）从时钟触发的特点来看，异步加法计数器的时钟脉冲可以根据翻转条件自由设定。

对于同步加法计数器而言，构成计数器的各个触发器的时钟脉冲都取自同一个系统计数脉冲，它们往往通过导线连接在一起。异步计数器相对于同步计数器而言，构成计数器的每个触发器时钟脉冲不需要统一，每个触发器翻转时刻也不是统一的，而是有先有后，这就可以根据需要自由设计，这给设计带来了方便，也直接减少了接线，让异步计数器电路更简洁。

（3）从计数器的电路结构来看，异步计数器是由具有翻转功能的触发器组成的。

异步加法计数器由具有翻转功能的触发器组成，其中所有触发器都构成了 T′ 触发器，所选用的触发器都必须先接成 T′ 触发器。异步加法计数器的单元电路是 T′ 触发器，只有翻转功能；而同步计数器中的触发器既可以实现翻转功能，也可以实现其他功能，不受限制。

（4）从连接规律看，异步计数器高位触发器的时钟信号一般来自低位触发器的状态输出。

异步加法计数器若选用下降沿触发的 T′ 触发器，那么组成计数器的各个触发器的时钟方程可以取 $CP_i = Q_{i-1}$；异步加法计数器若选用上升沿触发的 T′ 触发器，那么组成计数器的各个触发器的时钟方程应该取 $CP_i = \overline{Q_{i-1}}$。

7.3.2 二进制异步加法计数器芯片

集成二进制异步加法计数器的芯片有很多，主要有74LS197、74LS293、74LS393、CC4024、CC4040、CC4060等。

74LS197是集成4位异步加法计数器，具有二-八-十六进制多种计数功能。图7.3.7所示是74LS197计数器引脚排列示意，图7.3.8所示为74LS197计数器逻辑功能示意。

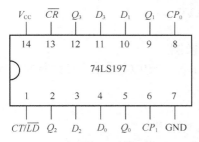

图 7.3.7　74LS197 计数器引脚排列示意

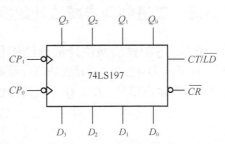

图 7.3.8　74LS197 计数器逻辑功能示意

其中$Q_0 \sim Q_3$是计数器状态输出端；$D_0 \sim D_3$是计数器并行数据输入端；$\overline{CR}$ 是异步清零端；$CT/\overline{LD}$ 是计数和异步置数控制端；CP_0是触发器FF_0的时钟脉冲输入端；CP_1是触发器FF_1的时钟脉冲输入端。表7.3.1所示为74LS197计数器的特性表。

表 7.3.1　74LS197 计数器的特性表

输入							输出				功能说明
$\overline{CR}$	$CT/\overline{LD}$	CP	D_3	D_2	D_1	D_0	Q_3^{n+1}	Q_2^{n+1}	Q_1^{n+1}	Q_0^{n+1}	
0	×	×	×	×	×	×	0	0	0	0	异步清零
1	0	×	d_3	d_2	d_1	d_0	d_3	d_2	d_1	d_0	异步置数
1	1	↓	×	×	×	×	计数				$CP_0 = CP$ 或 $CP_1 = CP$

图7.3.9所示为74LS197计数器的结构。74LS197计数器可以通过不同接线来实现二-八-十六进制以及异步清零、置数等功能。

（1）异步清零功能。

当$\overline{CR} = 0$时，计数器异步清零。

（2）异步置数功能。

当$\overline{CR} = 1$，$CT/\overline{LD} = 0$时，计数器完成异步置数。

（3）异步加法计数功能。

当$\overline{CR} = 1$，$CT/\overline{LD} = 1$，计数器下降沿到来时，实现异步加法计数。

（4）二进制计数器。

如果在（3）的基础上，将CP连在CP_0端，CP_1接0或1（不接任何脉冲信号），那么触发器FF_0工作，其他触发器不工作，此时能实现二进制计数器。

（5）八进制计数器。

如果在（3）的基础上，将CP连在CP_1端，CP_0接0或1（不接任何脉冲信号），那么计数器中

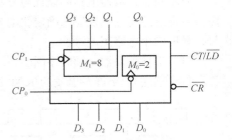

图 7.3.9　74LS197 计数器的结构

的触发器FF_3、FF_2、FF_1工作，触发器FF_0不工作，此时可以实现八进制计数器。

（6）十六进制计数器。

如果在（3）的基础上，将CP连在CP_0端，再把Q_0与CP_1相连，那么4个触发器同时工作，能实现"先2后8"的十六进制计数器。当然，如果将CP连在CP_1端，再把Q_3与CP_0也相连，那么能实现"先8后2"的十六进制计数器。

7.3.3　二进制异步减法计数器电路设计

1．3位二进制异步减法计数器结构和状态转换图

图7.3.10所示为3位二进制异步减法计数器的结构示意。其中CP是输入计数脉冲，BO是计数器向高位借位的输出信号，Q_2、Q_1、Q_0是计数器状态。

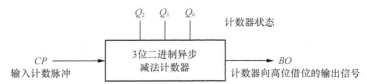

图 7.3.10　3 位二进制异步减法计数器的结构示意

根据二进制减法计数器的计数规则，可画出图7.3.11所示的3位二进制异步减法计数器的状态转换图。

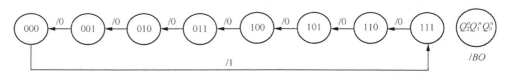

图 7.3.11　3 位二进制异步减法计数器的状态转换图

2．3位二进制异步减法计数器电路的常规设计

异步减法计数器电路的设计与异步加法计数器电路的一样，可以先根据状态转换图画出时序图，再通过选定的触发器来确定驱动方程，然后根据翻转要求为各个触发器选择出合适的时钟信号，最后画出电路图即可。

（1）选择触发器，画时序图。

首先选用3个下降沿触发的JK触发器组成计数器，并分别编号为FF_0、FF_1、FF_2。

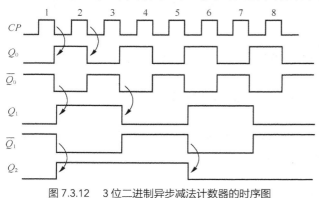

图 7.3.12　3 位二进制异步减法计数器的时序图

根据图7.3.11可以直接画出图7.3.12所示的3位二进制异步减法计数器的时序图。（为了更直观、方便地观察计数器各触发器触发有效边沿时刻与原态之间的关系，这里把$\overline{Q_0}$和$\overline{Q_1}$的时序图也画出来了。）通过观察时序图中Q_2、Q_1、Q_0状态的更新时刻，找到异步计数器状态更新的规律，就可以确定每个触发器的时钟方程。

观察Q_0的波形，当CP的下降沿到来

时Q_0翻转一次，因此FF$_0$触发器可以选择CP作为时钟脉冲，即时钟方程为$CP_0 = CP$。

观察Q_1的波形，当$\overline{Q_0}$的下降沿到来时Q_1翻转一次，FF$_1$触发器可以选择$\overline{Q_0}$作为触发脉冲，即时钟方程为$CP_1 = \overline{Q_0}$。同理，对于Q_2的波形来说，每当状态$\overline{Q_1}$的下降沿到来时，Q_2的状态就会翻转。因此，综合起来可以确定时钟方程为

$$\begin{cases} CP_0 = CP \\ CP_1 = \overline{Q_0} \\ CP_2 = \overline{Q_1} \end{cases} \tag{7.3.6}$$

根据状态转换图可以直接得到输出方程为

$$BO = \overline{Q_2^n Q_1^n Q_0^n} \tag{7.3.7}$$

所有的触发器都实现翻转的功能，也就是状态方程为

$$\begin{cases} Q_0^{n+1} = \overline{Q_0^n} \ （CP下降沿有效） \\ Q_1^{n+1} = \overline{Q_1^n} \ （\overline{Q_0}下降沿有效） \\ Q_2^{n+1} = \overline{Q_2^n} \ （\overline{Q_1}下降沿有效） \end{cases} \tag{7.3.8}$$

（2）确定驱动方程。

对照JK触发器的特性方程，可直接写出驱动方程为

$$\begin{cases} J_0 = K_0 = 1 \\ J_1 = K_1 = 1 \\ J_2 = K_2 = 1 \end{cases} \tag{7.3.9}$$

（3）画电路图。

根据时钟方程和驱动方程，并结合输出方程可画出图7.3.13所示的逻辑电路图。

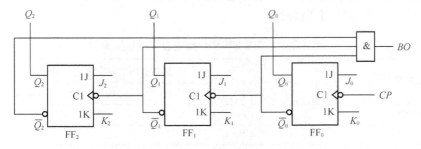

图 7.3.13　JK 触发器组成的 3 位二进制异步减法计数器

（4）选用上升沿触发的D触发器设计异步减法计数器。

当计数器选用上升沿触发的触发器时，则可以根据图7.3.11画出图7.3.14所示的时序图。

从时序图可以看出，每个触发器都是具有翻转功能的T'触发器，所以可以先把D触发器接成T'触发器，然后通过箭头所标

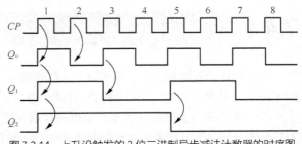

图 7.3.14　上升沿触发的 3 位二进制异步减法计数器的时序图

的翻转时刻，可以直接得到时钟方程为

$$\begin{cases} CP_0 = CP \\ CP_1 = Q_0 \\ CP_2 = Q_1 \end{cases} \quad (7.3.10)$$

因此，可以画出图7.3.15所示的上升沿触发的D触发器构成的3位二进制异步减法计数器。

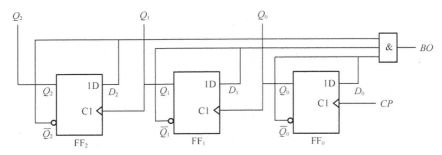

图 7.3.15　上升沿触发的 D 触发器构成的 3 位二进制异步减法计数器

3．二进制异步减法计数器的结构特点和连接规律

根据上述分析，二进制异步减法计数器的结构特点和连接规律总结如下。

（1）从触发器接线看，二进制异步减法计数器相对于二进制同步计数器而言，电路接线更少，结构更简洁。

（2）从电路结构看，构成异步计数器的单元电路是T′触发器。

（3）从连接规律看，高位触发器的时钟信号往往取自低位触发器的输出。若选用下降沿触发的T′触发器，那么时钟方程优先取 $CP_i = \overline{Q_{i-1}}$；若选用上升沿触发的T′触发器，那么时钟方程应该取 $CP_i = Q_{i-1}$。

如果把二进制异步加法计数器和减法计数器级间连接的规律统一起来，那么可以得到表7.3.2所示的二进制异步计数器级间连接规律。

表 7.3.2　二进制异步计数器级间连接规律

连接规律	T′触发器的触发边沿	
	上升沿	下降沿
加法计数	$CP_i = \overline{Q_{i-1}}$	$CP_i = Q_{i-1}$
减法计数	$CP_i = Q_{i-1}$	$CP_i = \overline{Q_{i-1}}$

7.4　十进制计数器

二进制计数器结构简单，但不符合人们读数习惯。为了读数方便，在许多场合人们更喜欢使用十进制计数器。用4位二进制数表示1位十进制数的方法通常称为BCD编码，而采用BCD编码实现的计数器称为十进制计数器。十进制计数器使用最多的编码是8421码，它是取4位二进制数中的0000～1001来分别表示十进制数中的0～9。显然在十进制计数器中只有10个有效状态，每经过10个脉冲循环一次。

7.4.1　十进制同步计数器电路设计

8421码十进制同步加法计数器是指每来一个CP，计数器就按十进制的规律依次加1。当第10个CP到来时，计数器状态将从1001变为0000（而不是二进制数1010），同时输出一个向高位进位的信号。图7.4.1所示为8421码十进制同步加法计数器的结构示意。

图 7.4.1　8421 码十进制同步加法计数器的结构示意

图7.4.1中CP是输入计数脉冲，CO是计数器输出给高位的进位信号，Q_3、Q_2、Q_1、Q_0是计数器状态。

1．十进制同步加法计数器的状态转换图

根据8421码十进制同步加法计数器的计数规则，可画出图7.4.2所示的8421码十进制同步加法计数器的状态转换图。

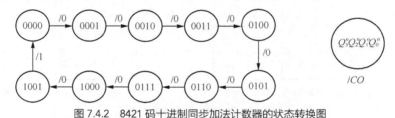

图 7.4.2　8421 码十进制同步加法计数器的状态转换图

2．十进制同步加法计数器电路的常规设计

（1）选择触发器，确定时钟方程、输出方程和状态方程。

如果选择4个下降沿触发的JK触发器，并分别编号为FF_3、FF_2、FF_1、FF_0，那么要构成同步计数器电路，时钟方程可以取

$$CP_3 = CP_2 = CP_1 = CP_0 = CP \tag{7.4.1}$$

既然时钟方程已经确定，如果再把各个触发器的驱动方程也确定，那么计数器电路也就基本实现了。

根据图7.4.2可直接得到图7.4.3所示的8421码十进制同步加法计数器输出CO的卡诺图。（注意：无效状态对应的最小项为约束项，1010～1111都为无效状态，均作为约束项。）由卡诺图可得

$$CO = Q_3^n Q_0^n \tag{7.4.2}$$

根据图7.4.2可直接画出图7.4.4所示的8421码十进制同步加法计数器次态的卡诺图。

CO	$Q_1^n Q_0^n$			
$Q_3^n Q_2^n$	00	01	11	10
00	0	0	0	0
01	0	0	0	0
11	×	×	×	×
10	0	1	×	×

图 7.4.3　8421 码十进制同步加法计数器输出 CO 的卡诺图

次态	$Q_1^n Q_0^n$			
$Q_3^n Q_2^n$	00	01	11	10
00	0001	0010	0100	0011
01	0101	0110	1000	0111
11	××××	××××	××××	××××
10	1001	0000	××××	××××

图 7.4.4　8421 码十进制同步加法计数器次态的卡诺图

将次态分解，就可以得到图7.4.5所示的各个触发器次态的卡诺图。

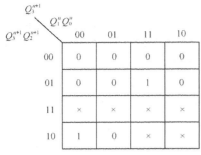

（a）触发器FF₃次态的卡诺图　　　　　　　（b）触发器FF₂次态的卡诺图

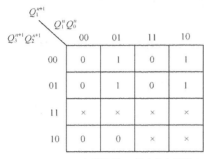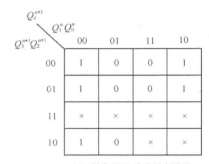

（c）触发器FF₁次态的卡诺图　　　　　　　（d）触发器FF₀次态的卡诺图

图 7.4.5　各个触发器次态的卡诺图

根据各个触发器次态的卡诺图，通过化简可以得出状态方程为

$$\begin{cases} Q_3^{n+1} = Q_2^n Q_1^n Q_0^n + Q_3^n \overline{Q_0^n} \\ Q_2^{n+1} = Q_2^n \overline{Q_1^n} + Q_2^n \overline{Q_0^n} + \overline{Q_2^n} Q_1^n Q_0^n \\ Q_1^{n+1} = \overline{Q_3^n} \overline{Q_1^n} Q_0^n + \overline{Q_1^n} \overline{Q_0^n} \\ Q_0^{n+1} = \overline{Q_0^n} \end{cases} \tag{7.4.3}$$

（2）确定驱动方程。

因为JK触发器的特性方程为

$$Q^{n+1} = J\overline{Q^n} + \overline{K}Q^n \tag{7.4.4}$$

变换式（7.4.3）使之与式（7.4.4）的形式一致，便可以很容易获得驱动方程为

$$\begin{cases} \begin{aligned} Q_3^{n+1} &= Q_2^n Q_1^n Q_0^n (Q_3^n + \overline{Q_3^n}) + \overline{Q_0^n} Q_3^n \\ &= Q_2^n Q_1^n Q_0^n \overline{Q_3^n} + \overline{Q_0^n} Q_3^n + Q_3^n Q_2^n Q_1^n Q_0^n \\ &= Q_2^n Q_1^n Q_0^n \overline{Q_3^n} + \overline{Q_0^n} Q_3^n \end{aligned} \\ Q_2^{n+1} = Q_1^n Q_0^n \overline{Q_2^n} + (\overline{Q_1^n} + \overline{Q_0^n}) Q_2^n = Q_1^n Q_0^n \overline{Q_2^n} + (\overline{Q_1^n Q_0^n}) Q_2^n \\ Q_1^{n+1} = \overline{Q_3^n} Q_0^n \overline{Q_1^n} + \overline{Q_0^n} Q_1^n \\ Q_0^{n+1} = 1\overline{Q_0^n} + \overline{1}Q_0^n \end{cases} \tag{7.4.5}$$

约束项，可删除！

比较式（7.4.5）和式（7.4.4）可得驱动方程

$$\begin{cases} J_3 = Q_2^n Q_1^n Q_0^n, K_3 = Q_0^n \\ J_2 = K_2 = Q_1^n Q_0^n \\ J_1 = \overline{Q_3^n} Q_0^n, K_1 = Q_0^n \\ J_0 = K_0 = 1 \end{cases} \quad (7.4.6)$$

（3）画逻辑电路图。

根据JK触发器的特点并结合时钟方程、输出方程和驱动方程，可直接画出图7.4.6所示的电路图。

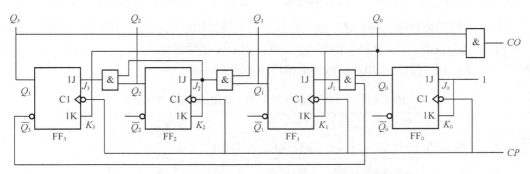

图 7.4.6　用 JK 触发器实现的 8421 码十进制同步加法计数器连线图

（4）检查所设计的电路能否自启动。

将无效状态1010~1111分别代入式（7.4.3）、式（7.4.2）进行计算，可得图7.4.7所示的8421码十进制同步加法计数器电路能否自启动检查示意。

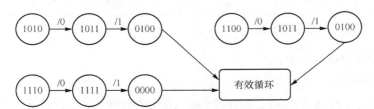

图 7.4.7　8421 码十进制同步加法计数器能否自启动检查示意

由此可见，在时钟脉冲作用下所设计电路总能回到有效状态，进入有效循环，所以电路能自启动。

十进制同步减法计数器和十进制可逆计数器的设计方法与上述的十进制同步加法计数器的十分相似，请感兴趣的读者自行设计。

7.4.2　十进制同步计数器芯片与 Multisim 仿真

典型的集成十进制同步加法计数器TTL产品有74LS160和74LS162，CMOS产品有CC4518等；集成十进制同步减法计数器有CC4522；集成十进制同步可逆计数器有74LS192、74LS168、74LS190、CC4510、CC40192等。

1．十进制同步加法计数器

图7.4.8所示为74LS160十进制同步加法计数器的引脚排列示意，图7.4.9所示是对应的逻辑功能示意。

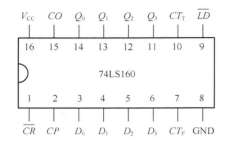

图 7.4.8　74LS160 十进制同步加法计数器引脚排列示意

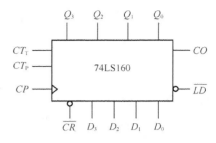

图 7.4.9　74LS160 十进制同步加法计数器逻辑功能示意

其中 CP 是时钟脉冲输入端；$Q_0 \sim Q_3$ 是计数器状态输出端；$D_0 \sim D_3$ 是计数器并行数据输入端；CO 是进位信号输出端；$\overline{CR}$ 是异步清零端；$\overline{LD}$ 是同步置数控制端；CT_T、CT_P 是计数器工作状态控制端。74LS160 十进制同步加法计数器的特性表如表 7.4.1 所示。

表 7.4.1　74LS160 十进制同步加法计数器的特性表

输入									输出					功能说明
$\overline{CR}$	$\overline{LD}$	CT_T	CT_P	CP	D_3	D_2	D_1	D_0	Q_3^{n+1}	Q_2^{n+1}	Q_1^{n+1}	Q_0^{n+1}	CO	
0	×	×	×	×	×	×	×	×	0	0	0	0	0	异步清零
1	0	×	×	↑	d_3	d_2	d_1	d_0	d_3	d_2	d_1	d_0		同步并行置数
1	1	1	1	↑	×	×	×	×	计数					$CO = Q_3^n Q_0^n$
1	1	×	0	×	×	×	×	×	保持					$CO = CT_T \cdot Q_3^n Q_0^n$
1	1	0	×	×	×	×	×	×	保持				0	

注：↑表示时钟上升沿，×表示取任意值。

74LS160 的功能分析说明如下。

（1）异步清零功能。

异步清零优先，即只要 $\overline{CR} = 0$，不管其他输入端处在何种状态，计数器都会清零。

（2）同步并行置数功能。

当 $\overline{CR} = 1$，$\overline{LD} = 0$，CP 的上升沿到来时，$Q_3^{n+1} Q_2^{n+1} Q_1^{n+1} Q_0^{n+1} = d_3 d_2 d_1 d_0$，实现同步并行置数功能。换句话说，只有在计数器不清零、置数端有效、CP 的上升沿到来这 3 个条件都具备时，计数器才会将并行数据输入端 $d_3 d_2 d_1 d_0$ 中预先设置的数据传送到输出端 $Q_3 Q_2 Q_1 Q_0$，从而实现同步并行置数功能。

（3）计数功能。

当 $\overline{CR} = \overline{LD} = CT_T = CT_P = 1$ 时，即计数器不清零、不置数，处于计数状态。当 CP 上升沿到来时，计数器按照十进制加法规律计数。

（4）保持功能。

如果 $\overline{CR} = \overline{LD} = 1$，$CT_T \cdot CT_P = 0$，那么计数器保持状态不变。此时如果 $CT_T = 0$，那么进位信号输出端 $CO = 0$；如果 $CT_T = 1$，那么进位信号输出端 $CO = Q_3 Q_0$。

而十进制同步加法计数器 74LS162 与 74LS160 的功能基本相同，只是 74LS162 采用的是同步清零。

2．集成十进制同步可逆计数器

集成十进制同步可逆计数器74LS190是单时钟输入的计数器，其功能有同步可逆计数、异步并行置数以及保持等。表7.4.2所示为74LS190可逆计数器的特性表。

表 7.4.2 74LS190 可逆计数器的特性表

输入								输出				功能说明
$\overline{LD}$	$\overline{CT}$	$\overline{U}/D$	CP	D_3	D_2	D_1	D_0	Q_3^{n+1}	Q_2^{n+1}	Q_1^{n+1}	Q_0^{n+1}	
0	×	×	×	d_3	d_2	d_1	d_0	d_3	d_2	d_1	d_0	异步并行置数
1	0	0	↑	×	×	×	×	加法计数				$CO/BO = Q_3^n Q_0^n$
1	0	1	↑	×	×	×	×	减法计数				$CO/BO = \overline{Q_3^n Q_2^n Q_1^n Q_0^n}$
1	1	×	×	×	×	×	×	保持				

注：↑表示时钟上升沿，×表示取任意值。

集成十进制同步可逆计数器74LS192的引脚排列与二进制计数器74LS193的相同。可逆计数器74LS192是双时钟输入的计数器，其功能有十进制同步可逆计数、异步并行置数、异步清零以及保持等。表7.4.3所示为74LS192可逆计数器的特性表。

表 7.4.3 74LS192 可逆计数器的特性表

输 入								输 出				功能说明
CR	$\overline{LD}$	CP_U	CP_D	D_3	D_2	D_1	D_0	Q_3^{n+1}	Q_2^{n+1}	Q_1^{n+1}	Q_0^{n+1}	
1	×	×	×	×	×	×	×	0	0	0	0	异步清零
0	0	×	×	d_3	d_2	d_1	d_0	d_3	d_2	d_1	d_0	异步并行置数
0	1	↑	1	×	×	×	×	加法计数				$\overline{CO} = \overline{CP_U \cdot Q_3^n Q_0^n}$
0	1	1	↑	×	×	×	×	减法计数				$\overline{BO} = \overline{CP_D \cdot \overline{Q_3^n Q_2^n Q_1^n Q_0^n}}$
0	1	1	1	×	×	×	×	保持				

3．点货模型电路的Multisim仿真

图7.4.10所示为由74LS160组成的点货模型电路的Multisim仿真图。

首先将74LS160计数器按计数功能接线，即 $\overline{CR} = \overline{LD} = CT_T = CT_P = 1$。然后把点货脉冲作为系统输入脉冲，模拟有货物需要进行点货。当有货物时模拟产生1个点货脉冲，此时计数器会加1，并通过数码管显示结果。

由于只采用了一个计数器和一位数码管，所以货物数量只能显示0～9的数值。您知道怎么改进吗？这里点货脉冲是用开关来模拟的，如果想要改进货物检测的脉冲电路，应该怎么设计？

4．倒计时模型电路的Multisim仿真

图7.4.11所示为由74LS190组成的倒计时模型电路的Multisim仿真图。首先74LS190计数器被接成减法计数功能的计数器。同时将秒脉冲接到

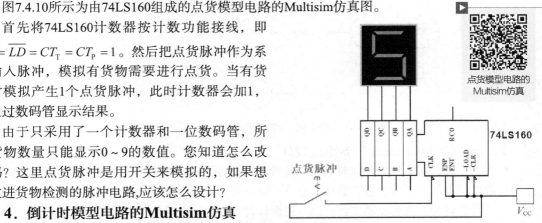

点货模型电路的 Multisim仿真

图 7.4.10 点货模型电路的 Multisim 仿真图

时钟脉冲输入端，这样计数器会随着时间的推移依次减1，并通过数码管显示结果。

这样的倒计时模型电路还有什么不足，您知道怎么修改吗？如果要实现30s倒计时电路，又该怎么改进呢？

倒计时模型电路的Multisim仿真

5．实时库存模型电路的Multisim仿真

图7.4.12所示为由74LS192组成的实时库存模型电路的Multisim仿真图。74LS192是十进制可逆计数器，既可以实现加法计数，也可以实现减法计数。首先将进货、出货信号转换成脉冲输入，并分别接到加法脉冲端和减法脉冲端，那么随着进货和出货的实际情况就可以实时显示库存量了。

实时库存模型电路的Multisim仿真

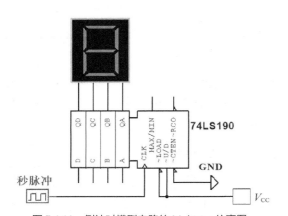

图 7.4.11 倒计时模型电路的 Multisim 仿真图

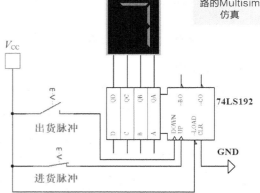

图 7.4.12 实时库存模型电路的 Multisim 仿真图

7.4.3 十进制异步加法计数器电路设计

1．十进制异步加法计数器的状态转换图

根据十进制异步加法计数器的计数规则，可画出图7.4.13所示的8421码十进制异步加法计数器的状态转换图。

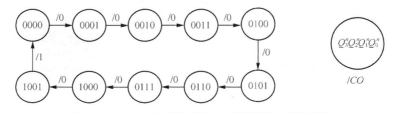

图 7.4.13 8421 码十进制异步加法计数器的状态转换图

2．十进制异步加法计数器电路设计

8421码十进制异步加法计数器电路设计可以采用时序逻辑电路的设计方法来实现，方法和二进制计数器的类似，请读者自行设计。这里介绍一种对组成计数器的各个触发器分别进行分析、设计，并获得时钟方程和驱动方程，以达到设计目标的方法。具体来说，先把状态转换图转变为时序图和状态转换表，通过对时序图和状态转换表的观察和分析，确定每个触发器实现的功能，再结合触发器的特性表和特性方程，分别确定每个触发器的时钟方程和驱动方程。

（1）画时序图和状态转换表。

根据图7.4.13所示的状态转换图，可以画出图7.4.14所示的8421码十进制异步加法计数器的时序图，其中箭头标出了各个触发器的触发边沿。

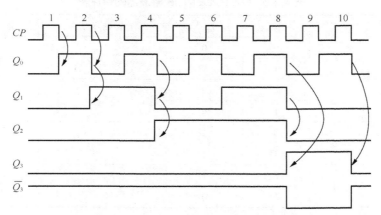

图 7.4.14　8421 码十进制异步加法计数器的时序图

根据图7.4.13也可得到表7.4.4所示的8421码十进制异步加法计数器的状态转换表。

表 7.4.4　8421 码十进制异步加法计数器的状态转换表

计数脉冲数	二进制数				十进制数
	Q_3	Q_2	Q_1	Q_0	
0	0	0	0	0	0
1	0	0	0	1	1
2	0	0	1	0	2
3	0	0	1	1	3
4	0	1	0	0	4
5	0	1	0	1	5
6	0	1	1	0	6
7	0	1	1	1	7
8	1	0	0	0	8
9	1	0	0	1	9（进位）
10	0	0	0	0	0

（2）选择触发器，确定输出方程、时钟方程和驱动方程。

根据状态转换表和时序图以及约束项可直接写出输出方程为

$$CO = Q_3^n Q_0^n \qquad (7.4.7)$$

至于时钟方程、驱动方程的确定方法可通过观察图7.4.14所示的时序图中Q_3、Q_2、Q_1、Q_0状态转换的时刻，找到异步计数器状态转换的规律，也就可以确定每个触发器的时钟方程。

如果选择4个下降沿触发的JK触发器组成十进制计数器，并且分别记为FF_3、FF_2、FF_1、FF_0，同时要求构成异步计数器，那么只要确定了每个触发器的时钟方程和驱动方程，计数器电路也就基本确定了。

根据表7.4.4所示的8421码十进制异步加法计数器的状态转换表，并结合表7.4.5所示的下降沿触发的JK触发器的特性表和图7.4.15所示的基本JK触发器的状态转换图就可确定驱动方程。

表 7.4.5　下降沿触发的 JK 触发器的特性表

CP	J	K	Q^n	Q^{n+1}	特性方程	功能说明
↓	0	0	0	0	$Q^{n+1} = Q^n$	保持、记忆
			1	1		
↓	0	1	0	0	$Q^{n+1} = 0$	同步置0
			1	0		
↓	1	0	0	1	$Q^{n+1} = 1$	同步置1
			1	1		
↓	1	1	0	1	$Q^{n+1} = \overline{Q^n}$	翻转、计数
			1	0		

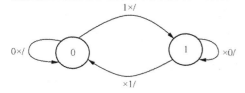

图 7.4.15　基本 JK 触发器的状态转换图

① 确定触发器FF$_0$的时钟方程和驱动方程。

通过图7.4.14和表7.4.4来观察触发器FF$_0$的输出Q_0的状态变化规律，可以发现在整个循环中，只要CP下降沿到来，Q_0的状态就会翻转一次，故触发器FF$_0$可取时钟方程和驱动方程为

$$\begin{cases} CP_0 = CP \\ J_0 = K_0 = 1 \end{cases} \qquad (7.4.8)$$

② 确定触发器FF$_1$的时钟方程和驱动方程。

观察Q_1的变化情况，不难发现Q_1基本都在Q_0的下降沿到来时翻转，但是在计数器进位时却不翻转。所以可以选取触发器FF$_1$的时钟方程为$CP_1 = Q_0$。

观察Q_1的变化情况，当$\overline{Q_3^n} = 1$并且Q_0的下降沿到来时，Q_1的状态就会翻转，此时可以认为触发器FF$_1$完成翻转功能，驱动方程可以取$J_1 = K_1 = 1 = \overline{Q_3^n}$。当$\overline{Q_3^n} = 0$时，即使$Q_0$的下降沿到来，$Q_1$的状态仍为0状态。此时可以认为触发器FF$_1$实现的既可以是保持功能，也可以是置0功能。那到底选取哪个功能更好呢？

当然，如果再结合JK触发器的特性表、状态转换图以及特性方程$Q^{n+1} = J\overline{Q^n} + \overline{K}Q^n$，可以知道如果JK触发器中$J$端取0，同时现态也为0，即$J = 0$，$Q^n = 0$，那么无论$K$端取何值，JK触发器的次态总是为0，即$Q^{n+1} = 0$。

对于触发器FF$_1$，在$\overline{Q_3^n} = 0$时，$J = \overline{Q_3^n} = 0$（J端接$\overline{Q_3^n}$），同时触发器FF$_1$现态也为0，即$Q_1^n = 0$，所以K_1既可以取1，也可以取0，而触发器FF$_1$的次态Q_1^{n+1}都会为0。这里为了接线简单，直接选取$K_1 = 1$，使触发器实现置0的功能。

因此，触发器FF$_1$的时钟方程和驱动方程可以确定为

$$\begin{cases} CP_1 = Q_0 \\ J_1 = \overline{Q_3^n}, K_1 = 1 \end{cases} \qquad (7.4.9)$$

③ 确定触发器FF_2的时钟方程和驱动方程。

对于触发器FF_2来说，在计数器的整个循环中，当Q_1的下降沿到来时，Q_2的状态就翻转一次，故可以选取触发器FF_2的时钟方程和驱动方程为

$$\begin{cases} CP_2 = Q_1 \\ J_2 = K_2 = 1 \end{cases} \qquad (7.4.10)$$

④ 确定触发器FF_3的时钟方程和驱动方程。

观察触发器FF_3的输出Q_3的状态变化规律，发现Q_3的状态变化都发生在Q_0的下降沿到来时刻，故可以选取$CP_3 = Q_0$。

当$Q_2^n = Q_1^n = 1$，且Q_0的下降沿到来时，Q_3的状态就由0状态变为1状态，触发器实现置1功能，所以可以取$J_3 = Q_2^n Q_1^n$。究其原因是根据表7.4.5可知：**如果JK触发器的输入端J取1，同时现态为0，即$J = 1$，$Q^n = 0$，那么无论K端取何值，JK触发器的次态总是为1，即$Q^{n+1} = 1$。**

当$Q_2^n = Q_1^n = 0$，且Q_0的下降沿到来时，Q_3的状态由1状态变为0状态，触发器实现置0功能，所以可以取$K_3 = 1$。同理，**如果JK触发器的输入端K取1，现态又为1，即$K = 1$，$Q^n = 1$，那么无论J端取值如何，总有$Q^{n+1} = 0$。**

因此，可以取触发器FF_3的时钟方程和驱动方程为

$$\begin{cases} CP_3 = Q_0 \\ J_3 = Q_2^n Q_1^n, K_3 = 1 \end{cases} \qquad (7.4.11)$$

综上所述，计数器的时钟方程为

$$\begin{cases} CP_0 = CP \\ CP_1 = Q_0 \\ CP_2 = Q_1 \\ CP_3 = Q_0 \end{cases} \qquad (7.4.12)$$

驱动方程为

$$\begin{cases} J_0 = K_0 = 1 \\ J_1 = \overline{Q_1^n}, K_1 = 1 \\ J_2 = K_2 = 1 \\ J_3 = Q_2^n Q_1^n, K_3 = 1 \end{cases} \qquad (7.4.13)$$

（3）画逻辑电路图。

根据式（7.4.12）和式（7.4.13），结合式（7.4.7）可以画出图7.4.16所示的逻辑电路图。

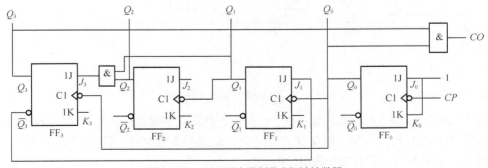

图 7.4.16　8421 码十进制异步加法计数器

（4）检查能否自启动。

将无效状态1010～1111分别进行推算，可得图7.4.17所示的8421码十进制异步加法计数器电路能否自启动检查示意。

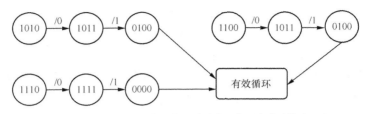

图 7.4.17　8421 码十进制异步加法计数器能否自启动检查示意

可见，在时钟脉冲作用下所设计电路总能回到有效状态且总会进入有效循环，所以电路能自启动。

> **您知道吗？**
>
> 　　十进制异步计数器都有哪些典型芯片，您知道它们是怎么工作的吗？使用时又有哪些注意事项呢？

7.4.4　集成十进制异步计数器芯片

常用的集成十进制异步计数器芯片型号有74LS196、74LS290等。图7.4.18所示为74LS290十进制异步计数器的逻辑电路图。

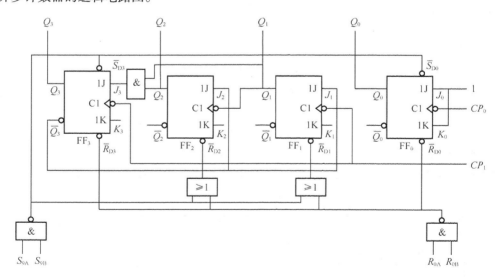

图 7.4.18　74LS290 十进制异步计数器

图中CP_0和CP_1是两个时钟输入端；Q_3、Q_2、Q_1、Q_0是状态输出端；R_{0A}、R_{0B}是异步清零端，当两端全部输入为1时，可将4个触发器清零；S_{9A}、S_{9B}是异步置9端，当两端全部输入为1时，可将$Q_3Q_2Q_1Q_0$置位成1001，即对应十进制的9。

图7.4.19所示为74LS290计数器的引脚排列示意，图7.4.20所示为对应的结构示意。

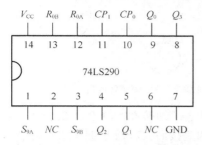

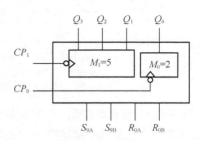

图 7.4.19　74LS290 计数器引脚排列示意　　　　图 7.4.20　74LS290 计数器结构示意

74LS290计数器通过不同接线可以实现二-五-十多种进制以及异步清零、置数等功能。表7.4.6所示为74LS290计数器的特性表。

表 7.4.6　74LS290 计数器的特性表

输入			输出				功能说明
$R_{0A} \cdot R_{0B}$	$S_{9A} \cdot S_{9B}$	CP	Q_3^{n+1}	Q_2^{n+1}	Q_1^{n+1}	Q_0^{n+1}	
1	0	×	0	0	0	0	异步清零
×	1	×	1	0	0	1	异步置9
0	0	↓	计数				$CP_0 = CP, CP_1 = Q_0$

结合特性表，现对计数器主要功能进行分析。

（1）异步清零功能。

当 $S_9 = S_{9A} \cdot S_{9B} = 0$，且 $R_0 = R_{0A} \cdot R_{0B} = 1$ 时（两端同时接高电平），74LS290计数器实现异步清零功能，此时与时钟脉冲无关。

（2）异步置9功能。

当 $S_9 = S_{9A} \cdot S_{9B} = 1$ 时，计数器会被异步置9，即输出状态 $Q_3Q_2Q_1Q_0$=1001。**异步置9功能的优先级别是最高的，既优先于清零功能，也优先于计数功能。**

（3）异步加法计数功能。

当 $S_9 = S_{9A} \cdot S_{9B} = 0$，$R_0 = R_{0A} \cdot R_{0B} = 0$ 时，计数器在时钟下降沿到来时，实现异步加法计数功能。

（4）二进制加法计数器功能。

在加法计数的基础上，如果将输入 CP 信号只接在 CP_0 端，而 CP_1 不接入任何脉冲，那么此时只有触发器 FF_0 工作，其他触发器不工作，74LS290实现二进制（$M=2$）计数器功能。

（5）五进制加法计数器功能。

在（3）的基础上，如果将 CP 只接在 CP_1 端，CP_0 不接入任何脉冲，那么此时触发器 FF_3、FF_2、FF_1 工作，触发器 FF_0 不工作，74LS290实现五进制（$M=5$）计数器功能。

（6）十进制加法计数器功能。

在（3）的基础上，如果 CP 接在 CP_0 端，再把 Q_0 与 CP_1 端直接相连（即按 $CP_0 = CP$、$CP_1 = Q_0$ 连线），那么计数器内部4个触发器同时工作，实现"先2后5"的十进制（$M=10$）计数器功能，此时输出状态排列 $Q_3^n Q_2^n Q_1^n Q_0^n$ 将按照8421码十进制的规律运行，状态转换图如图7.4.21所示。

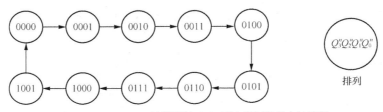

图 7.4.21　74LS290 计数器的 8421 码十进制的状态转换图

当然，如果将 CP 接在 CP_1 端，再把 Q_3 与 CP_0 端相连（即按 $CP_1=CP$、$CP_0=Q_3$ 连线），那么将实现"先5后2"的十进制计数器功能，但此时不再是按照8421码十进制的规律运行了。如果输出状态按照 $Q_0^n Q_3^n Q_2^n Q_1^n$ 排列，那么计数器将按照5421码十进制的规律运行，状态转换图如图7.4.22所示。

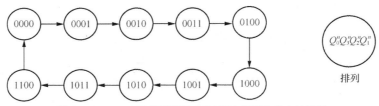

图 7.4.22　74LS290 计数器的 5421 码十进制的状态转换图

7.5　N 进制计数器

7.5.1　N 进制计数器的实现与 Multisim 仿真

在实际应用中，除了用到二进制计数器和十进制计数器外，还经常用到其他进制的计数器，也就是 N 进制计数器（任意进制计数器）。目前 N 进制计数器的获取方式有两种。一是利用触发器和门电路，严格按照时序逻辑电路的设计方法和步骤实现，这时为了降低设计成本往往要求必须有足够大的生产批量。二是在原有计数器的基础上利用辅助功能端进行简单、必要的改造，从而获得需要的 N 进制计数器。这种方式由于成本低、接线简单，常被用来实现 N 进制计数器，但要遵循一定的规则。

计数器芯片一旦生产出来，功能就定型了，其状态编码不能随意更改。但是集成计数器芯片往往都设有清零端和置数端等辅助端。因此，可以利用这些辅助端进行适当的改接，人为地使原有计数器跳过某些状态，并且让计数器在新的计数循环中只剩下 N 个状态，从而简单、方便地获得比原计数器容量小的 N 进制计数器。

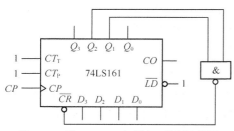

图 7.5.1　用 74LS161 实现的 N 进制连线图

图7.5.1所示为用4位二进制计数器74LS161的清零端来实现的 N 进制。图7.5.2所示为图7.5.1所对应的74LS161实现六进制的Multisim仿真图。

通过仿真，可以直观看到数码显示从0到5不断循环，共出现6个有效状态，因此，可以认为该电路连线实现的是六进制计数器。

如果把图7.5.1中的74LS161芯片换成74LS163芯片，按图7.5.3连线，那么将会得到几进制计数器呢？

用74LS161
实现六进制的
Multisim仿真

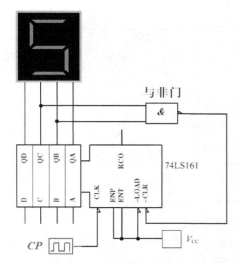

与非门

74LS161

CP

V_{CC}

图 7.5.2　用 74LS161 实现六进制的 Multisim 仿真图

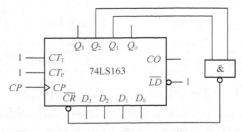

图 7.5.3　用 74LS163 计数器实现 N 进制连线图

您知道吗?

在计数器的有效循环中出现了几个有效状态,它就是几进制计数器。

同样可以通过图7.5.4所示的电路进行仿真,可以看到数码显示从0到6不断循环,共出现7个有效状态,因此,该电路实现的是七进制计数器。

细心的读者会发现图7.5.1和图7.5.3都是利用清零端来实现的N进制,为什么一个实现的是六进制,而另一个实现的是七进制呢?究其原因,这两个集成计数器的清零端有同步和异步之分,74LS163计数器采用同步方式,74LS161计数器采用异步方式。

如果采用同步方式,计数器在清零和置数条件满足后,必须等待下一个CP有效边沿到来时,才能完成清零和置数任务。若采用异步方式,那么只要清零和置数条件满足,计数器就会立即完成清零和置数任务,与CP信号无关。

因此,想要实现N进制计数器时,先了解原计数器的清零端和置数端的工作方式采用的是异步还是同步很有必要。当然,可以查看原计数器的特性表。表7.5.1所示为常用TTL计数器的工作方式。

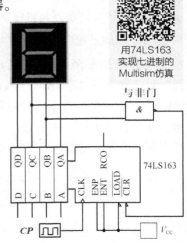

用74LS163
实现七进制的
Multisim仿真

与非门

74LS163

CP

V_{CC}

图 7.5.4　用 74LS163 实现七进制的 Multisim 仿真图

表 7.5.1　常用 TTL 计数器的工作方式

序号	芯片	计数器	清零		置数	
			异步	同步	异步	同步
1	74LS161	4位二进制同步加法计数器	√			√
2	74LS163	4位二进制同步加法计数器		√		√
3	74LS191	4位二进制同步单时钟可逆计数器	无清零端		√	

续表

序号	芯片	计数器	清零		置数	
			异步	同步	异步	同步
4	74LS193	4位二进制同步双时钟可逆计数器	√		√	
5	74LS197	二-八-十六进制异步加法计数器	√		√	
6	74LS160	十进制同步加法计数器	√			√
7	74LS162	十进制同步加法计数器		√		√
8	74LS190	十进制同步单时钟可逆计数器	无清零端		√	
9	74LS192	十进制同步双时钟可逆计数器			√	
10	74LS290	二-五-十进制异步加法计数器	√		置9	

1. 用异步归零法实现N进制计数器

假设原计数器是 M 进制计数器，那么将有 M 个有效状态。异步归零法就是指当计数器满足归零条件时，采用异步清零端或异步置数控制端强制使计数器回到 S_0（归零），最终使计数器新循环的有效状态数变为 N 个（ $N<M$ ），从而实现 N 进制。

（1）用异步归零法实现 N 进制计数器的分析

图7.5.1所示的电路是如何实现六进制的呢？在改接前4位二进制计数器74LS161是十六进制计数器，从0000（ S_0 ）至1111（ S_{15} ）共有16个状态。根据图7.5.1中的连线把计数器状态 Q_2 、 Q_1 的输出接到与非门的输入端，与非门的输出又接到异步清零端，即异步清零端与计数器状态之间的逻辑关系为 $\overline{CR}=\overline{Q_1Q_2}$ 。在计数过程中，当 $Q_2=Q_1=1$ 时， $\overline{CR}=\overline{Q_1Q_2}=0$ ，也就是说，此时异步清零端有效，计数器将被强制清零。由于74LS161计数器的清零端是异步工作的，与CP无关，一旦 $\overline{CR}=0$ 满足就会直接清零。

具体来说，随着计数的进行，当计数器状态为0110（ S_6 ）时， $Q_2=Q_1=1$ ，所以 $\overline{CR}=\overline{Q_1Q_2}=0$ ，此时计数器执行清零动作，计数器状态会被强制转变为0000（ S_0 ）。由于计数器从0110（ S_6 ）变到0000（ S_0 ）时，清零信号随着计数器被清零也会立即消失，所以清零信号的持续时间十分短暂，整个过程大约几十纳秒。计数器状态0110（ S_6 ）是转瞬即逝的，人眼是无法分辨的，不能被看到。因此，可以得到图7.5.5所示的图7.5.1对应的状态转换图。

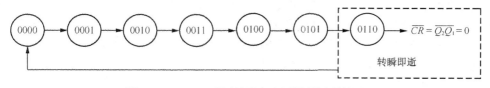

图 7.5.5 74LS161 异步清零实现六进制状态转换图

从图7.5.5中可以看出，计数器在整个有效循环中只会出现6个有效状态（ $S_0 \sim S_5$ ）。故该电路实现了六进制计数器。

在图7.5.5中，可以看出要实现六进制计数器，到0110（ S_6 ）就必须归零。因此，如果想要采用异步归零法来实现 N 进制计数器，那么归零时对应的计数器状态应该为 S_N 。

（2）用异步归零法实现 N 进制计数器的步骤

用异步归零法实现 N 进制计数器的步骤如下。

① 写出状态 S_N 的二进制代码。

确定N进制计数器异步归零时的状态S_N。

② 求异步归零条件。

异步归零条件就是异步清零端或异步置数控制端信号有效时的逻辑表达式。也就是计数器在S_N（归零）时输出状态为1的触发器的输出Q进行逻辑运算，并实现计数器归零的表达式，通常使用$\prod\limits_{i=0}^{j}Q_i^1$表示。（**注意：如果异步清零端和异步置数控制端是高电平有效，则取与逻辑运算；如果是低电平有效，则取与非逻辑运算。**）

③ 根据异步归零条件画电路连线图。

例7.5.1 试用74LS161计数器（采用异步清零法）实现十一进制计数器。

解： ① 写出归零时S_N的二进制代码

$$S_N = S_{11} = 1011$$

② 求异步归零条件。

异步清零端低电平有效，所以$\overline{CR} = \overline{\prod\limits_{i=0}^{3}Q_i^1} = \overline{Q_3 Q_1 Q_0}$。

③ 根据异步归零条件，结合功能图可画出图7.5.6所示的电路连线图。

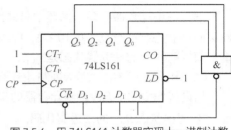

图 7.5.6　用 74LS161 计数器实现十一进制计数器连线图

例7.5.2 试用74LS197计数器（采用异步归零法）实现十二进制计数器。

解： 74LS197是一个二-八-十六进制异步加法计数器，其置数控制端是异步工作的。要构成十二进制，需要先把74LS197接成大于十二进制的十六进制计数器，即先把CP_0端接CP端，CP_1端接Q_0端。

① 写出S_N的二进制代码

$$S_N = S_{11} = 1100$$

② 求异步归零条件

$$\overline{LD} = \overline{\prod\limits_{i=0}^{3}Q_i^1} = \overline{Q_3 Q_2}$$

③ 根据异步归零条件，结合计数器功能图可画出图7.5.7所示的电路连线图。

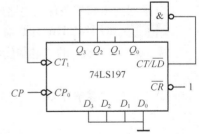

图 7.5.7　用 74LS197 计数器实现十二进制计数器连线图

2. 用同步归零法实现N进制计数器

同步归零法是指计数器先满足归零条件，同时时钟脉冲有效边沿到来后计数器才利用同步清零端或同步置数控制端使计数器回到S_0，从而实现相应的N进制计数器的方法。

（1）用同步归零法实现N进制计数器的分析

图7.5.3所示的电路是如何实现七进制的呢？要解答这个问题其实不难。74LS163计数器是十六进制的，计数状态可以从0000（S_0）依次变到1111（S_{15}）。而图7.5.3中把计数器输出状态Q_2和Q_1经过与非门输出后接到计数器同步清零端$\overline{CR}$，即同步清零端与状态之间的逻辑关系为$\overline{CR} = \overline{Q_1 Q_2}$。所以，当$Q_2 = Q_1 = 1$时，$\overline{CR} = \overline{Q_1 Q_2} = 0$，同步清零端有效，但是74LS163计数器的清零是同步工作的，此时计数器还不会被清零，还需要CP的配合。只有等到CP的有效边沿到来，计数器才会执行清零的动作。

具体来说，当 $Q_2 = Q_1 = 1$ 时，对应的计数器的状态为 $Q_3Q_2Q_1Q_0 = 0110$（S_6），也就说当计数器状态为 0110 后，还需等待下一个时钟的有效边沿到来，计数器才会被清零，状态才会回到 0000（S_0）。因此，对应的状态转换图如图 7.5.8 所示。

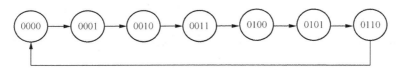

图 7.5.8　74LS163 同步清零实现七进制状态转换图

图 7.5.8 中计数器在整个循环中总共出现了 7 个状态（$S_0 \sim S_6$），所以实现的是七进制计数器。归零时的状态 $Q_3Q_2Q_1Q_0 = 0110$（S_6）。因此，**想要实现 N 进制计数器，如果采用同步归零法，那么在归零时对应的计数器状态是 S_{N-1}。**

（2）用同步归零法实现 N 进制计数器的步骤

用同步归零法实现 N 进制计数器的步骤如下。

① 写出状态 S_{N-1} 的二进制代码。

确定 N 进制计数器，应该要先确定同步归零时的状态 S_{N-1}。

② 求同步归零条件。

同步归零条件就是确定同步清零端或同步置数控制端信号有效时的逻辑表达式，也就是在 S_{N-1}（归零）时，计数器输出状态为 1 的触发器的输出 Q 进行逻辑运算，并实现归零的表达式。（**注意：如果同步清零端和同步置数控制端是高电平有效，则取与逻辑运算；如果是低电平有效，则取与非逻辑运算。**）

③ 根据同步归零条件画电路连线图。

例 7.5.3 试用 74LS161 计数器（采用同步归零法）实现十一进制计数器。

解：① 写出 S_{N-1} 的二进制代码

$$S_{N-1} = S_{11-1} = S_{10} = 1010$$

② 求同步归零条件

$$\overline{LD} = \overline{\prod_{i=0}^{3} Q_i^1} = \overline{Q_3 Q_1}$$

③ 根据同步归零条件，结合功能图可画出图 7.5.9 所示的电路连线图。

通过图 7.5.10 仿真图的验证，可以看到计数器从 0000 到 1010 共 11 个状态，所以设计电路正确。

用 74LS161 计数器实现十一进制计数器的 Multisim 仿真

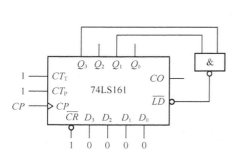

图 7.5.9　用同步归零法实现十一进制连线图

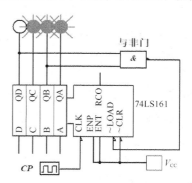

图 7.5.10　用 74LS161 实现十一进制计数器仿真图

3．其他实现N进制计数器的方法与Multisim仿真

前面讨论的N进制计数器都是利用清零使计数器回到S_0状态。如果预置数值不是0，那么通过置数控制端可以预置其他数值，并让计数器在循环中跳过一些状态，也可以实现N进制计数器。此时，只要看看计数器实际运行的**有效循环中有几个有效状态，就可以认为构成了几进制计数器**。

对于采用异步置数的计数器，先将满足置数条件的输出状态立即转换为预置数值对应状态（只算一个状态），然后继续循环，最后新循环中出现几个有效状态就是几进制计数器。对于采用同步置数的计数器，则将满足置数条件的输出状态的下一个状态转换为预置数值的那个状态，再进行循环。

例7.5.4 试分析图7.5.11所示电路实现了几进制计数器。

解：通过图7.5.12所示的Multisim仿真，可知图7.5.11所示电路实现的是六进制计数器。

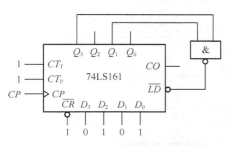

图 7.5.11 用预置数值实现 N 进制

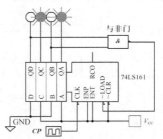

图 7.5.12 例 7.5.4 仿真图

预置（非零）数值
实现N进制计数器
的Multisim仿真

具体分析过程：该电路采用预置数值的方法实现N进制计数器，同时74LS161的置数功能是同步工作的，因此可以得到图7.5.13所示的状态转换图。

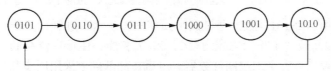

图 7.5.13 例 7.5.4 的状态转换图

不难发现在计数器的新循环中共出现了6个有效状态，所以该电路实现的是六进制计数器。

7.5.2 大容量 N 进制计数器的实现与 Multisim 仿真

假设原计数器是M进制的，现要实现N进制计数器。若N<M，可以利用清零端和置数控制端，将原有计数器进行适当改接，让计数器跳过某些状态，使计数器新的循环中只剩下N个有效状态，从而获得小于M进制的N进制计数器。但是如果N>M，那么用1个M进制计数器就无法实现了，必须使用多个M进制计数器级联才能实现。如果要用两个74LS161计数器才能实现二十四进制或六十进制，那么该怎么接呢？

解决大容量N进制的问题可以用级联的方法来实现，常用的两种方法如下。

（1）因为N>M，可以把多个计数器级联起来，首先获得大于N进制的计数器（如2个M进制计数器级联可获得M^2进制计数器），然后利用归零法构成N进制计数器。

（2）如果N可以被分解为两个数相乘，即 $N = N_1 \times N_2$，而且 N_1、N_2 都是小于M的整数，那

么可以先用M进制计数器分别构成N_1进制和N_2进制的计数器，然后将N_1进制和N_2进制的计数器进行级联，这样也可以实现N进制计数器。

1．用二进制计数器实现大容量N进制计数器

例7.5.5 ▶ 用两个74LS161计数器实现六十进制计数器。

解法一：（1）将两个74LS161计数器级联，形成16^2进制的计数器。

（2）同步归零法最大的状态为S_{N-1}，并写出对应的二进制代码

$$S_{N-1} = S_{60-1} = S_{59} = 00111011$$

（3）求归零条件

$$\overline{LD} = \overline{\prod_{i=0}^{7} Q_i^1} = \overline{Q_5 Q_4 Q_3 Q_1 Q_0}$$

（4）根据归零条件，结合功能图可画出图7.5.14所示的电路连线图。

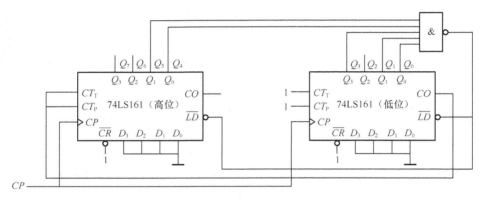

图 7.5.14　用 74LS161 计数器通过同步归零法实现六十进制计数器的连线图

图7.5.14所示为用74LS161计数器通过同步归零法实现六十进制计数器的接线图。此时，将低位的进位输出端和高位的工作状态控制端CT_T和CT_P相连，使得高位在低位有进位输出时才能计数1次，这样以实现二百五十六进制计数器。最后在此基础上采用同步归零法实现六十进制计数器。

图7.5.15所示为用74LS161计数器通过异步归零法实现六十进制计数器的连线图。

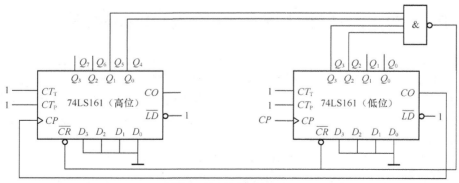

图 7.5.15　用 74LS161 计数器通过异步归零法实现六十进制计数器的连线图

图中把低位的进位输出端CO和高位的CP端相连，也就是74LS161低位有1次进位输出，高位才能计数1次，这样就构成了二百五十六进制计数器，然后根据异步归零法实现六十进制计数器。

请读者自行分析设计过程。

如果每个计数器的输出状态都接一个数码管，那么随着计数的进行，可以看到此时的六十进制的计数器按十六进制数来显示。图7.5.16所示为用74LS161计数器通过同步归零法实现六十进制计数器的Multisim仿真图。

用74LS161计数器通过同步置零法实现六十进制计数器的Multisim仿真

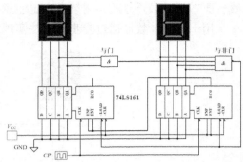

图 7.5.16　用 74LS161 计数器通过同步归零法实现六十进制计数器的 Multisim 仿真图

通过仿真可以清晰地看到，计数器的状态是从00依次变化到3b，并进行循环，为什么是3b而不是数59呢？因为十进制数59对应十六进制数3b。此时的显示结果有点不符合人们的日常习惯。其实如果用十进制芯片来构成计数器，那么可以构成按十进制规律计数的计数器。感兴趣的读者可以先试试！

解法二：因为 $60 = 10 \times 6$，所以先将十六进制的74LS161计数器分别接成十进制和六进制的计数器，然后级联就可得到六十进制计数器。图7.5.17和图7.5.18所示是用74LS161计数器级联实现的60进制计数器的两种接线方法。

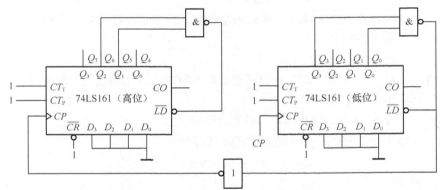

图 7.5.17　用 74LS161 计数器级联实现的六十进制计数器的连线图

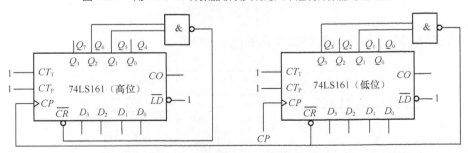

图 7.5.18　用 74LS161 计数器级联实现的六十进制计数器的另一种连线图

图7.5.19所示为图7.5.18对应的Multisim仿真电路图，通过运行可以直观地看到这里的六十进制电路已经按十进制规律运行了，不再是二进制的方式。

2．用十进制计数器实现大容量N进制计数器

在图7.5.17和图7.5.18中，二进制计数器构成十进制计数器和六进制计数器，最后级联，从而形成六十进制计数器。如果直接用十进制计数器代替二进制计数器，那么接线将会更简洁。因此，只需把图7.5.17和图7.5.18中的二进制计数器74LS161替换为十进制计数器74LS160，同时连线也要做一些必要修改，请读者一定注意。

用十进制计数器通过异步归零法实现大容量N进制计数器的步骤如下。

用74LS161计数器
按 十 进 制 计 数
实现六十进制的
Multisim仿真

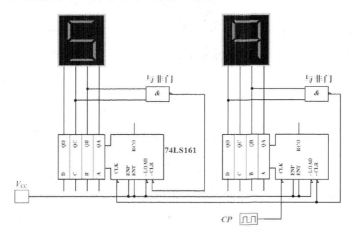

图 7.5.19　图 7.5.18 对应的 Multisim 仿真电路图

（1）写出状态 S_N 的每一位十进制数的BCD编码。

确定N进制计数器异步归零时的状态 S_N 对应的每一位十进制数的BCD编码。（**注意：这里是按BCD编码，而不是二进制**）。

（2）求归零条件。

归零条件就是在 S_N（归零）时，计数器输出状态为1的所有Q端进行与逻辑运算的表达式。

（3）根据归零条件画电路连线图。

例7.5.6 用计数器74LS290实现二十四进制计数器。

解：（1）写出状态 S_N 的每一位十进制数的BCD编码

$$S_{24} = 00100100$$

（2）求归零条件

$$R_0 = \prod_{i=0}^{7} Q_i^1 = Q_5 Q_2$$

（3）根据归零条件，可画出图7.5.20所示的电路连线图。

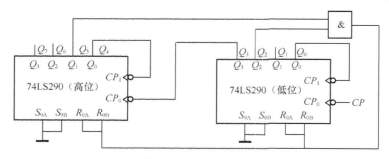

图 7.5.20　用计数器 74LS290 实现的二十四进制计数器

3．N进制计数器的实践与**Multisim仿真**

（1）100以内点货电路Multisim仿真。

图7.5.21所示为100以内点货电路Multisim仿真图。

首先两个74LS160十进制计数器芯片通过级联构成100进制计数器。当货物到来时，发出1次点货脉冲，计数器加1。当计数到99时停止点货，发出声光报警信号，提醒进行打包作业。

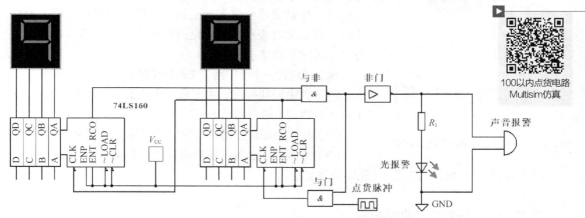

图 7.5.21　100 以内点货电路 Multisim 仿真图

（2）100以内实时库存电路Multisim仿真。

图7.5.22所示为100以内实时库存电路Multisim仿真图。

两个74LS192芯片构成一百进制可逆计数器，当进货脉冲来1次时计数器加1，出货脉冲来1次时计数器减1，库存量小于40时发出声光报警信号，提醒进行进货。您觉得该电路还有哪些需要改进，请动手试试！

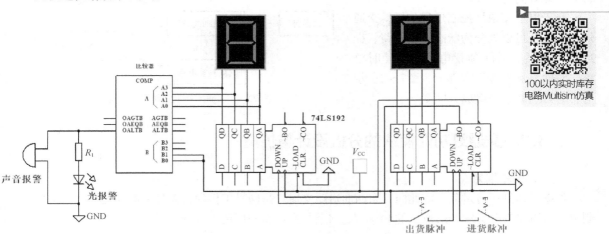

图 7.5.22　100 以内实时库存电路 Multisim 仿真图

图7.5.22中采用了一个简单的开关来模拟进货脉冲和出货脉冲，您能设计一个具有实际应用的自动检查进货和出货量的逻辑电路吗？如果不能及时进行进货，那么图7.5.22所示电路中的蜂鸣器会一直响，您能设计一个定时电路来让蜂鸣器工作一段时间后自行停止吗？

7.6　交通灯控制电路的设计

交通灯常用于交叉路口，通过控制通行方向和通行时间来提高交叉路口车辆的通行效率，

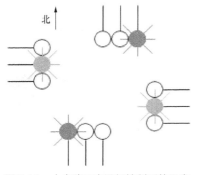

图 7.6.1 十字路口交通灯控制系统示意

并减少交通事故。图7.6.1所示为十字路口交通灯控制系统示意。每条道路设一组信号灯，每组信号灯由红灯、黄灯、绿灯组成。绿灯表示允许车辆通行，红灯表示禁止通行，黄灯为过渡灯。黄灯表示车道上已过停车线的车辆继续通行，未过停车线的车辆禁止通行。

现要求设计一个十字路口交通灯控制电路，具体功能如下。

（1）固定周期控制。主干道（南北向）绿灯持续35s，支干道（东西向）绿灯持续25s。

（2）每次由绿灯变为红灯时，黄灯应亮5s作为过渡。

（3）分别用红、黄、绿指示灯表示交通灯。

（4）计时采用倒计时方式，并能以数字显示。

7.6.1 交通灯功能分析

交通灯都是按秒计时的，每组有红、黄、绿3个交通灯。交通灯运行控制过程是秒脉冲发出步频信号让倒计时电路实现倒计时，计时结束切换到下一个状态，状态之间循环运行。状态控制电路控制红灯、黄灯、绿灯运行，每组灯不能出现同时亮的情况，即不允许红灯、黄灯、绿灯同时工作。

基于以上交通灯控制过程分析，交通灯控制系统可以划分为状态控制电路、交通灯显示器、时间预置电路、倒计时电路、时间显示器等五大部分。图7.6.2所示为交通灯控制系统组成方框图。

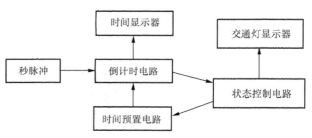

图 7.6.2 交通灯控制系统组成方框图

7.6.2 交通灯功能模块的分析设计与仿真

1. 状态控制器

根据交通灯运行过程，南北向、东西向道路交通灯是同时工作的，而且是循环运行的。按控制要求可以将其分为表7.6.1所示的4个状态。4个状态不断循环往复运行。

表 7.6.1 交通灯运行过程状态转换表

交通灯运行情况	状态描述	状态设定
南北向绿灯亮，东西向红灯亮	状态1	S_1
南北向黄灯亮，东西向红灯亮	状态2	S_2
南北向红灯亮，东西向绿灯亮	状态3	S_3
南北向红灯亮，东西向黄灯亮	状态4	S_4

从计数器的角度看状态控制器应该是一个四进制计数器。因此，只要用74LS161计数器的低两位就可以实现4个状态控制器，使用计数器最大的优点就是可以控制循环运行。如果在此基础上配合译码器，那么实现状态控制会更方便。图7.6.3所示为74LS161计数器和74LS139译码器组

成的交通灯状态控制器的功能Multisim仿真验证图。

> **⟳ 您知道吗？**
>
> 多数时序逻辑电路总是循环往复运行的。如果在一个循环中出现N个有效状态，就可以用一个N进制计数器来控制。

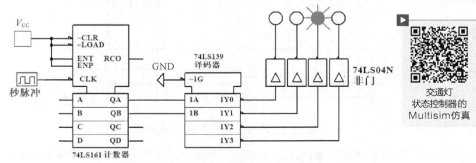

图7.6.3 交通灯状态控制器的功能 Multisim 仿真验证图

考虑到74LS139译码器输出为低电平有效，便于后续的控制和显示，可以在其输出端加非门转换为高电平输出。

2．状态输出与交通灯显示的逻辑关系

显而易见，状态控制器的输出状态信号分别要对4个路口的12个交通灯进行控制。现用指示灯代替交通灯，并作为指示输出。若令交通灯亮为"1"，灯灭为"0"。设南北向红灯、绿灯、黄灯分别为$X_红$、$X_绿$、$X_黄$，东西向红灯、绿灯、黄灯分别为$Y_红$、$Y_绿$、$Y_黄$。表7.6.2所示为交通灯与控制状态之间逻辑关系对应的真值表。

表 7.6.2　交通灯与控制状态之间逻辑关系对应的真值表

状态		南北向交通灯			东西向交通灯		
		$X_红$	$X_绿$	$X_黄$	$Y_红$	$Y_绿$	$Y_黄$
状态1	S_1	0	1	0	1	0	0
状态2	S_2	0	0	1	1	0	0
状态3	S_3	1	0	0	0	1	0
状态4	S_4	1	0	0	0	0	1

由真值表可得：

$$X_红 = S_3 + S_4, \quad X_绿 = S_1, \quad X_黄 = S_2$$
$$Y_红 = S_1 + S_2, \quad Y_绿 = S_3, \quad Y_黄 = S_4$$

3．倒计时电路和时间显示器

倒计时电路随着脉冲的到来，计数值依次递减，本质上是减法计数器。倒计时电路在预置数值的基础上依次递减，直到为0，并输出状态转换信号，同时又开始新状态计时。时间显示器可以用带驱动的共阴极七段数码管直接与计数器相连使用。

图7.6.4所示为用十进制计数器74LS192实现35s倒计时显示电路。十进制计数器的置数控制端按8421编码。

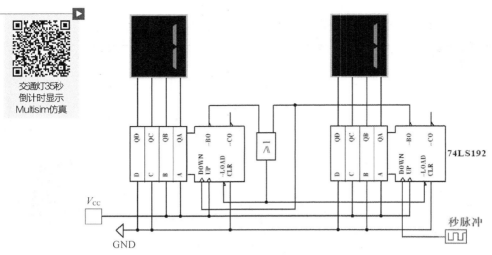

图 7.6.4　35s 倒计时显示 Multisim 仿真电路图

十位计数器的置数控制端DCBA = 0011，个位计数器的置数控制端DCBA=0101，即35。只要输入的脉冲信号为1Hz（秒脉冲），那计数就是35s。其中个位计数器的借位输出端作为十位计数器的CP输入，而个位计数器的借位输出端和十位计数器的借位输出端都为0时，执行置数功能，重新开始新一轮的计数。

因此，只要改变置数端的输入信号，就可以实现不同的倒计时计数器了，如25s、5s等倒计时计数器。

4．时间预置电路

由交通灯控制功能要求可知，表7.6.3所示为交通灯控制状态运行时间。

表 7.6.3　交通灯控制状态运行时间

状态		交通灯运行时间
状态1	S_1	南北向绿灯亮35s，东西向红灯亮
状态2	S_2	南北向黄灯亮5s，东西向红灯亮
状态3	S_3	南北向红灯亮，东西向绿灯亮25s
状态4	S_4	南北向红灯亮，东西向黄灯亮5s

所以，状态运行时间分别为35s、5s、25s、5s。

状态控制器是交通灯控制系统的核心部分，决定着交通灯控制系统工作在哪一个运行状态，从而使相应的交通灯亮，同时还要确定每个状态持续运行的时间。时间预置电路是确定下一个状态的预置时间值的电路。

状态与时间预置值之间的关系如表7.6.4所示。

表 7.6.4　状态与时间预置值之间的关系

状态	十位计数器置数端设定值				个位计数器置数端设定值			
	D	C	B	A	D	C	B	A
S_1	0	0	0	0	0	1	0	1
S_2	0	0	1	0	0	1	0	1
S_3	0	0	0	0	0	1	0	1
S_4	0	0	1	1	0	1	0	1

表中S_1设置的二进制数是00000101，对应的是状态S_2的实际运行时间，就是5s。系统处于状态S_2运行的时候，就要设置状态S_3的运行时间。

时间预置电路一般是组合逻辑电路，这里提供两种方法来实现。

（1）表7.6.4确定的状态和时间预置值之间的关系既可以用门电路实现，也可以用译码器实现。使用门电路能实现，那么使用译码器也能实现，但是设定时间相对固定，不能任意修改。

（2）考虑到可以手动调节以及扩展，可以采用三态门总线控制的方法实现。

图7.6.5所示为用三态门总线控制实现的35s预置设定电路图。采用74LS126三态门控制设定值（内容由开关改变）与总线之间的连接，通过S_4状态来选择要设定的时间。设定时间可以由开关设定二进制数来确定或修改，这样就可以手动改变设定时间。

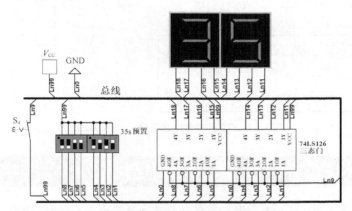

用三态门总线控制
实现的35秒预置
设定电路仿真

图 7.6.5　用三态门总线控制实现的 35s 预置设定电路图

总体来说，时间预置电路以状态控制器的输出状态来控制三态门何时与总线连接，总线直接连接倒计时计数器的置数控制端。这样状态控制器通过三态门依次选择对应存储单元中的数据作为下一个状态运行时间的设定值，为下一个状态做好准备。

7.6.3　交通灯控制电路的实现与 Multisim 仿真

图7.6.6所示为交通灯控制电路的单元电路连接关系。其工作过程是秒脉冲首先送到倒计时电路（由两个74LS192可逆计数器组成）；随着时间的推移，计数器的数值不断减少，当倒计时电路计时到00时，两个74LS192可逆计数器的借位信号B_1B_0同时输出为零。用此借位信号作为状态变换的控制信号，直接连接到状态控制器（74LS161）的CP端，让计数器74LS161计数1次，也就是使状态变化一次；计数器74LS161输出状态译码后使控制状态发生变化，最后完成控制状态转换，同时驱动交通灯转换，当然状态控制同时还会通过时间预置电路预置下一个状态倒计时的时间。以此循环往复运行，从而实现交通灯控制。

因此，可以得到图7.6.7所示的交通灯控制电路的Multisim仿

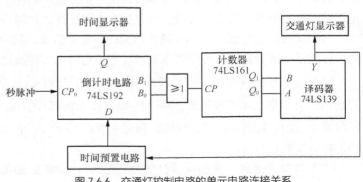

图 7.6.6　交通灯控制电路的单元电路连接关系

真图。读者可以自行验证。

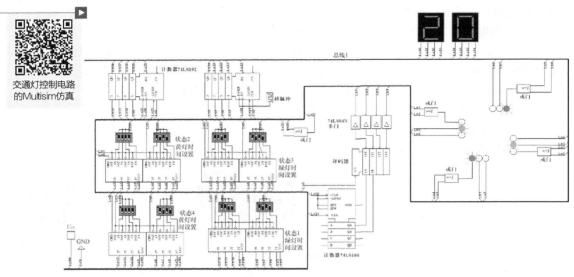

图 7.6.7　交通灯控制电路的 Multisim 仿真图

📝 本章小结

（1）计数器，顾名思义，就是计数的器件，是数字系统有条不紊循环运行的基础。计数器以计数功能为基础，还具有分频、定时、产生节拍脉冲和脉冲序列、进行数值运算等功能。

（2）计数器按计数数制分为二进制计数器、十进制计数器和N进制计数器。计数器按计数方式分为加法计数器、减法计数器和可逆计数器。计数器按组成计数器的各个触发器是否会同时翻转分为同步计数器和异步计数器。

（3）典型的二进制同步加法计数器74LS161具有异步清零、同步置数、计数、保持等功能。异步清零是指只要清零端接入有效电平，计数器就会直接清零。清零动作既不需要其他输入信号的配合，也不需要时钟脉冲的配合。

（4）设计同步加法计数器电路是先确定时钟方程，再确定驱动方程。设计异步加法计数器是综合考虑触发器的功能和时钟方程。对于同步加法计数器而言，构成计数器的各个触发器的时钟脉冲都取自同一个系统计数脉冲。异步计数器相对于同步计数器而言，构成计数器的每个触发器时钟脉冲不需要统一，每个触发器翻转时刻也不是统一的而是有先有后，这样就可以根据需要自由设计，从而给设计带来了方便，也直接减少了接线，让异步计数器电路更简洁。

（5）异步加法计数器由具有翻转功能的触发器组成，其中所有触发器都构成了T'触发器，而同步计数器中的触发器既可以实现翻转功能，也可以实现其他功能，不受限制。

（6）二进制异步加法计数器若选用下降沿触发的T'触发器，那么时钟方程可以取$CP_i = Q_{i-1}$；若选用上升沿触发的T'触发器，那么时钟方程应该取$CP_i = \overline{Q}_{i-1}$。二进制异步减法计数器若选用下降沿触发的T'触发器，那么时钟方程优先取$CP_i = \overline{Q}_{i-1}$；若选用上升沿触发的T'触发器，那么时钟方程应该取$CP_i = Q_{i-1}$。

（7）典型的集成十进制同步计数器TTL产品有74LS160和74LS162。常用的集成十进制异步加法计数器芯片有74LS196、74LS290等。

（8）利用芯片辅助端进行适当改接，使原有计数器跳过某些状态，在新的计数循环中只剩下N个状态，从而简单、方便地获得比原计数器容量小的N进制计数器。

（9）在计数器的有效循环中出现了几个有效状态，就表示几进制计数器。

（10）如果采用同步方式，计数器在清零和置数条件满足后，必须等待下一个CP有效边沿到来时，才能完成清零和置数任务。若采用异步方式，那么只要清零和置数条件满足，计数器就会立即完成清零和置数任务，与CP信号无关。

（11）大容量N进制计数器可以用级联的方法来实现。

📝 习题

一、选择题

7.1 想要构成n位二进制计数器，就需要用到（　　）个具有计数功能的触发器。

A. n B. n^2 C. 2^n D. $2n$

7.2 用触发器设计一个九进制计数器，所需触发器的数目为（　　）。

A. 5 B. 4 C. 3 D. 2

7.3 下列选项中（　　）不是计数器按计数数制的分类形式。

A. 二进制 B. 八进制 C. 十进制 D. N进制

7.4 用n级触发器构成的计数器，其模是（　　）。

A. n B. n^2 C. 2^n D. $2n$

7.5 若3位二进制减法计数器的初始状态为000，在输入6个CP信号后，计数器的状态应是（　　）。

A. 110 B. 101 C. 011 D. 010

7.6 在74LS161中，$\overline{CR} = \overline{LD} = CT_T = CT_P = 1$，若初态$Q_3Q_2Q_1Q_0 = 0000$，在$CP$端输入计数脉冲，12个$CP$后，$Q_3Q_2Q_1Q_0$为（　　）。

A. 1000 B. 1100 C. 1011 D. 0011

7.7 在74LS161按$\overline{CR} = \overline{LD} = CT_T = CT_P = 1$接法，实现（　　）功能。

A. 异步清零 B. 同步置数 C. 计数 D. 保持

7.8 如果电路如习题7.8图所示，那么该电路构成（　　）。

A. 同步二进制加法计数器 B. 同步二进制减法计数器

C. 异步二进制减法计数器 D. 异步二进制加法计数器

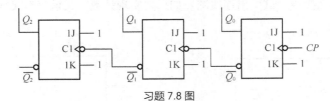

习题 7.8 图

7.9 如果电路如习题7.9图所示，那么该电路构成（　　）。

A. 同步二进制加法计数器 B. 同步二进制减法计数器

C. 异步二进制减法计数器 D. 异步二进制加法计数器

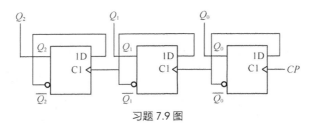

习题 7.9 图

7.10 要实现1位8421码十进制计数器，至少需要（　　　）个触发器。

A．5　　　　　　　　B．4　　　　　　　　C．3　　　　　　　　D．6

7.11 集成十进制异步计数器74LS290的优先级别最高的功能是（　　　）。

A．异步清零　　　　　B．置9　　　　　　　C．计数　　　　　　　D．保持

7.12 如果74LS290按5421码连接，目前的状态为0100，那么下一个状态应为（　　　）。

A．1000　　　　　　　B．0101　　　　　　　C．0011　　　　　　　D．1001

7.13 习题7.13图所示为由74LS290组成的电路，构成（　　　）计数器。

A．二进制　　　　　　B．五进制　　　　　　C．八进制　　　　　　D．十进制

7.14 习题7.14图所示为由74LS160构成的电路，实现（　　　）计数功能。

A．四进制　　　　　　B．五进制　　　　　　C．九进制　　　　　　D．六进制

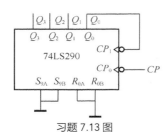

习题 7.13 图

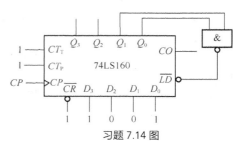

习题 7.14 图

7.15 一个M进制的计数器，如果在新循环中跳过了N（$N<M$）个状态，那么此时电路实现（　　　）进制计数器。

A．M　　　　　　　　B．N　　　　　　　　C．$M-N$　　　　　　D．不能确定

二、分析应用题

7.16 对于二进制同步加法计数器，想要把74LS161计数器初始值设置为0011，试问习题7.16图中有几处错误？修改使其完成置数功能。

7.17 在习题7.17图所示的74LS163计数器逻辑图中，如果要清零该怎么操作？如果要设置初始值为0011，该怎么接线？试画出连线图。如果要实现计数，又该怎么接线？

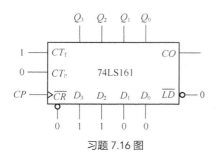

习题 7.16 图

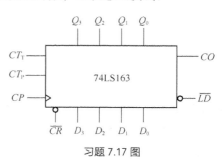

习题 7.17 图

7.18 习题7.18图所示为D触发器组成的3位二进制计数器电路，试分析该电路是同步还是异步？是加法还是减法电路？并画出状态转换图。

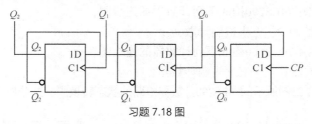

习题 7.18 图

7.19 已知习题7.19图所示的由D触发器组成的3位二进制计数器电路，试分析该电路是同步还是异步？是加法还是减法电路？并画出状态转换图。

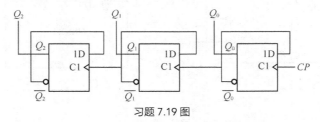

习题 7.19 图

7.20 已知习题7.20图所示的由JK触发器组成的3位二进制计数器电路，试分析该电路是同步还是异步？是加法还是减法电路？并画出电路的逻辑状态转换图。

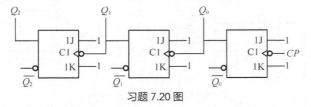

习题 7.20 图

7.21 试分析习题7.21图所示的各分图中74LS197计数器分别实现什么功能？如果是计数功能，那么实现的是几进制计数器？

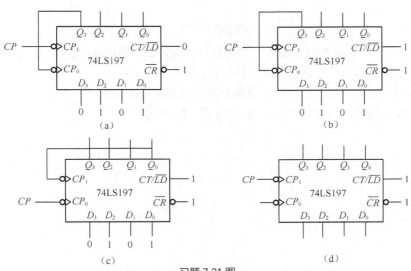

习题 7.21 图

7.22 试分别画出用74LS161的异步清零和同步置数功能分别构成下列计数器的连线图。

（1）十进制计数器。（2）五十进制计数器。

7.23 试分别画出用74LS290构成下列计数器的连线图。

（1）十进制计数器。（2）五十进制计数器。

7.24 试分别画出用74LS160构成下列计数器的连线图。

（1）一百进制计数器。（2）五十进制计数器。

7.25 试画出习题7.25图所示的74LS290计数器电路的状态转换图，并分析电路是几进制计数器。

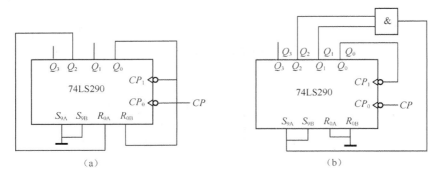

习题 7.25 图

7.26 试画出习题7.26图所示的各电路状态转换图，并分析是几进制计数器。

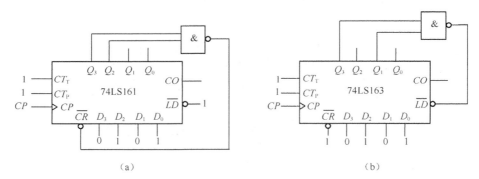

习题 7.26 图

7.27 试设计一个能实现数字显示、具有校时、闹钟等功能的数字钟电路。要求：

（1）准确计时，以数字形式显示时、分、秒；

（2）小时的计时要求为"12翻1"，分和秒的计时要求为60进位；

（3）具有校时功能，能够对"分"和"小时"进行调整。

第 **8** 章

存储器

本章内容概要

本章介绍存储器的原理及其应用。

读者思考：怎样让数字系统实现存储？数据暂存怎么处理？如何用所学知识设计彩灯控制电路？

本章重点难点

ROM的结构与工作原理；寄存器的功能和芯片应用。

本章学习目标

（1）掌握存储器的原理，熟练进行存储容量计算；

（2）掌握ROM的结构和工作原理，能利用ROM设计逻辑函数；

（3）理解PLD的基础知识，清楚CPLD和FPGA的发展历程和特点；

（4）掌握寄存器的结构和工作原理，能利用寄存器设计时序逻辑电路及进行综合应用仿真。

在计算机中，程序和数据是必不可少的，**程序是计算机操作的依据，数据是计算机操作的对象**。要处理信息，有必要先对程序和数据进行存储，而进行存储的装置就叫存储器。

存储器是数字系统存储程序和数据的主要器件。存储器的大小决定着计算机的存储容量。存储器主要由存储矩阵、地址译码器和读/写控制电路这3部分组成。根据与CPU联系的密切程度，存储器分为内存和外存两大类。

存储器又分为ROM和RAM两种。RAM运行速度快，容量越大能同时执行的程序就越多，性能就越好；但一旦断电，内部保存的数据会自动消失。ROM运行速度慢，但所存数据不会因断电而丢失，可长期保存，因此ROM常用于存储各种固定程序和数据。

8.1 存储器概述

1. 存储单位

程序和数据在以计算机为代表的数字系统中是以二进制的形式存放于存储器中的。存储度量单位是衡量存储器容量大小的指标，常见的基本存储度量单位有位、字节等。

位（bit）是计算机存储数据的最小单位。以计算机为代表的数字系统中一个单独的符号0或1被称为一个二进制位。

字节（byte，B）是计算机存储容量的度量单位，也是数据处理的基本单位。8个二进制位构成一个字节。一个字节的存储空间被称为一个存储单元。

字（word）是计算机处理数据时，一次存取、加工和传递的数据长度。一个字通常由若干字节组成。

字长（word length）是CPU可以同时处理的数据的长度。**字长决定了CPU的寄存器和总线的数据宽度**。现代计算机的字长有8位、16位、32位、64位。

经常使用的存储单位还有 KB（2^{10}B，千字节）、MB（2^{20}B，兆字节）、GB（2^{30}B，吉字节）和TB（2^{40}B，太字节）等。

> **您知道吗？**
>
> 在存储器计算中1KB≠1000B，这是正确的。
>
> 因为1KB=2^{10}B=1024B，所以1KB≠1000B正确。

2. 存储器的类型与特点

根据与CPU联系的密切程度，存储器可分为内存和外存两大类。内存直接与运算器、控制器交换信息。内存容量虽小，但存取速度较快，一般只存放正在运行的程序和待处理的数据。外存作为内存的延伸，间接与CPU进行联系，用来存放一些系统必须使用但是又不急于使用的程序和数据，程序必须先调入内存才可被执行。外存存取速度较慢，但存储容量大并且可以长时间保存程序和数据。

3. 存储器工作原理

存储器主要由存储矩阵、地址译码器和读/写控制电路这3部分组成。图8.1.1所示为存储器的工作原理。

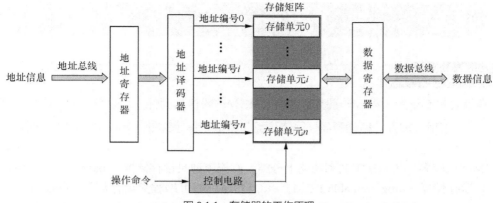

图 8.1.1 存储器的工作原理

为了有效地存放程序和数据，通常把存储矩阵分成许多存储单元，每个存储单元可以存放适量的数据。存储单元按一定规则进行编号，这个编号被称为存储单元的地址，简称地址。**存储单元与地址一一对应。值得注意的是，存储单元的地址和存储单元里面存放的内容完全是两回事，不可混淆。**

对存储器的操作通常称为访问存储器。访问存储器的方法有两种，一种是向存储单元存入数据，称为写操作；另一种是从存储单元中取出数据，称为读操作。不论是读还是写，都必须先获得存储单元的地址，经地址总线传输到地址译码器进行译码转换后找到相应的存储单元，然后根据相应的读、写命令由读/写控制电路来确定存储器的访问方式，再通过数据总线传送写入存储单元或从存储单元取出的信息，最后完成读、写操作。

图8.1.2所示为存储器读取数据操作过程示意。首先CPU（字长设为8位）发出要读取的内存地址信息（设为0000 0101）并传到地址寄存器，通过地址总线将信息送到地址译码器，接着经译码后选中相应的存储单元（05）；同时CPU发出读命令，将选中的存储单元（05）中的内容和信息（0010 0011）读出，并通过数据总线再传到数据寄存器。

图8.1.3所示为存储器存储数据操作过程示意。首先CPU发出要写入的地址信息（0000 0110）并传到地址寄存器，通过地址总线将信息送到地址译码器，再经译码后选中相应的存储单元（06）；同时CPU发出写命令，通过数据总线将数据（0010 0011）写入选中的存储单元（06）。写入以后存储单元原来的数据1010 0111被修改为0010 0011。

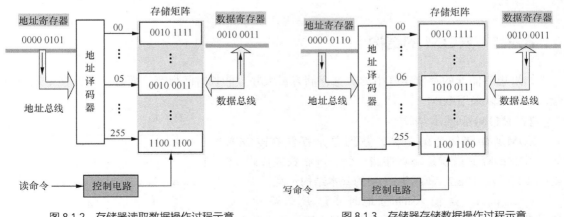

图 8.1.2 存储器读取数据操作过程示意   图 8.1.3 存储器存储数据操作过程示意

8.2 ROM

ROM类型较多，从制造工艺和功能上分类，有掩膜型只读存储器（mask ROM，MROM）、可编程只读存储器（programmable ROM，PROM）、可擦可编程只读存储器（erasable PROM，EPROM）、电擦除可编程只读存储器（electrically-erasable PROM，EEPROM）和闪速存储器（flash memory）等。每种ROM都有各自的特性和适用范围。

MROM通过掩膜工艺量产功能确定产品。例如，计算机主板上固化的基本输入输出系统，常用于计算机开机启动，主要完成对系统的加电自检、系统各功能模块的初始化、系统的基本输入输出的驱动及引导操作系统。

PROM允许用户利用专用设备（编程器）自行写入需要的程序和数据，一经写入无法更改，内容会永久保存。PROM具有一定的灵活性，适合小批量生产，常用于工业控制机或许多电器中。

随着电子工艺和制造技术的发展，在ROM的基础上发展出了具有可读可擦除功能的半导体存储介质，其虽然不符合ROM的定义，但由于是在ROM的技术上衍变而来的，所以沿用了原来的叫法，主要有EPROM、EEPROM、闪速存储器等。

EPROM是一种可写、可读的存储器，可多次编程。EPROM可根据用户需要来写入，并能把已写入的内容擦除后再改写。擦除的方法有电擦除和光擦除两种。

EEPROM是一种随时可写入而无须擦除原内容的存储器，但写操作比读操作慢。EEPROM综合了数据保存和修改灵活的优点。一般用于保存系统设置的参数、集成电路卡上存储信息、电视机或空调控制器等。

闪速存储器简称闪存，是英特尔公司于20世纪90年代发明的高密度、非易失性的读/写半导体存储器。它既有EEPROM的特点，又有RAM的特点，同时能擦除存储器中的某些块，而不是整块芯片。闪存被广泛用于制作各种移动存储器。固态硬盘和U盘都采用主控芯片加快闪存芯片的原理结构。

8.2.1 ROM 的结构

如果想存储器的存储矩阵中的数据存储容量大并且能长时间保存，而且一旦保存就几乎不变，往往可以采用ROM。

1. ROM的基本结构

ROM是存储信息的主体，数据总是存储在ROM内部。ROM的存储量就是能够存储一位二进制数或代码（0或1）的容量。图8.2.1所示为ROM的基本结构示意。

$A_{n-1}A_{n-2}\cdots A_1A_0$是输入的$n$位地址，$A_{n-1}$是最高位，$A_0$是最低位。$D_{b-1}D_{b-2}\cdots D_1D_0$是输出的$b$位数据，$D_{b-1}$是最高

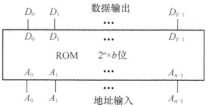

图 8.2.1　ROM 的基本结构示意

位，D_0是最低位。此时ROM的存储量为

ROM的存储量=$2^n \times b$（位）

2．ROM的内部结构

图8.2.2所示为ROM的内部结构示意。

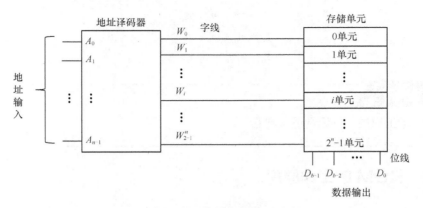

图 8.2.2　ROM 的内部结构示意

输入的n位地址线$A_{n-1}A_{n-2}\cdots A_1A_0$进入地址译码器后会有$2^n$个输出信号，可把$W_{2n-1},W_{2n-2},\cdots,$$W_1,W_0$看成一个个具体地址。ROM有$2^n$个存储单元，每一个存储单元都有一个地址，与地址译码器输出地址一一对应。所以把$W_{2n-1},W_{2n-2},\cdots,W_1,W_0$称为字线。每个ROM存储单元中都有$b$位数据$D_{b-1}D_{b-2}\cdots D_0$，这$b$位数据线称为位线。到底是哪一个存储单元的数据输出到数据输出端，完全由输入的地址代码决定。如果想把第1单元中存储的b位数据输出，那么只要让输入地址的地址码为$A_{n-1}A_{n-2}\cdots A_1A_0 = 00\cdots01$就可以了。此时地址译码器输出$W_1$有效，选中第1单元，存储单元中的数据与输出将建立连接通道，数据就可以输出了。

此时，**ROM的存储量=字线×位线**。

3．ROM的逻辑结构

如果把图8.2.2中地址输入$A_{n-1}A_{n-2}\cdots A_1A_0$看成$n$个输入变量，同时把数据输出$D_{b-1}D_{b-2}\cdots D_0$看成$b$个输出信号（函数），那么可以画出图8.2.3所示的ROM的逻辑结构示意。

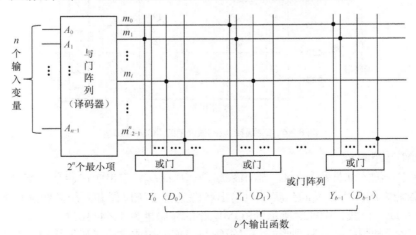

图 8.2.3　ROM 的逻辑结构示意

n个地址输入、2^n个字线输出是典型的n位二进制译码器，地址译码器的字线输出其实就是n

个地址输入变量对应的2^n个最小项。b位数据输出可以看成某个存储单元在b个输出变量上是否有输出，所以b位数据输出是输入变量若干个最小项相或而构成的逻辑函数，可由或门阵列组成。从ROM的逻辑结构可以知道，ROM其实是实现了n位地址输入变量对应的b个输出函数，每个函数都是由标准与或式构成的。所以图8.2.3中数据输出有：

$$Y_0 = m_1 + m_i + m_{2^n-1}$$
$$Y_1 = m_0 + m_1 + m_i$$
$$Y_{b-1} = m_0 + m_1 + m_{2^n-1}$$

⟳ 您知道吗？

ROM实际上只是一种组合逻辑电路。

8.2.2 ROM 的工作原理

ROM主要由地址译码器、存储矩阵和输出缓冲器这3部分组成。现在利用二极管与门和或门就可构成最简单的ROM。图8.2.4所示为二极管组成的最简单的ROM电路。

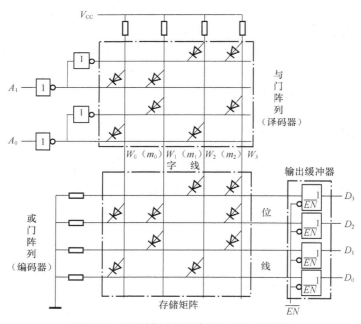

图 8.2.4　二极管组成的最简单的 ROM 电路图

1．ROM电路组成

在图8.2.4中，输入地址码是A_1A_0，输出数据是$D_3D_2D_1D_0$，输出缓冲器是三态门结构，既起到提高ROM负载能力的作用，又起到实现对输出状态进行控制以便和系统总线连接的作用。根据ROM存储量=字线×位线，图8.2.4所示的ROM电路的存储量为 $4×4=16$位。

图8.2.4中字线和位线都是阵列形式，二极管与门阵列构成字线译码器输出字线；二极管或门阵列构成编码器输出位线，同时也构成存储矩阵。与门阵列的基础是图8.2.5所示的共阳极接法的

二极管与门电路，或门阵列的基础是图8.2.6所示的共阴极接法的二极管或门电路。

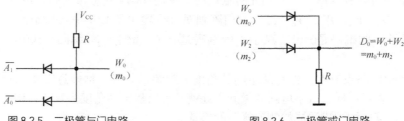

图 8.2.5　二极管与门电路　　　　　图 8.2.6　二极管或门电路

2．ROM电路工作原理

（1）输出信号的逻辑表达式。

结合图8.2.5和图8.2.6，根据二极管与门以及或门电路知识，如果输出缓冲器正常工作（三态门有效），那么由图8.2.4可得

$$W_0 = m_0 = \overline{A_1}\,\overline{A_0} \qquad\qquad W_1 = m_1 = \overline{A_1}A_0$$
$$W_2 = m_2 = A_1\overline{A_0} \qquad\qquad W_3 = m_3 = A_1A_0$$
$$D_0 = W_0 + W_2 = m_0 + m_2 = \overline{A_1}\,\overline{A_0} + A_1\overline{A_0} = \overline{A_0}$$
$$D_1 = W_1 + W_3 = m_1 + m_3 = \overline{A_1}A_0 + A_1A_0 = A_0$$
$$D_2 = W_0 + W_1 + W_3 = m_0 + m_1 + m_3 = \overline{A_1}\,\overline{A_0} + \overline{A_1}A_0 + A_1A_0 = \overline{A_1} + A_0$$
$$D_3 = W_2 + W_3 = m_2 + m_3 = A_1\overline{A_0} + A_1A_0 = A_1$$

（2）输入输出数据对应的真值表。

根据表达式可列出表8.2.1所示的ROM输入输出数据对应的真值表。

表 8.2.1　ROM 输入输出数据对应的真值表

A_1	A_0	D_3	D_2	D_1	D_0
0	0	0	1	0	1
0	1	0	1	1	0
1	0	1	0	0	1
1	1	1	1	1	0

（3）功能说明。

ROM输入、输出数据对应的真值表可以从逻辑函数、存储器、译码与编码3个角度去分析功能。

① 从逻辑函数角度分析。

A_1、A_0作为两个输入变量，D_3、D_2、D_1、D_0作为4个输出变量。输入、输出之间是函数关系，表8.2.1表达了输入到输出的函数关系。由于$D_2 = \overline{A_1} + A_0$，如果输入变量$A_1A_0 = 00$，那么函数输出$D_2 = 1$。其他类推。

② 从存储器角度分析。

A_1A_0是地址码，$D_3D_2D_1D_0$是存储数据，在地址里存储了相关数据。从存储器角度可把表8.2.1看成在00地址存储单元中存放的数据是0101；在01地址存储单元中存放的数据是0110；在10地址存储单元中存放的数据是1001；在11地址存储单元中存放的数据是1110。如果要改变存储数据，只要改变或门阵列即可。

③ 从译码与编码角度分析。

ROM结构可以看成由与门阵列先对输入的二进制代码A_1A_0进行译码，可以得到4个输出信号（中间状态）W_3、W_2、W_1、W_0，再由或门阵列对译码输出信号（中间状态）进行编码。可以认为表8.2.1赋予W_0的编码是0101；赋予W_1的编码是0110；赋予W_2的编码是1001；赋予W_3的编码是1110。

其实ROM电路没有变，但是从不同的角度去理解、分析，物理意义差别会很大，因为许多基础概念本身就不一样。数字电路的微妙之处就是可以从不同角度去看待相同的电路，且意义往往会不一样，有一种"横看成岭侧成峰"的感觉。

3. ROM电路应用举例

从ROM的逻辑结构可知，**ROM的基本结构是与门阵列和或门阵列的组合，并且共同完成相应的逻辑运算。**与门阵列实现对输入变量的译码，从而产生变量的全部最小项；或门阵列完成有关最小项的或运算。因此，从原理上讲，利用ROM可以实现任何组合逻辑函数。

例8.2.1 试用一个ROM实现下列函数。

$$Y_1 = \overline{A}\overline{B}C + \overline{A}B\overline{C} + A\overline{B}\overline{C} + ABC$$
$$Y_2 = BC + CA$$
$$Y_3 = \overline{A}\overline{B}\overline{C}\overline{D} + \overline{A}\overline{B}CD + \overline{A}BC\overline{D} + A\overline{B}\overline{C}D + AB\overline{C}\overline{D} + ABCD$$
$$Y_4 = ABC + ABD + ACD + BCD$$

解：（1）写出各函数的标准与或式，按A、B、C、D的顺序排列变量，并将所有变量扩展成有4个变量的函数。

$$Y_1 = \sum m(2,3,4,5,8,9,14,15)$$
$$Y_2 = \sum m(6,7,10,11,14,15)$$
$$Y_3 = \sum m(0,3,6,9,12,15)$$
$$Y_4 = \sum m(7,11,13,14,15)$$

（2）选4×4 ROM，ROM存储矩阵连线图如图8.2.7所示。

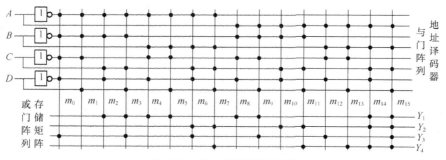

图 8.2.7　ROM 存储矩阵连线图

（3）ROM输入输出连线图。

图8.2.8所示为例8.2.1对应的ROM输入输出连线图。

用ROM实现组合逻辑函数是比较简单、方便的，只要将函数的标准与或式写入存储矩阵即可。

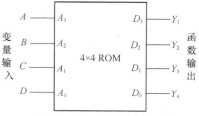

图 8.2.8　ROM 输入输出连线图

8.3 可编程逻辑器件

根据逻辑功能可将数字集成电路分为通用型和专用型两大类。中、小规模集成电路（如编码器、译码器、触发器等）都属于通用型，其逻辑功能固定不变，便于大批量生产。专用集成电路（application specific integrated circuit，ASIC）是为某种专门用途而设计的集成电路。它不仅能减小电路体积、质量和功耗，而且使电路的可靠性大幅提高；但其使用得往往不多，设计和制造成本很高、周期长，一旦有错误，需重新修改设计和制造，大大增加了成本。基于此，诞生了可编程逻辑器件。

可编程逻辑器件（programmable logic device，PLD）可以由设计人员自行编程并把一个数字系统集成在一片PLD板上，而不必请芯片制造厂商设计和制作专用的集成电路芯片。

PLD的两种主要类型是复杂可编程逻辑器件（complex programming logic device，CPLD）和现场可编程门阵列（field programmable gate array，FPGA）。

1. CPLD

CPLD在20世纪80年代中期由Altera公司推出。早期的可编程逻辑器件由PLD发展到可编程阵列逻辑电路（programmable array logic，PAL），再到可编程逻辑阵列（programmable logic array，PLA），再到通用阵列逻辑电路（generic array logic，GAL），最终发展到CPLD。从低密度可编程器件向高密度可编程器件发展。

PLD是最早的可编程逻辑器件，通常包含逻辑阵列和输出单元两个基本部分。逻辑阵列是用户可编程的部分，由与门阵列、或门阵列及反相器构成。输入信号通过与门阵列组成乘积项，这些乘积项在或门阵列进行运算，最后经输出单元输出。PLD包括PROM、EPROM、PLA、PAL、GAL这5种基本类型，其结构特点和功能如表8.3.1所示。

表 8.3.1　PLD 结构特点与功能

PLD	与门阵列	或门阵列	输出电路结构	主要功能
PROM	固定	可编程	三态输出	实现存储数据结构或组合逻辑电路
EPROM	固定	可编程	三态输出	
PLA	可编程	可编程	三态输出	实现组合逻辑电路
PAL	可编程	固定	三态输出，互补输出，寄存器输出	实现组合逻辑电路或时序逻辑电路
GAL	可编程可擦除	固定或可编程	可编程输出宏逻辑单元	

CPLD由多个类似GAL的功能块组成，采用多路开关的互联方式，即总线方式。CPLD具有EPROM、EEPROM、闪存这3种编程工艺。

2. FPGA

FPGA是一种含有可编程元件的半导体设备，可供使用者现场程式化逻辑门阵列元件，是在PAL、GAL、CPLD等可编程逻辑器件的基础上进一步发展的，是一种开发者能在短时间内利用个人计算机就可以实现自己想要的功能，而且可以多次重写的廉价设备。

Xilinx公司首创了FPGA这个创新性的技术，并于1985年推出商业化产品"XC2000"。自FPGA问世以来，工艺技术和应用需求成为驱动每个阶段发展的因素，导致器件的特性和工具发生了明显的变化。

FPGA结构与标准门阵列类似，由逻辑功能块排列成阵列，并通过编程来实现不同的设计功能。FPGA内提供了大量的与非门、或非门、触发器等基本数字器件，通过编程决定有多少器件被使用以及它们之间的连接。只要FPGA规模够大，这些数字器件理论上能形成一切数字系统，包括单片机甚至CPU。FPGA具有灵活性高、升级方便、适用范围广泛等特点，被应用于数据处理和存储、仪器仪表、通信和数字信号处理、图像处理领域等。

目前以硬件描述语言（Verilog或VHDL）所完成的电路设计，可以经过简单的编译、综合与布局，以及添加约束条件就能快速烧录在FPGA上进行测试，这已成为现代集成电路设计验证的技术主流。FPGA芯片是小批量系统提高系统集成度和可靠性的最佳选择之一。

8.4　寄存器

内存最大的作用是暂时存放指令和数据，供CPU直接随机存取。如果想要保存在存储器的存储矩阵中的数据既能方便读取，又能随时写入新数据，往往采用寄存器形式。将二进制数据或代码暂时存储起来的操作叫作寄存，而具有寄存功能的电路就是寄存器。寄存器广泛存在于各类数字系统中，用来暂时存放数据、地址或指令等。

1．寄存器的特点
寄存器的主要功能是暂时存储二进制数据或代码。寄存器属于时序逻辑电路，它由触发器构成。一个触发器能存储1位二进制数码（数据或代码），所以用n个触发器组成的寄存器就可以存储一组n位二进制数码。

2．寄存器的分类
寄存器按功能分为基本寄存器和移位寄存器。基本寄存器的数码只能并行输入寄存器中，需要时也只能并行输出。移位寄存器除了具有存储数码的功能，还具有移位功能。所谓移位功能，是指每来一个时钟脉冲，寄存器中的触发器向右或向左移动1位，也就是寄存器里存储的数码能在移位脉冲的作用下依次进行移位。因此，移位寄存器不但可以用来寄存数码，还可以用来实现数据的串行-并行转换、数值运算以及数据处理等。

8.4.1　基本寄存器

一个触发器能存储1位二进制数据或代码，想要寄存n位二进制数据或代码就需要n个触发器。

1．4位D触发器74LS175寄存器
图8.4.1所示为74LS175 基本寄存器逻辑电路图，它是由4个D触发器组成的，$D_3 \sim D_0$是并行数码输入端，$\overline{CR}$ 是清零端，CP是时钟脉冲控制端，$Q_3 \sim Q_0$是并行输出端。

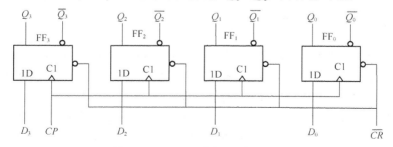

图 8.4.1　74LS175 寄存器逻辑电路图

图8.4.2所示为74LS175寄存器引脚排列示意，图8.4.3所示是对应的逻辑功能示意。

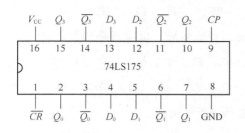

图 8.4.2　74LS175 寄存器引脚排列示意

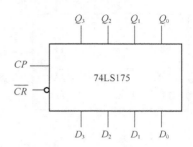

图 8.4.3　74LS175 寄存器逻辑功能示意

74LS175寄存器的特性表如表8.4.1所示。

表 8.4.1　74LS175 寄存器的特性表

输入						输出				功能说明
$\overline{CR}$	CP	D_3	D_2	D_1	D_0	Q_3^{n+1}	Q_2^{n+1}	Q_1^{n+1}	Q_0^{n+1}	
0	×	×	×	×	×	0	0	0	0	异步清零
1	↑	d_3	d_2	d_1	d_0	d_3	d_2	d_1	d_0	传送数据

结合表8.4.1，74LS175寄存器的功能分析如下。

（1）异步清零。

$\overline{CR}=0$ 时实现异步清零。

（2）传送数据。

当 $\overline{CR}=1$ 并且CP上升沿到来时，寄存器完成传送数据功能。传送数据时寄存器将并行数码输入端的数码传送到寄存器的触发器中，即 $Q_3^{n+1}Q_2^{n+1}Q_1^{n+1}Q_0^{n+1}=d_3d_2d_1d_0$。

（3）保持。

当 $\overline{CR}=1$ 并且在CP上升沿以外的时间内，寄存器将保持内容不变。

2．4×4寄存器74LS170

图8.4.4所示为4×4寄存器74LS170的引脚排列示意，图8.4.5所示为对应的逻辑功能示意。

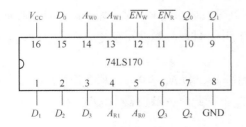

图 8.4.4　74LS170 寄存器引脚排列示意

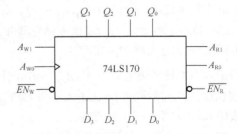

图 8.4.5　74LS170 寄存器逻辑功能示意

图中$Q_3\sim Q_0$是数码输出端；$D_3\sim D_0$是并行数据输入端；A_{W0}、A_{W1}是写地址译码输入端，$\overline{EN_W}$是允许写入端；A_{R0}、A_{R1}是读地址译码输入端，$\overline{EN_R}$是允许读出端。对于74LS170寄存器而言，写和读是彼此独立的，所以可以同时读和写。

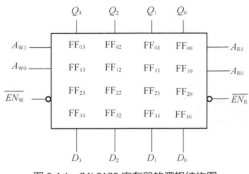

图 8.4.6　74LS170 寄存器的逻辑结构图

4×4 寄存器74LS170内部有16个同步D触发器 $FF_{03} \sim FF_{00}$、$FF_{13} \sim FF_{10}$、$FF_{23} \sim FF_{20}$、$FF_{33} \sim FF_{30}$ 构成的存储矩阵。寄存器阵列共有4个字，分别为 W_0、W_1、W_2、W_3，每个字又有4位 $Q_{03} \sim Q_{00}$、$Q_{13} \sim Q_{10}$、$Q_{23} \sim Q_{20}$、$Q_{33} \sim Q_{30}$。图8.4.6所示为74LS170寄存器的逻辑结构图。

表8.4.2所示为74LS170寄存器的特性表。

表 8.4.2　74LS170 寄存器的特性表

输入						内 部 字	输出	功能说明
A_{W1}	A_{W0}	$\overline{EN_W}$	A_{R1}	A_{R0}	$\overline{EN_R}$		$Q_3Q_2Q_1Q_0$	
0	0	0				$Q_{03}Q_{02}Q_{01}Q_{00} = d_3d_2d_1d_0$		写入 W_0
0	1	0				$Q_{13}Q_{12}Q_{11}Q_{10} = d_3d_2d_1d_0$		写入 W_1
1	0	0				$Q_{23}Q_{22}Q_{21}Q_{20} = d_3d_2d_1d_0$		写入 W_2
1	1	0				$Q_{33}Q_{32}Q_{31}Q_{30} = d_3d_2d_1d_0$		写入 W_3
×	×	1				保持		禁止写入
			0	0	0		$Q_{03}Q_{02}Q_{01}Q_{00}$	读取 W_0
			0	1	0		$Q_{13}Q_{12}Q_{11}Q_{10}$	读取 W_1
			1	0	0		$Q_{23}Q_{22}Q_{21}Q_{20}$	读取 W_2
			1	1	0		$Q_{33}Q_{32}Q_{31}Q_{30}$	读取 W_3
			×	×	1		1 1 1 1	禁止读出

结合图8.4.6和表8.4.2分析74LS170寄存器的功能和特点。

（1）写入功能。

写入时，待存储的4位数码由并行输入端 $D_3D_2D_1D_0$ 输入，要存储的字地址由写地址译码输入 $A_{W1}A_{W0}$ 确定，是否写入由允许写入端 $\overline{EN_W}$ 来决定。当 $\overline{EN_W} = 0$ 时，允许写入。

当输入写地址译码地址为 $A_{W1}A_{W0} = 00$，并且允许写入端 $\overline{EN_W} = 0$ 时，那么寄存器就把加在并行输入端 $D_3D_2D_1D_0$ 的数码 $d_3d_2d_1d_0$ 送入触发器 $FF_{03} \sim FF_{00}$ 中。此时，触发器 $Q_{03}Q_{02}Q_{01}Q_{00} = d_3d_2d_1d_0$，即将数码 $d_3d_2d_1d_0$ 写入 W_0 中并寄存。

当输入写地址译码地址为 $A_{W1}A_{W0} = 01$，并且允许写入端 $\overline{EN_W} = 0$ 时，那么寄存器把加在并行输入端 $D_3D_2D_1D_0$ 的数码 $d_3d_2d_1d_0$ 送入触发器 $FF_{13} \sim FF_{10}$ 中。此时，触发器 $Q_{13}Q_{12}Q_{11}Q_{10} = d_3d_2d_1d_0$，即将数码 $d_3d_2d_1d_0$ 写入 W_1 中并寄存。

同理，当输入写地址译码地址为 $A_{W1}A_{W0} = 10$，将数码 $d_3d_2d_1d_0$ 写入 W_2 中并寄存。当输入写地址译码地址为 $A_{W1}A_{W0} = 11$，将数码 $d_3d_2d_1d_0$ 写入 W_3 中寄存。

（2）读出功能。

读出时，要取出的字地址由地址译码输入 $A_{R1}A_{R0}$ 确定，由允许读出端 $\overline{EN_R}$ 确定是否读取。

当 $\overline{EN_R}=0$ 时，允许读取。

当读地址译码输入端 $A_{R1}A_{R0}=00$ ，并在允许读出端 $\overline{EN_R}=0$ 时，存储矩阵中的 W_0 字（触发器 $FF_{03}\sim FF_{00}$ ）中数码被读出。此时寄存器输出 $Q_3Q_2Q_1Q_0=Q_{03}Q_{02}Q_{01}Q_{00}$ 。

当读地址译码输入端 $A_{R1}A_{R0}=01$ ，并且允许读出端 $\overline{EN_R}=0$ 时，存储矩阵中的 W_1 字（触必器 $FF_{13}\sim FF_{10}$ ）中数码被读出。此时寄存器输出 $Q_3Q_2Q_1Q_0=Q_{13}Q_{12}Q_{11}Q_{10}$ 。

同理，在允许读出端 $\overline{EN_R}=0$ 时，当读地址译码输入端 $A_{R1}A_{R0}=10$ ，存储矩阵中的 W_2 字中数码被读出；当读地址译码输入端 $A_{R1}A_{R0}=11$ ，W_3 字中数码被读出。

（3）禁止功能。

当 $\overline{EN_W}=1$ （即高电平）时，数据被禁止写入寄存器；寄存器数据输出端 $Q_3Q_2Q_1Q_0$ 也被禁止，其输出为高电平，即 $Q_3Q_2Q_1Q_0=1111$ 。

（4）特点

74LS170寄存器写入寻址与读出寻址是分开的，有单独的读出线，因此允许同时进行读和写操作。74LS170寄存器共存储4个字，每个字4位，存储量为16位，可以存储16位数码，其输出端都为集电极开路输出。

8.4.2 移位寄存器

移位寄存器除了具有寄存数码的功能以外，还具有移位功能。因此，移位寄存器不但可以用来寄存代码，还可以用来实现数据的串行-并行转换、数值运算以及数据处理等。

寄存器的输入、输出方式既可以为串行方式，也可以为并行方式。根据输入输出形式的不同，移位寄存器分为串行输入串行输出、串行输入并行输出、并行输入串行输出、并行输入并行输出这4种。图8.4.7所示为不同输入输出移位寄存器示意。

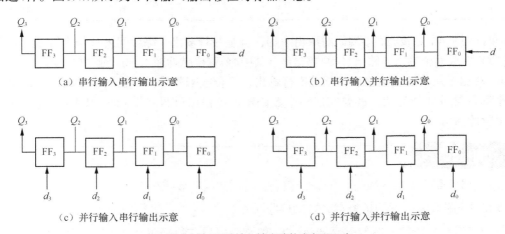

（a）串行输入串行输出示意 （b）串行输入并行输出示意

（c）并行输入串行输出示意 （d）并行输入并行输出示意

图 8.4.7 不同输入输出移位寄存器示意

按照移位情况的不同，移位寄存器分为单向移位寄存器和双向移位寄存器。

1．单向移位寄存器

如果数据能实现依次向左移动，则称为左移移位寄存器；如果使数据依次向右移动，则称为右移移位寄存器。图8.4.8所示为用边沿D触发器构成的单向左移移位寄存器逻辑电路图。

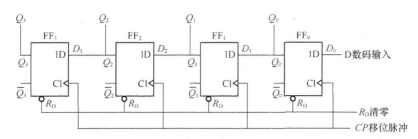

图 8.4.8　单向左移移位寄存器逻辑电路图

设寄存的二进制数为1011，按移位脉冲的工作节拍从低位到高位依次串行送到D数码输入端。工作之前先清零，寄存器状态$Q_3Q_2Q_1Q_0 = 0000$；第一个移位脉冲上升沿到来时，$D_0=1$，根据D触发器的特性方程$Q^{n+1} = D$，可得$Q_0 = 1$，其他触发器保持0状态，寄存器状态$Q_3Q_2Q_1Q_0 = 0001$。接着，第二个移位脉冲上升沿到来时，$D_0 = 0$，$D_1 = Q_0$，所以$Q_0 = 0$，$Q_1 = 1$，寄存器状态$Q_3Q_2Q_1Q_0 = 0010$；同理，第三个移位脉冲上升沿到来后，寄存器状态$Q_3Q_2Q_1Q_0 = 0101$；最后，第四个移位脉冲上升沿到来后，寄存器状态$Q_3Q_2Q_1Q_0 = 1011$。至此要寄存的二进制数1011全部送入寄存器实现寄存，寄存结束。表8.4.3所示为二进制数1011左移寄存过程的状态转换表。

表 8.4.3　二进制数 1011 左移寄存过程的状态转换表

移位脉冲数	寄存器的状态				移位过程
	Q_3	Q_2	Q_1	Q_0	
0	0	0	0	0	清零
1	0	0	0	1	左移1位
2	0	0	1	0	左移2位
3	0	1	0	1	左移3位
4	1	0	1	1	左移4位

如果此时从4个触发器的Q端同时取出数据，就是并行输出，综合起来就是串行输入并行输出。此时要完成整个输入、输出过程共需5步，其中4个移位脉冲输入、1个脉冲输出。

如果数据是从Q_3端依次输出，就是串行输出，综合起来就是串行输入串行输出。输出必须经过4个移位脉冲才能完成，故要完成整个数码输入到输出过程共需8步，其中4个移位脉冲输入、4个脉冲输出。

您知道吗？

单向移位寄存器中的数码，在CP作用下，可以依次右移或左移。

n位单向移位寄存器可以寄存n位二进制数码。

n位二进制数码输入需要n个移位脉冲，输出可以是并行输出，也可以是串行输出。并行输出需要1个移位脉冲，串行输出需要n个移位脉冲。

若串行输入端状态为0，那么n个移位脉冲后，寄存器可以被清零。

图8.4.9所示为8位单向移位寄存器74LS164的引脚排列示意，图8.4.10所示为其逻辑功能示意。

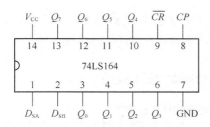

图 8.4.9　74LS164 寄存器引脚排列示意

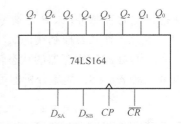

图 8.4.10　74LS164 寄存器逻辑功能示意

图中 CP 是移位时钟脉冲，$\overline{CR}$ 是清零端，$D_S = D_{SA} \cdot D_{SB}$ 是数码串行输入端，$Q_7 \sim Q_0$ 是数码并行输出端。

表 8.4.4 所示为 74LS164 寄存器的状态转换表。

表 8.4.4　74LS164 寄存器的状态转换表

输入			输 出								说明
$\overline{CR}$	$D_{SA} \cdot D_{SB}$	CP	Q_7^{n+1}	Q_6^{n+1}	Q_5^{n+1}	Q_4^{n+1}	Q_3^{n+1}	Q_2^{n+1}	Q_1^{n+1}	Q_0^{n+1}	
0	×	×	0	0	0	0	0	0	0	0	异步清零
1	×	0	Q_7^n	Q_6^n	Q_5^n	Q_4^n	Q_3^n	Q_2^n	Q_1^n	Q_0^n	保持
1	1	↑	Q_6^n	Q_5^n	Q_4^n	Q_3^n	Q_2^n	Q_1^n	Q_0^n	1	输入一个1
1	0	↑	Q_6^n	Q_5^n	Q_4^n	Q_3^n	Q_2^n	Q_1^n	Q_0^n	0	输入一个0

结合 74LS164 寄存器的状态转换表和逻辑功能示意可以得到相应的功能。

（1）清零功能。

当 $\overline{CR} = 0$ 时，移位寄存器异步清零。

（2）保持功能。

当 $\overline{CR} = 1$，$CP=0$ 时，移位寄存器保持状态不变。

（3）移位送数功能。

当 $\overline{CR} = 1$，CP 上升沿到来时，把加在 $D_S = D_{SA} \cdot D_{SB}$ 端的二进制数码依次送入寄存器中。此时，$Q_0^{n+1} = D_S$，$Q_i^{n+1} = Q_{i-1}^n (i \neq 1)$。

2．双向移位寄存器

如果把左移和右移移位寄存器组合起来，再加上移位方向控制信号，那么可以构成双向移位寄存器。常用的双向移位寄存器是 74LS194。图 8.4.11 所示为 4 位双向移位寄存器 74LS194 的引脚排列示意，图 8.4.12 所示为其逻辑功能图。

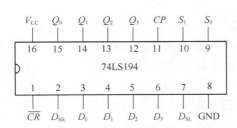

图 8.4.11　74LS194 双向移位寄存器引脚排列示意

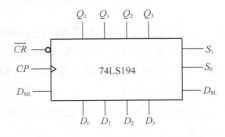

图 8.4.12　74LS194 双向移位寄存器逻辑功能示意

图中CP是移位时钟脉冲；$\overline{CR}$ 是清零端；$D_3D_2D_1D_0$是数码并行输入端；$Q_3Q_2Q_1Q_0$是数码并行输出端；S_0、S_1是工作状态控制端；D_{SL}是左移串行数据输入端；D_{SR}是右移串行数据输入端。

表8.4.5所示为74LS194寄存器的状态转换表。

结合图8.4.12和表8.4.5，简单分析即可得到74LS194寄存器相应的功能。

表 8.4.5　74LS194 寄存器的状态转换表

输入										输出				说明
$\overline{CR}$	CP	S_1	S_0	D_{SR}	D_{SL}	D_0	D_1	D_2	D_3	Q_0^{n+1}	Q_1^{n+1}	Q_2^{n+1}	Q_3^{n+1}	
0	×	×	×	×	×	×	×	×	×	0	0	0	0	异步清零
1	0	×	×	×	×	×	×	×	×	Q_0^n	Q_1^n	Q_2^n	Q_3^n	保持
1	↑	1	1	×	×	d_0	d_1	d_2	d_3	d_0	d_1	d_2	d_3	并行输入
1	↑	0	1	d	×	×	×	×	×	d	Q_0^n	Q_1^n	Q_2^n	右移串行输入
1	↑	1	0	×	d	×	×	×	×	Q_1^n	Q_2^n	Q_3^n	d	左移串行输入
1	↑	0	0	×	×	×	×	×	×	Q_0^n	Q_1^n	Q_2^n	Q_3^n	保持

（1）清零功能。

当$\overline{CR}=0$时，移位寄存器异步清零。

当$\overline{CR}=1$时，$CP=0$或$S_1S_0=00$，双向移位寄存器保持状态不变。

（2）并行输入功能。

当$\overline{CR}=1$，$S_1S_0=11$时，在CP上升沿到来时，将$D_0D_1D_2D_3$中的数据$d_0d_1d_2d_3$置入双向移位寄存器。

（3）右移串行输入功能。

当$\overline{CR}=1$，$S_1S_0=01$时，CP上升沿每来一次，将D_{SR}中的数据依次输入Q_0，实现右移串行输入，移位寄存器实现右移移位功能。

（4）左移串行输入功能。

当$\overline{CR}=1$，$S_1S_0=10$时，CP上升沿每来一次，将D_{SL}中的数据依次输入Q_3，实现左移串行输入，移位寄存器实现左移移位功能。

8.4.3　寄存器的实践训练与 Multisim 仿真

1. 顺序脉冲发生器电路Multisim仿真训练

图8.4.13所示为顺序脉冲发生器电路Multisim仿真图。由74LS194双向移位寄存器芯片构成顺序脉冲发生器。当脉冲来时，电路会产生1000、0100、0010、0001的顺序脉冲。

您觉得该电路如果作为键盘地址来获取电路，还有哪些需要改进的地方，请动手试试！

顺序脉冲发生器
电路Multisim仿真

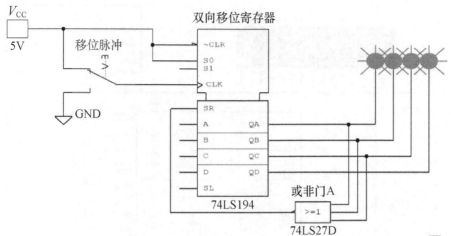

图 8.4.13　顺序脉冲发生器电路 Multisim 仿真图

基于74LS175
寄存器实现抢答器
的Multisim仿真

2．基于74LS175寄存器实现抢答器的Multisim仿真

图8.4.14所示为基于74LS175寄存器实现抢答器的Multisim仿真图。编码器输出信息由74LS175寄存器实现数据保存，脉冲和锁存功能由与非门实现。您知道它的工作原理吗？

图 8.4.14　基于 74LS175 寄存器实现抢答器的 Multisim 仿真图

4位十进制数
输入存储显示
电路Multisim
仿真

3．4位十进制数输入存储显示电路Multisim仿真训练

图8.4.15所示为4位十进制数输入存储电路Multisim仿真图。图中10个按钮分别表示输入0～9 这10个数码，经编码器转换为4位二进制数，高电平有效。同时用比较器判别是否有输入，并把判断结果作为寄存器的存储脉冲，实现数码输入和存储，最后利用移位功能完成多位数的输入和存储。请读者自行连线并进行仿真实现功能。

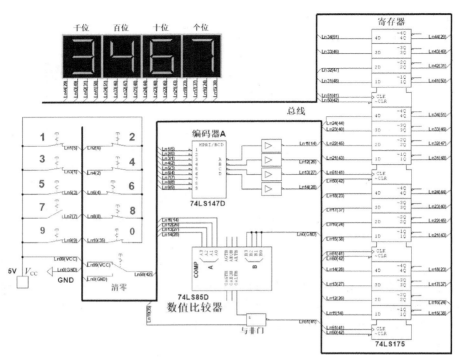

图 8.4.15　4 位十进制数输入存储显示电路 Multisim 仿真图

4．4×4键盘行列地址获取电路Multisim仿真训练

图8.4.16所示为4×4键盘行列地址获取电路Multisim仿真图。电路由顺序脉冲发生器和编码器构成。当某个键被按下时就会显示其行列地址，从而判断键盘中哪个键被按下。

4x4键盘行列地址
获取电路Multisim
仿真

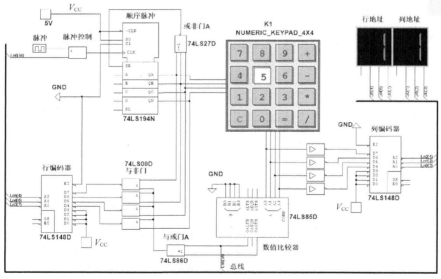

图 8.4.16　4×4 键盘行列地址获取电路 Multisim 仿真图

键盘输入在生活中是很常见的。您觉得在该电路的基础上想获得按下的键码的值还需要哪些改进，请动手试试！

8.5 彩灯控制电路的设计

彩灯可用在灯会、灯展中，营造氛围，给人呈现一场场精美的视觉盛宴。如果把彩灯用到景观布置中，既能打造美丽的景观，又能为夜晚增添亮丽的风景。在活动装饰里使用彩灯也成为众多运营者的选择，彩灯既可以装饰环境，又可以渲染氛围。

彩灯控制电路设计功能的具体要求如下。

要求实现8路输出，并实现两种花型交替循环显示。

花型1：由两边向中间对称依次点亮，全部点亮后，再由中间往外依次熄灭。

花型2：前4路彩灯与后4路彩灯分别从左到右顺次点亮，再顺次熄灭。

8.5.1 彩灯控制功能分析

根据彩灯的功能要求，8路输出花样彩灯控制电路应由分频控制电路、移位寄存器单元电路、花型控制电路等组成，如图8.5.1所示。

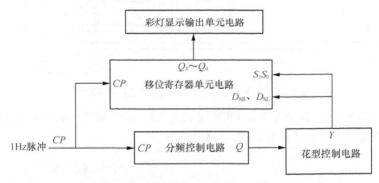

图 8.5.1 8 路输出花样彩灯控制电路结构

（1）彩灯显示输出单元与移位寄存器单元电路。

彩灯由指示灯代替，并且由寄存器直接驱动。

移位寄存器可以由两个4位移位寄存器74LS194实现，每个移位寄存器控制4路彩灯，最终形成8路循环彩灯控制。

根据8路输出花样彩灯控制电路的功能要求，状态变化如表8.5.1所示。

表 8.5.1 8 路输出花样彩灯花型状态变化

脉冲个数	彩灯$L_0L_1L_2L_3L_4L_5L_6L_7$		脉冲个数	彩灯$L_0L_1L_2L_3L_4L_5L_6L_7$	
	花型1	花型2		花型1	花型2
0	0000 0000	0000 0000	5	1110 0111	0111 0111
1	1000 0001	1000 1000	6	1100 0011	0011 0011
2	1100 0011	1100 1100	7	1000 0001	0001 0001
3	1110 0111	1110 1110	8	0000 0000	0000 0000
4	1111 1111	1111 1111			

由表8.5.1可以看出，花型1需要8个时钟脉冲才能完成一个循环周期，其中两个双向移位寄存器的每个状态均是左右镜像对称的。因此，我们可以将一个双向移位寄存器74LS194接成4位右移扭环计数器，具体接线为$\overline{CR}=1$，$S_1S_0=01$，$D_{SR}=\overline{Q_D}$。而另一个双向移位寄存器74LS194接成4位左移扭环计数器，具体接线为$\overline{CR}=1$，$S_1S_0=10$，$D_{SL}=\overline{Q_A}$，4个时钟脉冲后两种计数器的状态互换。通过这样简单的接线就可以实现花型1了。图8.5.2所示为8路输出花样彩灯花型1输出电路原理图。

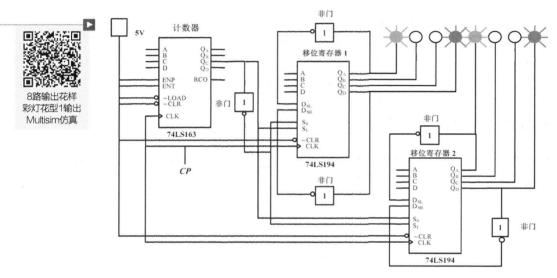

图 8.5.2　8 路输出花样彩灯花型 1 输出电路原理图

同理，根据表8.5.1可以知道花型2的循环周期也为8个时钟脉冲，前4位与后4位均为右移。图8.5.3所示为8路输出花样彩灯花型2输出电路原理图。

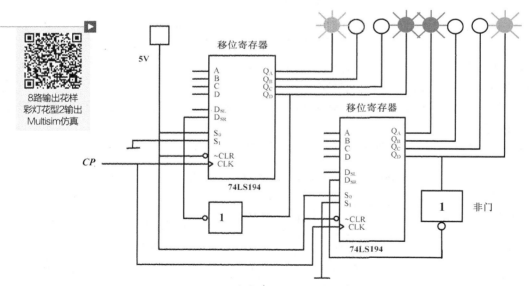

图 8.5.3　8 路输出花样彩灯花型 2 输出电路原理图

（2）花型控制电路与分频控制电路。

从整个花样彩灯电路看，每个花型周期都需要8个时钟脉冲，而实现一个大循环需要16个时钟脉冲。因此，可以用4位二进制计数器74LS163进行大循环控制，这样其输出端Q_C输出就为四进制，Q_D端输出为八进制。对于双向移位寄存器来说，无论是左移还是右移，一个周期都是4个时钟脉冲。所以，把花型控制的基本脉冲定为4个脉冲，分频控制电路要采用四分频电路和二分频电路。8路输出花样彩灯的花型控制状态转换表如表8.5.2所示。

表 8.5.2　8 路输出花样彩灯的花型控制状态转换表

花型样式		时钟	计数器输出		状态描述	移入数据		花型控制	
		CP	Q_D	Q_C		S_R	S_L	S_1	S_0
寄存器1	花型1	1~4	0	0	右移送1	1	×	0	1
		5~8	0	1	左移送0	×	0	1	0
	花型2	9~12	1	0	右移送1	1	×	0	1
		13~16	1	1	右移送0	0	×	0	1
寄存器2	花型1	1~4	0	0	左移送1	×	1	1	0
		5~8	0	1	右移送0	0	×	0	1
	花型2	9~12	1	0	右移送1	1	×	0	1
		13~16	1	1	右移送0	0	×	0	1

根据表8.5.2，可以得知花型控制电路就是组合逻辑电路，其输出直接控制寄存器。
所以，对于移位寄存器1：

$$D_{SR} = \overline{Q_D Q_C}, \quad D_{SL} = 0, \quad S_1 = \overline{Q_D Q_C}, \quad S_0 = \overline{S_1}$$

对于移位寄存器2：

$$D_{SR} = \overline{Q_C}, \quad D_{SL} = 1, \quad S_1 = \overline{Q_D Q_C}, \quad S_0 = \overline{S_1}$$

8.5.2　彩灯控制的 Multisim 仿真

8路输出花样彩灯
电路Multisim仿真

图8.5.4所示为8路输出花样彩灯电路的Multisim仿真图。

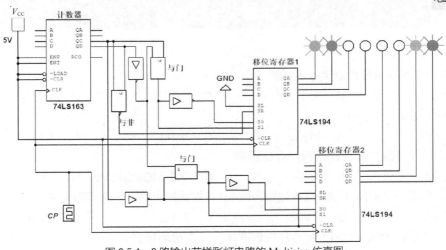

图 8.5.4　8 路输出花样彩灯电路的 Multisim 仿真图

在图8.5.4中，CP产生秒脉冲，同时给计数器74LS163和两个双向移位寄存器提供时钟脉冲，并在统一的步频下工作。计数器74LS163完成二分频（八进制）和四分频（四进制）。花样彩灯电路每

8个脉冲变化一次花型，对于双向移位寄存器而言，每4个脉冲变化1次。最后通过所设计的组合逻辑电路实现对双向移位寄存器的右移串行输入端D_{SR}、左移串行输入端D_{SL}以及工作状态控制端S_1、S_2这4个输入端的准确控制，完成规定的花型，使彩灯出现绚丽多姿的效果。读者可以自己试试！

📝 本章小结

（1）进行存储的装置就叫存储器。存储器分为ROM和RAM两种。

（2）字长是CPU可以同时处理的数据的长度。字长决定了CPU的寄存器和总线的数据宽度。

（3）存储器主要由存储矩阵、地址译码器和读/写控制电路这3部分组成。

（4）存储单元与地址一一对应。值得注意的是，存储单元的地址和存储单元里面存放的内容完全是两回事，不可混淆。

（5）ROM有MROM、PROM、EPROM、EEPROM和闪存等。

（6）ROM的存储量=$2^n \times b$=字线×位线。

（7）ROM输入与输出数据关系可以从逻辑函数、存储器、译码与编码3个角度去分析，意义不一样。数字电路的微妙之处就是可以从不同角度去看待相同的电路，且意义往往会不一样，有种"横看成岭侧成峰"的感觉。

（8）从ROM的逻辑结构可知，ROM的基本结构是与门阵列、或门阵列的组合，并且共同完成逻辑运算。与门阵列实现对输入变量的译码，从而产生变量的全部最小项；或门阵列完成有关最小项的或运算。因此，从原理上讲，利用ROM可以实现任何组合逻辑函数。

（9）PLD的两种主要类型是CPLD和FPGA。

（10）将二进制数据或代码暂时存储起来的操作叫作寄存，而具有寄存功能的电路就是寄存器。寄存器按功能分为基本寄存器和移位寄存器。

（11）移位寄存器不但可以用来寄存数码，还可以用来实现数据的串行-并行转换、数值运算以及数据处理等。

📝 习题

一、选择题

8.1 1000B和1KB的数量大小关系是（　　　　）。

A. 等于　　　　　　　B. 大于　　　　　　　C. 小于　　　　　　　D. 不能确定

8.2 4KB等于（　　　　）。

A. 4000B　　　　　　B. 4096B　　　　　　C. 2048B　　　　　　D. 不能确定

8.3 通过紫外线才能擦除的程序存储器是（　　　　　　）。

A. RAM　　　　　　　B. 闪存　　　　　　　C. 动态MOS型RAM　D. EPROM

8.4 如果某一个ROM具有n根地址输入线和k根数据输出线，那么其存储量是（　　　　）位。

A. $n^2 \times k$　　　　　B. $2^n \times k$　　　　　C. $2^k \times n$　　　　　D. $k^2 \times n$

8.5 一个容量为8k×1的ROM芯片应该有（　　　　）根地址线。

A. 10　　　　　　　　B. 11　　　　　　　　C. 12　　　　　　　　D. 13

8.6 如果ROM有11个地址输入端、8个数据输出端，则该ROM的容量是（　　　　）位。

A. 8×11　　　　　B. 8^{11}　　　　　C. $2^{11} \times 8$　　　　D. $2^8 \times 11$

8.7　若ROM有13根地址线、8根数据输出线，则该ROM的容量为（　　）。

A. 64000　　　　B. 13k × 8　　　　C. 8k × 8　　　　D. 8k

8.8　PLA是指（　　）。

A. 可编程逻辑阵列　B. 现场可编程门阵列　C. 随机读写存储器　D. 通用阵列逻辑

8.9　按信息的存储情况分类，存储器可以分为（　　）。

A. ROM和RAM　　B. EPROM和PROM　　C. PLA和PLA　　D. ROM和GAL

8.10　PLA中的与门阵列和PAL中的与门阵列分别是（　　）。

A. 可以编程，可以编程　　　　　　　B. 可以编程，不可以编程

C. 不可以编程，可以编程　　　　　　D. 不可以编程，不可以编程

8.11　下列说法不正确的是（　　）。

A. ROM根据功能不同，可以分为固定ROM、PROM、EPROM和EEPROM等

B. PROM产品出厂时没有内容，允许用户通过编程器写入一次数据，以后不能再改写

C. EPROM产品用户通过编程器改写，每次改写前接通电源就能擦除原来的内容

D. 固定ROM在出厂时已被厂家写好程序，用户不能改写

8.12　习题8.12图所示的由双向移位寄存器74LS194组成的电路的逻辑功能是（　　）进制计数器。

A. 八　　　　　　B. 四　　　　　　C. 二　　　　　　D. 十六

8.13　如习题8.13图所示，双向移位寄存器74LS194的初始状态为0000，串行输入端D_{SL}从高位到低位依次输入数码1001，3个CP作用后，$Q_3Q_2Q_1Q_0$的状态是（　　）。

A. 0100　　　　　B. 1001　　　　　C. 0000　　　　　D. 0010

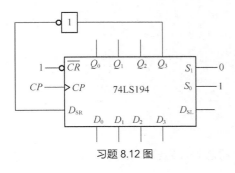

习题 8.12 图

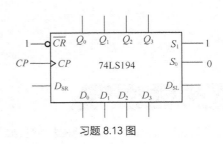

习题 8.13 图

二、分析应用题

8.14　试分析一个容量为8k × 4的ROM芯片应该有多少根地址线？

8.15　试用ROM同时实现全加器和全减器。

8.16　用ROM实现习题8.16图所示的密码键盘。要求输入键盘的行列地址，输出对应数值，并用数码管显示。（*和#不用显示。）

8.17　某ROM具有2048 × 4位存储量，求其有多少个存储单元，有几根地址输入线和几根数据输出线？

8.18　试用Multisim仿真分析习题8.12图所示的电路，画出其对应的状态转换图，并分析是几进制计数器。

8.19　试用Multisim仿真分析习题8.13图所示的电路。

8.20　用74LS194集成寄存器芯片实现七进制计数器。

习题 8.16 图

第 **9** 章

矩形脉冲

本章内容概要

本章介绍矩形脉冲的产生原理及其典型应用。

读者思考：计算机的主频是什么，它有什么作用？怎样让数字系统产生时钟脉冲？

⚙ 本章重点难点

555定时器电路结构；施密特触发器特性；单稳态触发器脉冲宽度计算方法；多谐振荡器产生矩形波的频率计算与应用。

⚙ 本章学习目标

（1）掌握555定时器的工作原理并能熟练使用；

（2）掌握施密特触发器的工作原理及特性，掌握施密特触发器的整形方面的应用；

（3）掌握单稳态触发器的结构和工作原理并能熟练使用；

（4）掌握多谐振荡器的结构和工作原理，能利用多谐振荡器设计需要的矩形波。

脉冲对于数字电路至关重要，它是时序电路必不可少的组成部分。数字电路通常是根据脉冲的有无、高低、个数、边沿、宽度等来工作的，这些脉冲都是矩形脉冲。获取矩形脉冲主要有两种途径。一是把已存在、周期性变化的波形整形成需要的矩形脉冲，通常用施密特触发器和单稳态触发器等实现；二是通过自激振荡电路直接产生矩形脉冲，通常用多谐振荡器实现。

555定时器是构成多谐振荡器、施密特触发器和单稳态触发器等既经济又简单还实用的基础器件。多谐振荡器可以产生矩形波，施密特触发器具有鉴幅、整形作用，单稳态触发器具有定时、整形功能。

9.1 矩形脉冲的特性和 555 定时器

9.1.1 矩形脉冲的特性

数字电路研究具有明显二值特性的脉冲信号。如二进制数字信号只有0、1，逻辑电路的状态逻辑只有0、1两种，时钟信号也只有高、低电平两种等。图9.1.1所示为矩形脉冲及特性指标。

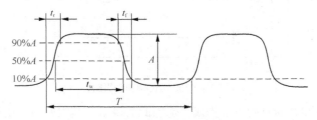

图 9.1.1　矩形脉冲及特性指标

（1）脉冲幅值A：脉冲变化的最大幅值。

（2）脉冲上升时间t_r：从脉冲幅值的10%上升到90%所需的时间。

（3）脉冲下降时间t_f：从脉冲幅值的90%下降到10%所需的时间。

（4）脉冲宽度t_w：从上升沿的脉冲幅值的50%到下降沿的脉冲幅值的50%所需的时间，也被称为脉冲持续时间。

（5）脉冲周期T：周期性脉冲信号相邻两个上升沿（或下降沿）的两点之间的时间间隔。

（6）脉冲频率f：单位时间内脉冲重复的次数。

（7）占空比q：脉冲宽度t_w与脉冲周期T的比值。

对于理想矩形脉冲，脉冲上升时间t_r和脉冲下降时间t_f都为零。

9.1.2　555 定时器

555定时器是一种数、模混合的集成电路。由于555定时器使用灵活、方便，已经被广泛应用于工业测量与控制、家用电器、电子玩具、定时延时、电子乐器及防盗报警等许多领域。同时555定时器是构成多谐振荡器、施密特触发器和单稳态触发器等的基础器件，只要在555定时器的基础上增加少量元件就可以实现。

您知道吗？

555定时器由汉斯·R.卡门青德（Hans R.Camenzind）设计。由于555定时器具有易用性、低廉的价格和良好的可靠性，直至今日仍被广泛应用于电子电路的设计中。

常用的555定时器一般由分压器、电压比较器、RS触发器、泄放晶体三极管T和输出缓冲器5部分组成。图9.1.2所示为555定时器的电路结构。

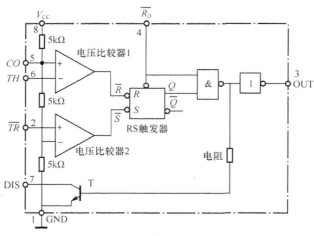

图 9.1.2　555 定时器的电路结构

图9.1.2中分压器由3个5kΩ的电阻构成，也因此而得名，其主要是为电压比较器提供参考电压。把电压比较器1的同相输入端参考电压设为$U_{R1} = \dfrac{2}{3}V_{CC}$；把电压比较器2的反相输入端参考电压设为$U_{R2} = \dfrac{1}{3}V_{CC}$。两个电压比较器的输出既控制RS触发器状态，又控制泄放晶体三极管T的状态，为外接的电容提供充、放电回路。

当$\overline{R_D} = 0$（清零）时，555定时器直接复位。无论其他端输入什么，输出端都会为低电平，此时，555定时器内部泄放晶体三极管T饱和导通。

当$\overline{R_D} = 1$，$TH > U_{R1}$，$\overline{TR} > U_{R2}$时，即高电平触发端TH输入电压高于参考电压U_{R1}，并且低电平触发端$\overline{TR}$输入电压高于参考电压U_{R2}时，触发器将复位，555定时器的输出为低电平，同时泄放晶体三极管T饱和导通。

当$\overline{R_D} = 1$，$TH > U_{R1}$，$\overline{TR} > U_{R2}$时，触发器处于保持状态，555定时器的输出状态保持不变，同时泄放晶体三极管T也保持原工作状态不变。

当$\overline{R_D} = 1$，$TH > U_{R1}$，$\overline{TR} > U_{R2}$时，也就是说当高电平触发端TH输入电压低于参考电压U_{R1}，并且低电平触发端$\overline{TR}$输入电压也低于参考电压U_{R2}时，触发器被置位，555定时器的输出为高电平，同时泄放晶体三极管T截止。

当$\overline{R_D} = 1$，$TH > U_{R1}$，$\overline{TR} > U_{R2}$时，高电平触发端TH输入电压高于参考电压U_{R1}，并且低电平触发端$\overline{TR}$输入电压低于参考电压U_{R2}时，触发器被置位，555定时器的输出为高电平，同时泄放晶体三极管T截止。

综上所述，可以推导出表9.1.1所示的555定时器功能表。

表9.1.1 555定时器功能表

复位	高电平触发端输入电压	低电平触发端输入电压	RS触发器			输出	泄放晶体三极管
$\overline{R}_D$	TH	$\overline{TR}$	$\overline{R}$	$\overline{S}$	Q	OUT	T
0	×	×	×	×	×	低电平	饱和导通
1	$> \frac{2}{3}V_{CC}$	$> \frac{1}{3}V_{CC}$	0	1	0	低电平	饱和导通
1	$< \frac{2}{3}V_{CC}$	$> \frac{1}{3}V_{CC}$	1	1	保持	保持原态	保持
1	$< \frac{2}{3}V_{CC}$	$< \frac{1}{3}V_{CC}$	1	1	1	高电平	截止
1	$> \frac{2}{3}V_{CC}$	$< \frac{1}{3}V_{CC}$	0	0	1	高电平	截止

经常使用的555定时器集成芯片有单定时器（型号为NE555）和双定时器（型号为NE556）两种。双定时器是在一个芯片上集成两个相同的555定时器。图9.1.3所示为555定时器引脚排列示意。图9.1.3（a）所示为NE555定时器管脚排列示意。图9.1.3（b）所示为NE556定时器引脚排列示意。

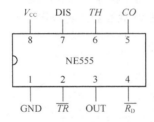
（a）NE555定时器引脚排列示意

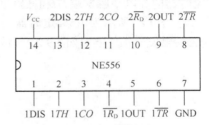
（b）NE556定时器引脚排列示意

图9.1.3 555定时器引脚排列示意

表9.1.2所示为NE555定时器引脚描述。

表9.1.2 NE555定时器引脚描述

引脚	符号	名称	说明
1	GND	接地端	
2	$\overline{TR}$	低电平触发端	低电平有效
3	OUT	输出端	
4	$\overline{R}_D$	清零端	低电平有效
5	CO	控制电压端	
6	TH	高电平触发端	
7	DIS	放电端	
8	V_{CC}	电源端	

使用NE555定时器时需要注意如下事项。

（1）当NE555定时器泄放晶体三极管T导通或截止时，放电端可以为外接的RC回路提供放电或充电通路。

（2）如果控制电压端CO不外接参考加电压，通常在控制电压端CO与地GND之间需要接一个0.01μF的电容器，主要起滤波作用，以消除外来的干扰，确保参考电平的稳定。

（3）如果控制电压端CO外接一个输入电压，那么可以调整电压比较器1的参考电压U_{R1}，此时$U_{R1}=U_{CO}$。

（4）当$\overline{R_D}=0$时，输出端为低电平，完成异步清零功能。555定时器工作时，$\overline{R_D}$端应该开路或接电源V_{CC}。

9.2 施密特触发器

施密特触发器的滞回特性和内部正反馈作用可以把输出波形整形得很陡。利用施密特触发器不仅可以整形边沿变化比较缓慢的信号波形，还可以有效清除叠加在矩形脉冲上的噪声。

9.2.1　用 555 定时器构成施密特触发器

如果将555定时器的高电平触发端TH和低电平触发端$\overline{TR}$相连，作为新的输入端，那么可以构成施密特触发器。图9.2.1所示为由555定时器构成施密特触发器的连线图。假设输入信号u_1为三角波，那么施密特触发器工作波形如图9.2.2所示。

图 9.2.1　用 555 定时器构成的施密特触发器的连线图

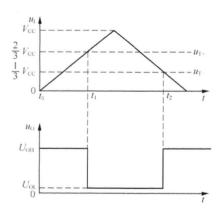

图 9.2.2　施密特触发器工作波形

结合施密特触发器的电路和工作波形，分析其工作过程。

（1）$t=t_0=0$时，内部RS触发器置1，施密特触发器输出高电平。

在$t=t_0=0$时，$u_1=0$V，由于$u_{TH}=U_{\overline{TR}}=u_1=0$V，555定时器的电压比较器1输出为1（即RS触发器$\overline{R}=1$），电压比较器2输出为0（即RS触发器$\overline{S}=0$），RS触发器将工作在1状态，即$Q=1$。施密特触发器输出为高电平，$u_0=U_{OH}$，输出1状态。

（2）$t_0<t<t_1$时，RS触发器保持，施密特触发器继续输出高电平。

在$t_0<t<t_1$时，$u_1<\dfrac{2}{3}V_{CC}$，555定时器的电压比较器1输出为1（即RS触发器$\overline{R}=1$），电压

比较器2输出虽有变化，但是基本RS触发器输出仍为1状态，即 $Q=1$。施密特触发器输出为高电平，$u_O = U_{OH}$。也就是说，在输入电压未到达 $\frac{2}{3}V_{CC}$ 以前，施密特触发器电路的输出保持不变。

（3）$t=t_1$ 时，RS触发器置0，施密特触发器输出为低电平。

在 $t=t_1$ 时，$u_1 = \frac{2}{3}V_{CC}$，由于 $u_{TH} = U_{\overline{TR}} = u_I$，电压比较器1输出为0（即RS触发器 $\overline{R}=0$），电压比较器2输出为1（即RS触发器 $\overline{S}=1$），RS触发器被触发，状态由1状态翻转为0状态，$Q=0$。施密特触发器输出为低电平，$u_O = U_{OL}$，输出0状态。

（4）$t_1 < t < t_2$ 时，RS触发器保持，施密特触发器继续输出为低电平。

在 $t_1 < t < t_2$ 时，输入电压虽然从 $\frac{2}{3}V_{CC}$ 增加到 V_{CC} 再减小靠近 $\frac{1}{3}V_{CC}$，在这个过程中电压比较器1输出虽也由0变为1，但是电压比较器2输出始终保持1状态，RS触发器输出仍为0状态，即 $Q=0$。施密特触发器输出为低电平，即 $u_O = U_{OH}$。也就是说在输入电压未下降到 $\frac{1}{3}V_{CC}$ 以前，施密特触发器电路的输出保持不变。

（5）$t=t_2$ 时及以后，RS触发器置1，施密特触发器输出高电平。

在 $t=t_2$ 时，$u_1 < \frac{1}{3}V_{CC}$，由于 $u_{TH} = U_{\overline{TR}} = u_I$，555定时器的电压比较器1输出为1（即 $\overline{R}=1$），电压比较器2输出为0（即 $\overline{S}=0$），基本RS触发器被触发，状态由0状态翻转为1状态。施密特触发器输出为高电平，$u_O = U_{OH}$。此后，基本RS触发器状态保持，施密特触发器输出仍为高电平。

9.2.2　施密特触发器的滞回特性

图9.2.3所示为施密特触发器输出电压u_O与输入电压u_I之间的关系曲线（电压传输特性），也是图9.2.2所示的施密特滞回特性更形象、更直观地反映。

图中输入电压u_I由0V上升到 $\frac{2}{3}V_{CC}$ 时，输出电压u_O由高电平U_{OH}跳变为低电平U_{OL}；但是输入电压u_I由V_{CC}下降到 $\frac{2}{3}V_{CC}$ 时，输出电压u_O仍为低电平U_{OL}，没有发生变化；只有输入电压u_I下降到 $\frac{1}{3}V_{CC}$ 时，输出电压u_O才由低电平U_{OL}跳变回到高电平U_{OH}。

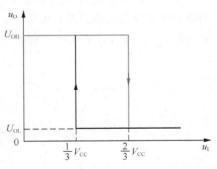

图 9.2.3　施密特触发器电压传输特性

1．上限阈值电压

在输入电压u_I上升过程中，使施密特触发器状态翻转，输出电压u_O由高电平U_{OH}跳变为低电平U_{OL}时，所对应的输入电压称为上限阈值电压，并用 U_{T+} 表示。

2．下限阈值电压

在输入电压u_I下降过程中，使施密特触发器状态翻转，输出电压u_O由低电平U_{OL}跳变为高电平U_{OH}时，所对应的输入电压称为下限阈值电压，并用 U_{T-} 表示。

3．回差电压

回差电压也称滞回电压，是上限阈值电压与下限阈值电压之间的差值。

定义为

$$\Delta U_{\mathrm{T}} = U_{\mathrm{T+}} - U_{\mathrm{T-}}$$

在图9.2.3中，有

$$U_{\mathrm{T+}} = \frac{2}{3}V_{\mathrm{CC}} \qquad U_{\mathrm{T-}} = \frac{1}{3}V_{\mathrm{CC}}$$

$$\Delta U_{\mathrm{T}} = U_{\mathrm{T+}} - U_{\mathrm{T-}} = \frac{2}{3}V_{\mathrm{CC}} - \frac{1}{3}V_{\mathrm{CC}} = \frac{1}{3}V_{\mathrm{CC}}$$

若想要改变回差电压 ΔU_{T}，只需在555定时器控制电压端CO处外加一个电压U_{C}，那么 $U_{\mathrm{T+}} = U_{\mathrm{C}}$，$U_{\mathrm{T-}} = \frac{1}{2}U_{\mathrm{C}}$，所以 $\Delta U_{\mathrm{T}} = \frac{1}{2}U_{\mathrm{C}}$。因此，只要改变外加电压$U_{\mathrm{C}}$，回差电压 ΔU_{T} 也会随之改变。

9.2.3　施密特触发器的应用

1．整形和接口

施密特触发器可以整形。如果传输线上的电容效应使波形的边沿变坏或是受噪声干扰等而发生畸变，这时使用施密特触发器整形以获得比较理想的矩形波形输出。同时施密特触发器还可以作为TTL系统的接口，把缓慢变化的信号转换为符合要求的脉冲波形。

图9.2.4所示为施密特触发器整形示例。

2．脉冲鉴幅

施密特触发器能将凡是幅度大于$U_{\mathrm{T+}}$的脉冲选出来，具有鉴别脉冲幅值的能力。图9.2.5所示为施密特触发器鉴别脉冲幅值示例。在输入的一系列幅度不同的脉冲信号中，只有幅值大于设定的电压$U_{\mathrm{T+}}$的脉冲才会在输出端产生输出信号。

图 9.2.4　施密特触发器整形示例

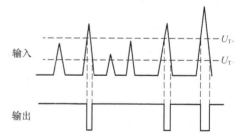

图 9.2.5　施密特触发器鉴别脉冲幅值示例

9.2.4　施密特触发器的 Multisim 仿真

1．施密特触发器滞回特性的Multisim仿真

图9.2.6所示为555定时器组成的施密特触发器滞回特性的Multisim仿真图。图9.2.6（a）所示为连线图，图9.2.6（b）所示为输入、输出电压的波形仿真图。

施密特触发器
滞回特性的
Multisim仿真

当输入电压不断增大并且大于 $\dfrac{2}{3}V_{CC}$ 时，输出由高电平变低电平；当输入电压不断减小直到小于 $\dfrac{1}{3}V_{CC}$ 时，输出由低电平变高电平；此时回差电压为 $\dfrac{1}{3}V_{CC}$。

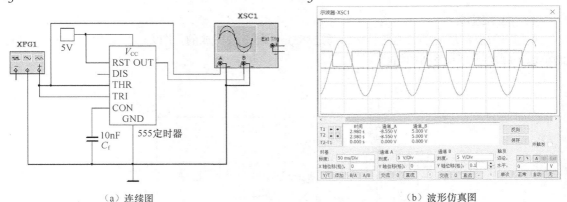

（a）连续图 　　　　　　　　　　　　　　　　　（b）波形仿真图

图 9.2.6　施密特触发器滞回特性的 Multisim 仿真图

2．施密特触发器构成的保温控制电路Multisim仿真

图9.2.7所示为由施密特触发器构成的保温控制电路的Multisim仿真图。图中使用灯泡代替加热设备作为工作指示，使用电位器R_2的电阻变化作为热电阻对温度检测的简单模拟，当温度增加时电阻值也增加。

施密特触发器
构成的保温控制
电路Multisim仿真

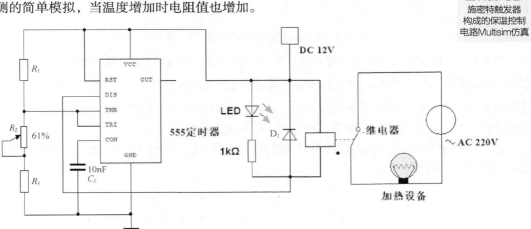

图 9.2.7　由施密特触发器构成的保温电路的 Multisim 仿真图

这个电路还有什么缺陷？如果要将其用到实际电路中还需要增加或是改进哪些部分？

9.3　单稳态触发器

在矩形波整形、延时及定时等情况下经常会用到单稳态触发器。单稳态触发器具有3个显著特征。

（1）单稳态触发器有稳态和暂稳态两个不同的工作状态。

（2）在外界触发脉冲作用下，单稳态触发器会从稳态转为暂稳态，并在暂稳态维持一段时间后自动返回稳态。

（3）暂稳态维持时间的长短与触发脉冲的宽度和幅度无关，仅取决于单稳态触发器本身的参数。

9.3.1　用 555 定时器构成单稳态触发器

1．电路组成

单稳态触发器最简单的电路结构是通过555定时器改造而成的。图9.3.1所示为555定时器构成的单稳态触发器的电路结构图。

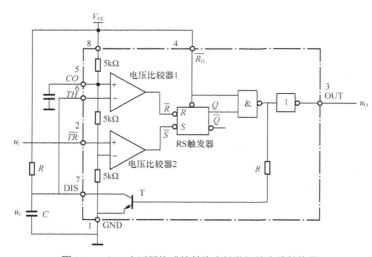

图 9.3.1　555 定时器构成的单稳态触发器的电路结构图

图9.3.1中电阻R和电容C是定时元件，R、C串联后接于电源和地之间，形成充、放电回路。555定时器4脚（$\overline{R_D}$）和8脚（V_{CC}）都接电源。高电平触发端6脚（TH）和放电端7脚（DIS）相连再接电容C的正极。低电平触发端（$\overline{TR}$）接输入信号u_I作为单稳态触发器的输入，555定时器的输出端（OUT）作为单稳态触发器的输出，u_O是输出信号。

图9.3.2所示为555定时器构成的单稳态触发器的连线图。图9.3.3所示为555定时器构成的单稳态触发器的工作波形。

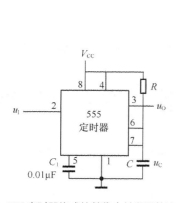

图 9.3.2　555 定时器构成的单稳态触发器的连线图

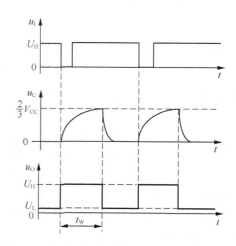

图 9.3.3　555 定时器构成的单稳态触发器的工作波形

2．单稳态触发器工作过程分析

结合单稳态触发器的电路连线图和工作波形分析单稳态触发器工作过程。

（1）没有触发信号时，电路处于稳态。

无触发信号时（输入u_I没有下降沿到来时），RS触发器输出为0，即$Q = 0$。此时输出电压$u_O = U_{OL}$，为低电平，电路工作在稳态。泄放晶体三极管T饱和导通，$u_C = 0$。

接通电源后，如果RS触发器处在0状态，那么单稳态触发器保持在稳态。如果RS触发器处在1状态，那么单稳态触发器就会进入暂稳态，并在维持一段时间后自动回到稳态。

（2）u_I下降沿触发，电路进入暂稳态。

当u_I下降沿到来时，低电平触发端（$\overline{TR}$）由高电平跳变到低电平，电压比较器2的输出为0，电压比较器1的输出为1（$u_C = 0$，$U_{TH} = 0$），此时RS触发器的$\overline{S} = 0$、$\overline{R} = 1$，RS触发器输出为1，即$Q = 1$。单稳态触发器输出由低电平变为高电平，也就是由稳态转换为暂稳态。暂稳态维持一定时间后，会自动返回稳态。此时，泄放晶体三极管T截止，电容C被充电。

（3）暂稳态的维持时间。

在暂稳态期间，由于泄放晶体三极管T截止，电源V_{CC}会通过电阻R向电容C充电，电容两端的电压u_C会逐渐增加，此时时间常数$\tau_1 = RC$。因为高电平触发端和电容正极相连，即$u_{TH} = u_C$，所以在高电平触发端电压（或电容电压u_C）未上升到$\frac{2}{3}V_{CC}$以前，电路将保持暂稳态不变。

（4）暂稳态维持一定时间后，会自动返回稳态（暂稳态结束）。

在暂稳态，随着电容C充电过程的进行，电容电压u_C会逐渐升高。当u_C上升到$\frac{2}{3}V_{CC}$时，$u_{TH} = \frac{2}{3}V_{CC}$，555定时器的电压比较器1输出为0，即$\overline{R} = 0$，$\overline{S} = 1$。RS触发器被复位，即$Q = 0$。泄放晶体三极管T饱和导通，暂稳态结束，电路又回到稳态。单稳态触发器输出为低电平，$u_O = U_{OL}$。

（5）恢复过程。

暂稳态结束后，电容C将通过饱和导通的泄放晶体三极管T放电，此时放电回路的时间常数$\tau_2 = R_{CES}C$（其中R_{CES}是泄放晶体三极管T的饱和导通电阻，一般很小），可以认为电路经过$3\tau_2 \sim 5\tau_2$后，电容C放电完毕，恢复过程结束。由于τ_2很小，恢复时间极其短暂。

3．输出脉冲宽度计算

单稳态触发器输出脉冲宽度就是暂稳态维持时间，也就是电容C的充电时间。根据一阶暂态分析电路过渡过程计算公式：

$$t_w = \tau_1 \ln \frac{u_C(\infty) - u_C(0^+)}{u_C(\infty) - u_C(t_w)}$$

同时在单稳态触发器电路中，$u_C(\infty) = V_{CC}$，$u_C(0^+) = 0$，$u_C(t_w) = \frac{2}{3}V_{CC}$。把这些已知条件代入上式，可得：

$$t_w = \tau_1 \ln \frac{u_C(\infty) - u_C(0^+)}{u_C(\infty) - u_C(t_w)} = RC \ln 3 = 1.1RC$$

因此，单稳态触发器输出脉冲宽度仅仅取决于定时元件的电阻和电容的取值，而与输入触发信号和电源电压无关。

只需改变电阻R或电容C的大小就可调节输出脉冲宽度t_w。

9.3.2 单稳态触发器的应用与 Multisim 仿真

1．定时与延时

图9.3.4所示为单稳态触发器延时与定时选通示例。

（1）延时功能。

在图9.3.4中，比较输入信号u_I和单稳态输出信号u_B，不难发现u_B的下降沿比起u_I滞后了t_w。t_w反映了单稳态触发器的延时功能。

（2）定时功能。

单稳态一旦被触发就会输出脉冲宽度为t_w的矩形波，这让定时成为可能，而且t_w定时时间是可以人为设定的。

（3）定时选通功能。

在图9.3.4中u_B和u_A信号进行与运算后再输出u_O，显然与门打开的时间就是信号u_B的脉冲宽度t_w，其他时间与门都会被关闭，也就是单稳态触发器具有定时选通功能。

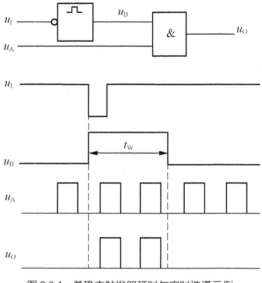

图 9.3.4　单稳态触发器延时与定时选通示例

2．整形

单稳态触发器能把其他信号变换成矩形脉冲，而且能整形成幅值和宽度都相同的脉冲。

3．单稳态触发器的应用及Multisim仿真

图9.3.5所示为应用单稳态触发器实现时长可调的报警电路的Multisim仿真图。当启动开关由高电平变为低电平时，开始报警。报警持续一段时间后，可自行关闭。电路中可以通过调节电位器R_1的大小调整报警时长。请问如果需要报警时间比较长，应该调整或替换哪几个元件？

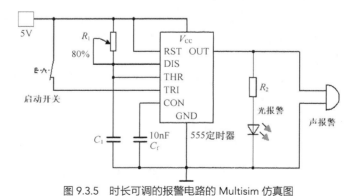

图 9.3.5　时长可调的报警电路的 Multisim 仿真图

9.4 多谐振荡器

多谐振荡器只有两个暂稳态，没有稳态，也称无稳态触发器。多谐振荡器是一种自激振荡电路，无须外加输入信号就能输出一定频率的矩形脉冲。由于矩形脉冲波中含有丰富的谐波，故人们常常称能产生矩形脉冲波的电路为多谐振荡器。**多谐振荡器是一种常用的脉冲波形发生器。触发器和时序逻辑电路中的时钟脉冲一般由多谐振荡器产生。**

9.4.1 用 555 定时器构成的多谐振荡器

1．多谐振荡器电路的组成
图9.4.1所示为由555定时器构成的多谐振荡器的电路结构图。

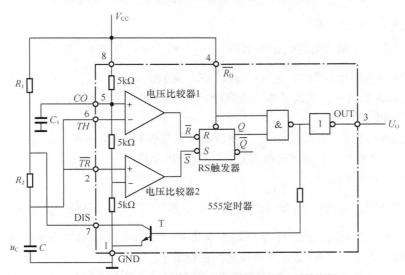

图 9.4.1 由 555 定时器构成的多谐振荡器的电路结构图

图中电阻R_1、R_2和电容C、C_0是外接元件。图中先把电阻R_1、R_2和电容C串联，再接到电源和地之间形成充电回路。然后把555定时器高电平触发端（TH）和低电平触发端（$\overline{TR}$）连接起来再接电容C正极，泄放晶体三极管T的放电端DIS接电阻R_1、R_2的连接点。

图9.4.2所示为由555定时器构成的多谐振荡器的连线图。图9.4.3所示为由555定时器构成的多谐振荡器的工作波形。

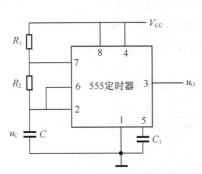

图 9.4.2 由 555 定时器构成的多谐振荡器的连线图

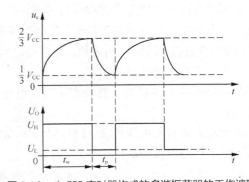

图 9.4.3 由 555 定时器构成的多谐振荡器的工作波形

2．多谐振荡器工作过程分析
多谐振荡器没有稳态，只有两个暂稳态。一旦通电，多谐振荡器会在这两个暂稳态间往复变化。因此，为了便于分析，我们可以设定电容C被充电时称为暂稳态Ⅰ，电容C放电时称为暂稳态Ⅱ。

（1）通电初始状态。

接通电源时假设电容还未充电，那么 $u_C = 0\text{V}$、$u_{TH} = u_{\overline{TR}} = 0\text{V}$。555定时器的电压比较器1输出为1，同时电压比较器2输出为0。此时RS触发器 $\overline{R} = 1$、$\overline{S} = 0$，所以RS触发器输出为1，即 $Q = 1$。u_O 输出高电平，泄放晶体三极管T截止。

（2）暂稳态 I 的工作情况。

当多谐振荡器电路 $Q = 1$，$u_O = U_{OH}$，泄放晶体三极管T截止时，电容 C 被充电，电路处于暂稳态 I。电源 V_{CC} 经过 R_1 和 R_2 对电容 C 进行充电，电容电压 u_C 缓慢上升。充电时间常数 $\tau_1 = (R_1 + R_2)C$。

（3）自动翻转为暂稳态 II。

在暂稳态 I 期间，随着电容 C 充电的进行，u_C 不断上升。当 $u_C = \dfrac{2}{3}V_{CC}$ 时，555定时器的电压比较器1输出为0，电压比较器2输出为1。此时RS触发器 $\overline{R} = 0$、$\overline{S} = 1$，所以RS触发器输出为0，即 $Q = 0$。u_O 输出为低电平，泄放晶体三极管T饱和导通，进入暂稳态 II。

（4）暂稳态 II 的工作情况。

当多谐振荡器电路 $Q = 0$，$u_O = U_{OL}$，泄放晶体三极管T饱和导通时，电容 C 放电，电路处于暂稳态 II。电容 C 经 R_2 和泄放晶体三极管T放电，u_C 不断下降。

（5）自动翻转为暂稳态 I。

在暂稳态 II 期间，随着电容 C 放电的进行，u_C 不断下降。当 u_C 下降到 $\dfrac{1}{3}V_{CC}$ 时，电压比较器1输出为1，电压比较器2输出为0。此时RS触发器 $\overline{R} = 1$、$\overline{S} = 0$，RS触发器输出为1，$Q = 1$。u_O 输出高电平，泄放晶体三极管T截止，电路进入暂稳态 I。

多谐振荡器在暂稳态 I 时，u_O 输出高电平，泄放晶体三极管T截止，电容 C 被充电；当电容充电到 $u_C = \dfrac{2}{3}V_{CC}$ 时，电路又翻转进入暂稳态 II；在暂稳态 II 时，u_O 输出就为低电平，泄放晶体三极管T饱和导通，电容 C 放电；当电容放电到 $u_C = \dfrac{1}{3}V_{CC}$ 时，电路又翻转进入暂稳态 I。如此往复运行，不断建立振荡，持续周期性地输出矩形脉冲。

3．输出脉冲周期的估算

由多谐振荡器电路工作过程分析可知，多谐振荡器工作状态是在两个暂稳态之间不断交替往复运行，其输出是伴随着电容 C 充、放电的过渡过程周期性进行的。因此，输出矩形脉冲的周期 T 等于两个暂稳态持续的时间之和，也就是电容 C 充电时间 t_w 和放电时间 t_P 之和。

（1）暂稳态 I 持续时间估算。

多谐振荡器工作状态为暂稳态 I 时，电容 C 被充电，所以暂稳态 I 持续时间也就是电容 C 充电时间 t_w。

在暂稳态 I 时，电源 V_{CC} 通过电阻 R_1 和 R_2 向电容 C 充电，所以可以得出充电时间常数、充电起始值、充电终值以及转换值。

$$
\begin{cases}
\text{充电时间常数：} \tau_1 = (R_1 + R_2)C \\[2mm]
\text{充电起始值：} u_C(0^+) = \dfrac{1}{3}V_{CC} \\[2mm]
\text{充电终值：} u_C(\infty) = V_{CC} \\[2mm]
\text{转换值：} u_C(t_w) = \dfrac{2}{3}V_{CC}
\end{cases}
$$

把上式代入一阶RC过渡过程计算公式，可得

$$t_\text{w} = \tau_1 \ln \frac{u_\text{C}(\infty) - u_\text{C}(0^+)}{u_\text{C}(\infty) - u_\text{C}(t_\text{w})} = (R_1 + R_2)C \times \ln \frac{V_\text{CC} - \dfrac{1}{3}V_\text{CC}}{V_\text{CC} - \dfrac{2}{3}V_\text{CC}} = (R_1 + R_2)C \times \ln 2 = 0.7(R_1 + R_2)C$$

（2）暂稳态 Ⅱ 持续时间估算。

多谐振荡器工作状态为暂稳态 Ⅱ 时，电容C放电，所以暂稳态 Ⅱ 持续时间也就是电容C放电时间 t_P。

在暂稳态 Ⅱ 时，电容C通过电阻R_2和泄放晶体三极管T饱和导通电阻R_CES放电（由于R_CES很小，可忽略），所以放电时间常数、放电起始值、放电终值以及转换值为

$$\begin{cases} \text{放电时间常数：} \tau_2 = R_2C \\[2mm] \text{放电起始值：} u_\text{C}(0^+) = \dfrac{2}{3}V_\text{CC} \\[2mm] \text{放电终值：} u_\text{C}(\infty) = 0 \\[2mm] \text{转换值：} u_\text{C}(t_\text{P}) = \dfrac{1}{3}V_\text{CC} \end{cases}$$

代入一阶RC过渡过程计算公式，可得

$$t_\text{P} = \tau_2 \ln \frac{u_\text{C}(\infty) - u_\text{C}(0^+)}{u_\text{C}(\infty) - u_\text{C}(t_\text{P})} = R_2C \times \ln \frac{0 - \dfrac{2}{3}V_\text{CC}}{0 - \dfrac{1}{3}V_\text{CC}} = R_2C \times \ln 2 = 0.7R_2C$$

（3）输出脉冲的周期和频率。

输出脉冲的周期T等于两个暂稳态持续的时间，也就是等于电容C充电时间 t_w 和电容C放电时间 t_P 之和。

所以振荡周期为

$$T = t_\text{w} + t_\text{P} = 0.7(R_1 + R_2)C + 0.7R_2C = 0.7(R_1 + 2R_2)C$$

振荡频率为

$$f = \frac{1}{T} = \frac{1}{0.7(R_1 + 2R_2)C} = \frac{1.43}{(R_1 + 2R_2)C}$$

（4）占空比。

占空比是脉冲宽度和脉冲周期的比值，所以

$$q = \frac{t_\text{w}}{T} = \frac{t_\text{w}}{t_\text{w} + t_\text{P}} = \frac{0.7(R_1 + R_2)C}{0.7(R_1 + R_2)C + 0.7R_2C} = \frac{R_1 + R_2}{R_1 + 2R_2}$$

4．占空比可调的电路

在图9.4.2所示电路中，电容的充电时间常数总是大于放电时间常数，所以输出波形是不对称的，占空比不会等于50%，同时占空比也不好调节。究其原因是电容C充、放电回路共用了电阻R_2。如果利用二极管的单向导电性，把电容C充电和放电回路分隔，并加上一个可调电阻，那么可以构成占空比可调的多谐振荡器电路。图9.4.4所示为占

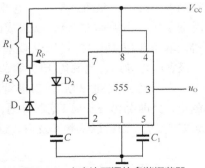

图9.4.4　占空比可调的多谐振荡器

空比可调的多谐振荡器。

图中电容C的充电时间常数 $\tau_1 = R_1 C$ ，放电时间常数 $\tau_2 = R_2 C$ 。所以，占空比为

$$q = \frac{t_w}{T} = \frac{R_1}{R_1 + R_2}$$

只要调节电位器就可以方便地产生占空比处于0和1之间的矩形波。如果 $R_1 = R_2$ ，那么占空比为50%，输出就为方波。

9.4.2　多谐振荡器的 Multisim 仿真

占空比可调的
矩形波发生器电路
Multisim仿真

1．占空比可调的矩形波发生器电路Multisim仿真

图9.4.5所示为占空比可调的矩形波发生器电路的Multisim仿真图。通过调节电位器就可以调整矩形波的占空比。请问如果需要调节输出波形的频率，应该怎样修改？

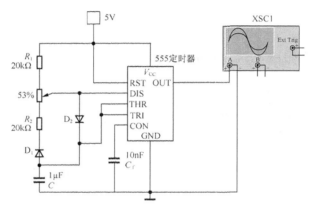

图 9.4.5　占空比可调的矩形波发生器电路的 Multisim 仿真图

2．多谐振荡器组成双音门铃工作原理分析

图9.4.6所示为双音门铃的电路图。当按下门铃开关S时，门铃以高频率发声；当松开门铃开关S时，门铃继续以低频率发声；再经过一段时间后门铃自动停止发声。

当门铃开关S被按下时，开关闭合，电路被触发。此时二极管D₁导通，电源V_{cc}给555定时器供电，电路是555定时器组成的多谐振荡器，输出频率为f_1，门铃以高频率发声；同时二极管D₂也导通，电源V_{cc}给电容C₃充电。

当门铃开关S断开后，二极管D₁和D₂都将

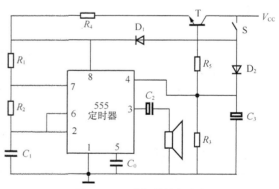

图 9.4.6　双音门铃的电路图

截止，此时晶体三极管T饱和导通，电源V_{cc}经电阻R_4给555定时器供电，电路还是多谐振荡器，频率变为f_2，门铃以低频率发声。这里

$$f_1 = \frac{1}{0.7(R_1 + 2R_2)C_1}, \quad f_2 = \frac{1}{0.7(R_1 + R_4 + 2R_2)C_1}$$

电路中电容C_3和电阻R_3构成延时电路。门铃开关S断开后，电容C_3两端的电压为高电平，既使晶体三极管T处于饱和导通，又使555定时器处于工作状态。此时电容C_3主要经电阻R_3放电，随着放电进行，电容C_3的电压会逐渐下降。当它降为低电平时，555定时器被清零，晶体三极管T截止，电源V_{CC}停止供电，门铃自动停止发声。门铃电路等待下一次触发。

请感兴趣的读者自行用Multisim仿真实现双音门铃，并动手制作相应电路用于实际生活中。

3．频率可调的流水灯电路Multisim仿真

频率可调的
流水灯电路
Multisim仿真

在城市夜景中，变幻多姿的霓虹灯历来是一道亮丽的风景。流水灯依次被点亮，形如流水，如将多种组合的流水灯安装在建筑物上不断变换花样闪烁，将美不胜收。图9.4.7所示为频率可调的流水灯电路的Multisim仿真图。通过调节电位器R_2就可以控制流水灯运行频率。请读者自行验证！

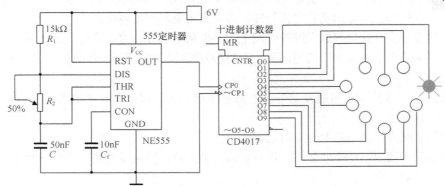

图 9.4.7　频率可调的流水灯电路的 Multisim 仿真图

4．幸运灯电路Multisim仿真

幸运灯电路
Multisim仿真

节日庆典、晚会如果有抽奖、抓阄等活动环节往往会给人有趣好玩的感觉，可以增加互动效果，给人们带来无限乐趣。图9.4.8所示为幸运灯电路的Multisim仿真图，其结构是延时电路和流水灯电路的组合。当开关S闭合时，电路按流水灯运行；当开关S断开时，电路还会运行一段时间才会停留在某个幸运灯上。如果猜中，便成为幸运者。请读者自行验证并分析工作原理。如果想要显示幸运号码，您知道应该怎么完善吗？

图 9.4.8　幸运灯电路的 Multisim 仿真图

📝 本章小结

（1）矩形脉冲获取的途径有两种。一是把已有的、周期变化性的波形整形成矩形脉冲，通常用施密特触发器和单稳态触发器实现；二是通过自激振荡电路直接产生矩形脉冲，通常用多谐振荡器实现。而555定时器是构成多谐振荡器、施密特触发器和单稳态触发器等既经济又简单实用的基础器件。

（2）555定时器一般由分压器、电压比较器、RS触发器、泄放晶体三极管T和输出缓冲器这5部分组成。只要在555定时器的基础上外加少量元件就可以组成性能稳定的多谐振荡器、单稳触发器、施密特触发器等多种功能电路。

（3）将555定时器的高电平触发端TH和低电平触发端$\overline{TR}$相连就可以构成施密特触发器。施密特触发器最大的特点是输出具有滞回特性，可以实现整形和鉴幅功能。

（4）单稳态触发器在外界触发脉冲作用下，可以从稳态翻转为暂稳态，并在暂稳态维持一段时间后自动返回稳态。暂稳态维持时间的长短与触发脉冲的宽度和幅度无关，仅取决于单稳态触发器本身的参数。

（5）单稳态的脉冲宽度与触发信号和电源电压都无关。只需要改变电阻R或电容C的大小就可调节输出脉冲宽度（$t_\mathrm{w} = 1.1RC$）。

（6）单稳态触发器具有延时与定时功能。

（7）多谐振荡器只有两个暂稳态，没有稳态，是一种自激振荡电路，无须外加输入信号就能输出一定频率的矩形脉冲。

（8）多谐振荡器的振荡周期为$T = 0.7(R_1 + 2R_2)C$，振荡频率为$f = \dfrac{1.43}{(R_1 + 2R_2)C}$，占空比为$q = \dfrac{R_1 + R_2}{R_1 + 2R_2}$。

📝 习题

一、选择题

9.1 表示两个相邻脉冲重复出现的时间间隔的参数是（　　　）。

A．脉冲周期　　　　B．脉冲宽度　　　　C．脉冲前沿　　　　D．脉冲后沿

9.2 将脉冲信号从脉冲前沿的$0.5U_\mathrm{m}$到后沿的$0.5U_\mathrm{m}$所需要的时间为（　　　）。

A．脉冲周期　　　　B．脉冲宽度　　　　C．脉冲前沿　　　　D．脉冲后沿

9.3 555定时器可以组成（　　　）。

A．多谐振荡器　　　B．单稳态触发器　　C．施密特触发器　　D．JK触发器

9.4 集成555定时器的输出状态有（　　　）。

A．0状态　　　　　B．1状态　　　　　C．0和1状态　　　　D．高阻态

9.5 用555定时器组成的施密特触发器，当输入控制端CO外接10V电压时，回差电压为（　　　）。

A. 3.33V   B. 5V   C. 6.66V   D. 10V

9.6 按输出状态划分，施密特触发器属于（　　）触发器。

A. 单稳态   B. 双稳态   C. 无稳态   D. 以上都不对

9.7 单稳态触发器具有（　　）的功能。

A. 计数   B. 定时、延时   C. 定时、延时和整形   D. 产生矩形波

9.8 增加单稳态触发器的定时电阻R的值可以使输出脉冲的（　　）。

A. 宽度增加   B. 幅度减小   C. 幅度增加   D. 宽度减小

9.9 减小单稳态的定时电容C的值，可以使输出脉冲的（　　）。

A. 宽度增加   B. 幅度减小   C. 幅度增加   D. 宽度减小

9.10 能起定时作用的电路是（　　）。

A. 施密特触发器   B. 单稳态触发器   C. 多谐振荡器   D. 译码器

9.11 多谐振荡器可产生（　　）。

A. 正弦波   B. 矩形脉冲   C. 三角波   D. 锯齿波

9.12 脉冲整形电路有（　　）。

A. 多谐振荡器   B. 单稳态触发器   C. 施密特触发器   D. 555定时器

9.13 接通电源电压就能输出矩形波形的电路是（　　）。

A. 单稳态触发器   B. 施密特触发器   C. D触发器   D. 多谐振荡器

二、分析应用题

9.14 习题9.14图所示是延时电路。请问555定时器构成了什么电路？电路什么时候开始延时？试计算延时时间。

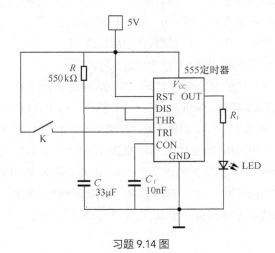

习题 9.14 图

9.15 555定时器构成的单稳态触发器的脉冲宽度和周期由什么决定？R与C的取值应怎样分配？若希望单稳态触发器的输入脉宽大于t_w，电路应怎样改进？

9.16 555定时器构成的多谐振荡器，其振荡周期和占空比的改变与哪些因素有关？

9.17 请用多谐振荡器设计一个1kHz频率的矩形波电路。

9.18 请用多谐振荡器设计实现一个频率为100Hz～10kHz可调的方波输出电路。

9.19 设计实现一个频率可调的流水灯电路。

参考文献

[1] 余孟尝. 数字电子技术基础简明教程 [M]. 北京: 高等教育出版社, 2006.

[2] 阎石. 数字电子技术基础 [M]. 北京: 高等教育出版社, 2016.

[3] FLOYD T L. 数字电子技术 [M]. 11版. 余璆, 熊洁, 译. 北京: 电子工业出版社, 2019.

[4] 秦曾煌. 电工学: 下册 [M]. 7版. 北京: 高等教育出版社, 2009.

[5] 罗杰. 数字电子技术基础 [M]. 北京: 人民邮电出版社, 2023.

[6] 刘辉, 等. 电子技术实践教程 [M]. 北京: 科学出版社, 2017.

[7] 王磊, 等. 数字电子技术 [M]. 北京: 人民邮电出版社, 2022.

[8] 彭端. 电工与电子技术实验教程 [M]. 武汉: 武汉大学出版社, 2011.

[9] 周文良. 电子电路设计与实践 [M]. 北京: 国防工业出版社, 2011.

[10] 梁明理. 电子线路 [M]. 5版. 北京: 高等教育出版社, 2008.

[11] 何国栋. Multisim基础与应用 [M]. 北京: 中国水利水电出版社, 2014.

[12] 冯泽虎, 等. 数字电子技术项目教程 [M]. 北京: 北京大学出版社, 2011.

[13] 姚丙申. 数字电子技术与实训 [M]. 济南: 山东科学技术出版社, 2010.

[14] 蒋立平. 数字逻辑电路与系统设计 [M]. 3版. 北京: 电子工业出版社, 2019.

[15] 唐小华. 数字电路与EDA实践教程 [M]. 北京: 科学出版社, 2010.

[16] 房永钢. 数字电子技术 [M]. 北京: 北京大学出版社, 2009.

[17] 秦长海. 数字电子技术 [M]. 北京: 北京大学出版社, 2012.

[18] 任骏源. 数字电子技术实验 [M]. 2版. 沈阳: 东北大学出版社, 2013.

[19] 廉玉欣. 电子技术基础实验教程 [M]. 2版. 北京: 机械工业出版社, 2013.

[20] 李海燕, 等. Multisim & Ultiboard 电路设计与虚拟仿真 [M]. 北京: 电于工业出版社, 2012.

[21] 唐明良, 等. 数字电子技术实验与仿真 [M]. 重庆: 重庆大学出版社, 2014.

[22] 贾学堂, 等. 电工与电子技术实验实训 [M]. 上海: 上海交通大学出版社, 2011.

[23] 贾更新. 电子技术基础实验、设计与仿真 [M]. 郑州: 郑州大学出版社, 2006.

[24] 刘训非. 电子EDA技术（Multisim）[M]. 北京: 北京大学出版社, 2011.